高等学校给水排水工程专业指导委员会
规划推荐教学用书

水工艺与工程的计算与模拟

李志华　主编
汪德爟　主审

中国建筑工业出版社

图书在版编目（CIP）数据

水工艺与工程的计算与模拟/李志华主编. —北京：中国建筑工业出版社，2011.1

高等学校给水排水工程专业指导委员会规划推荐教学用书

ISBN 978-7-112-12840-2

Ⅰ. ①水…　Ⅱ. ①李…　Ⅲ. ①给排水系统-工程计算-高等学校-教材②给排水系统-计算机模拟-高等学校-教材　Ⅳ. ①TU991

中国版本图书馆 CIP 数据核字（2010）第 264907 号

高等学校给水排水工程专业指导委员会规划推荐教学用书

水工艺与工程的计算与模拟

李志华　主编

汪德爟　主审

*

中国建筑工业出版社出版、发行（北京西郊百万庄）

各地新华书店、建筑书店经销

北京华艺制版公司制版

世界知识印刷厂印刷

*

开本：787×960 毫米　1/16　印张：16¼　字数：326 千字

2011 年 6 月第一版　2011 年 6 月第一次印刷

定价：**28.00** 元

ISBN 978-7-112-12840-2

（20098）

本书是高等学校给水排水工程专业指导委员会规划推荐教学用书，全书共分5章，主要内容包括：计算与模拟基础知识，常用数学方法的应用，水力学、水泵及管网系统，水质工程学与反应工程学，给水排水系统仿真。本书基本不以计算技术的知识点为编排体系，而以专业案例为编排体系，在解决专业问题的同时融会贯通计算技术，本书的专业案例覆盖了水力学、水文学、水文地质、水泵与水泵站、给水排水管网系统、水处理微生物学、水分析化学、水质工程学以及反应工程等多门课程，力求覆盖给水排水工程专业在工程实际中面临的典型计算与模拟问题。

本书实用性和专业性强，可作为高等学校给水排水工程技术专业教学用书，也可作为相关工程技术人员的参考书。

* * *

责任编辑：王美玲　王　跃
责任设计：赵明霞
责任校对：马　赛　陈晶晶

前　言

计算与模拟工作就是通过计算进行数值实验，在给水排水工程的科研、教学、设计、工程建设、运营管理等各个环节都具有重要的地位。随着计算机在工作中的普遍应用和计算技术在各行业的深入，给水排水工作者从事计算与模拟的工具也从使用数学用表、计算尺、计算图以及计算器，逐步过渡到使用科学计算软件。通用数学软件平台的出现使得工程技术人员利用科学计算软件来完成工作中的计算与模拟问题更为便捷。由于在计算机上进行数值实验具有效率高、成本低等特点，越来越多的问题需要借助于计算与模拟工作才能解决，在特殊情况下，甚至只能通过计算与模拟途径完成特殊问题的评估。因此，掌握计算与模拟技术对于给水排水专业至关重要。

本书围绕给水排水工程中的计算与模拟的典型问题，突出现有计算软件简单易用的优势，将专业知识与计算技术融合于一体。在编排上，本书突破了传统的计算语言、数值算法、专业知识三段式的编写框架，而是以提出专业问题、分析问题的专业背景基础，导入解决问题的计算过程及相关函数，最后给出图文并茂的分析结果为基本框架，以解决专业问题为核心，不纠缠复杂的数值算法和抽象的数学问题，以最简短、易懂的代码和最简单的计算过程解决本专业的典型问题。以直观形象的图形结果表达这些典型问题的求解结果，有利于学生进一步加深对专业知识的理解。本书首先通过第1、2章的内容，介绍了给水排水专业涉及的基本计算技术，然后以专业方向为主线，以该方向的典型问题为案例，在案例的求解过程中进一步深化计算与模拟技术的应用。本书的案例覆盖了水力学、水文学、水文地质、水泵与水泵站、给水排水管网系统、水处理微生物学、水分析化学、水质工程学以及反应工程等多门课程，力求覆盖给水排水专业在实际工作中面临的典型计算与模拟问题。

实用性和针对性是本书的又一特色。在案例的选择上，本书特别注重程序的实用性。以给水管网平差为例，不仅考虑了普遍最为关注的水力计算过程（平差），还考虑了通过 Excel 实现直观的输入输出功能，以及绘制等高线等多个过程，从而使程序可用性更强，基本上可直接用于工程实践。同时案例的选择也注重针对性，通过简单编程完成传统方法较为繁琐或难度较大的计算问题。例如，通过非常简洁的代码编程完成了往往需要采用计算图、表等辅助手段才能完成的污水管网的水力计算问题，并绘制了水力计算图。在通用平台上，通过数十行的代码完成了一般往往需要专用商业计算软件才能完成的污水处理过程的模拟问题。凡此种种，不一而足。

在通用数学与工程计算平台软件领域，功能强大的商业软件与自由开源软件呈现百花齐放的可喜态势。工程技术人员可以根据自己的实际情况或选择价格不菲的商业软件或选择自由开源软件。一般而言，自由开源软件相对于商业软件来说，除了免费之外，还具有安装体积较小、使用方便等特点。将自由开源软件和商业软件平台并重也是本书的最大特色。在代码的编写过程中，编者力求在最大程度上保证绝大部分代码均可以在两种软件平台上运行，便于学习和在实际工程中使用。本书使用的自由开源软件包括与 MATLAB 相似的 Octave 和 SCILAB，以及与 Simulink 工具包相似的 Xcos 仿真平台，同时还介绍了建模语言 Modelica 在 Xcos 上的应用等。

通过本书案例的学习，查找复杂的水力计算图、非常有限的 MPN 表、统计分布表等便捷的传统方法将会被更便捷和更准确的计算代码代替，大大提高工作效率；污水生物处理过程模拟、管网平差与等水压线的绘制、实验数据的处理等往往需要借助专用商业计算软件才能完成的问题，可以用很简短的代码在通用计算平台上快速地得到解决。因此，编者相信通过本书的学习，简单、实用、入门容易而功能强大的工程计算平台能够像 Excel、AutoCAD 一样成为给水排水工程师的必备的计算工具。

本书第 2 章由黄廷林、李志华、王俊萍合编，第 4 章由王晓昌、李志华、张建锋合编，其余部分由李志华编写。全书由汪德爟教授主审。编写过程中研究生曾金锋等同学为本书部分案例收集、代码的测试、图片的制作等工作付出了辛勤的劳动，在此表示感谢。同时，本书的编写得到了国家级人才培养模式创新实验区项目《环境类专业通用人才培养创新实验区》的支持，在此表示感谢。

尽管编写组成员尽了最大的努力，参考了大量的国内外已有文献和成果，但限于编者的水平和经验，不足之处在所难免，敬请广大读者不吝赐教。

目　录

第 1 章　计算与模拟基础知识

1.1　计算与模拟技术的基本情况介绍

计算与模拟工作在给水排水工程的设计、运行及管理中具有重要的作用。随着计算机在工作中的普遍应用和计算技术在各行业的深入应用，从使用数学用表、计算尺、计算图以及计算器，已逐步过渡到使用科学计算软件。这些科学软件包括两种类型：一类是针对某一个专业领域开发的软件系统。例如给水管网计算与模拟软件 EPANET、MIKE NET、WATER CAD 等，雨水管网计算与模拟软件 EPA SWMM、MIKE Storm 等，废水处理计算与模拟软件 BioWin、EFOR、WEST 等，流体力学计算 Fluent 软件等。这类软件一般是由专业化的公司组织开发，采用图形化的操作界面，将具体的计算过程进行了封装，是一种全自动的“傻瓜式”计算与模拟工具，其学习和使用相对简单，受到专业人士的青睐，具有广泛的应用市场。另一类是具有强大计算和图形功能的通用数学软件。这类软件的特点是将数学方法和通用的数学过程进行封装，以降低计算技术本身的难度和复杂度，工程技术人员只需调用相关的数学方法以解决本行业的特定问题，将更多的时间和精力用于分析专业问题而不是研究计算技术。这些软件为计算与模拟提供基本的计算平台，但并不针对某一专业问题。因此可以认为通用数学计算软件属于一种半自动化的计算与模拟工具。以上两类软件各有千秋，前者由于专门针对某一特殊问题，因此使用简单，但计算与模拟过程对用户是完全封闭的，也导致其扩展性较差。后者由于只提供基础计算平台，计算与模拟过程依赖于用户的参与，需要用户对计算与模拟问题本身有深刻和准确的认识，因此扩展性好，但解决问题的效率有所减低。由于给水排水专业涉及多个学科领域，专业交叉性较强，考虑到计算与模拟软件的通用和扩展延伸性能，因此本书选用通用数学软件作为计算与模拟的基本平台。

通用数学软件总体上包括数值计算和符号推导（如公式推导、定理的证明等）两种类型。这些软件几乎覆盖了所有的数学领域，如微积分、线性代数、方程求解、积分和离散变换、概率论和数理统计、矩阵计算、线性规划、级数和积分变换、特殊函数、优化等。这些软件按照授权方式可分为商业软件和自由开源软件。广泛使用的商业软件介绍如下（来自各网站的介绍）：

— MathCAD 是一种交互式的数值系统，其特点是输入格式与人们平常的数学格式极为相近，是一种所见即所得的数学软件平台。可以认为 MathCAD 是一款功能强大的计算器。

— Mathematica 结合了数值和符号计算引擎、图形系统、编程语言、文本系统等，不但可以解决数学中的数值计算问题，还可以解决符号演算问题，并且能够方便地绘出各种函数图形。

— Maple 是目前世界上最为通用的数学和工程计算软件之一，它不仅提供编程工具，还提供数学知识，具有最强大的符号计算工程。

— MATLAB 是 Matrix Laboratory 的简称，用于算法开发、数据可视化、数据分析以及数值计算的高级技术计算语言和交互式环境。它以矩阵为基本单位，简单易学，包含大量函数和算法，编程效率高等特点。

除了上述商业软件外，还有一大批自由开源软件，举例如下：

— SCILAB 是由法国国家信息、自动化研究院（INRIA）的科学家们开发的“开放源码”软件。可以很方便地实现各种矩阵运算与图形显示，能应用于科学计算、数学建模、信号处理、决策优化、线性/非线性控制、图与网络分析等各个方面，而且还提供了可视化建模工具箱 Xcos（基于 SCICOS 的新一代模拟平台）。在功能上，SCILAB 是最能取代 MATLAB 的自由开源软件。由于 SCILAB 的语法与 MATLAB 非常接近，熟悉 MATLAB 编程的人很快就会掌握 SCILAB 的使用。而且，SCILAB 提供的语言转换函数可以自动将用 MATLAB 语言编写的程序翻译为 SCILAB 语言。

— GNU Octave 是一种高级程序语言，是专门的数值计算的免费软件。它与 MATLAB 语法高度兼容，是模拟 MATLAB 最相似的软件。可采用 Octave 软件来学习 MATLAB 的基本使用方法和概念。它提供了一个方便的命令行方式，可以数值求解线性和非线性问题，以及做一些数值模拟。Octave 也提供了一些工具包，可用于解决一般的线性代数问题、非线性方程求根、常规函数积分、常微分方程和微分代数方程。它也很容易地使用 Octave 自带的接口方式扩展和定制功能。该软件的下载地址为：http://www.octave.org/。

— Maxima 是可以执行一般数学问题的符号计算的跨平台自由开源软件，wxMaxima 是它的一个 GUI 版本（同时也是目前最好的 Windows 版本）。

1.2 本书所采用的计算平台与约定

在本书中，我们以 MATLAB 和 Octave 为计算平台，以 MATLAB 的 Simulink 工具包和 SCILAB 的 Xcos 工具包为图形化仿真平台，以保证绝大部分功能均可同时在商业软件或自由软件上实现。由于自由开源软件 Octave 在功能上稍逊于 MATLAB，部分功能的实现没有 MATLAB 方便，但为了兼顾 Octave，部分 Octave 中没有或名字不同的 MATLAB 函数以类似的函数替代，或说明或在注释中给出替换代码。建议用户安装 Octave 时，同时安装 Octave 扩展包（Octave-forge），以便调用。

MATLAB 软件启动后，自动弹出命令窗口，如图 1-1 所示。

图 1-1 MATLAB 命令窗口

图中“>>”为 MATLAB 命令提示符号，表示系统正在等待用户的输入，用户可在此处输入相应的命令。

类似地，Octave 启动后的界面如图 1-2 所示。

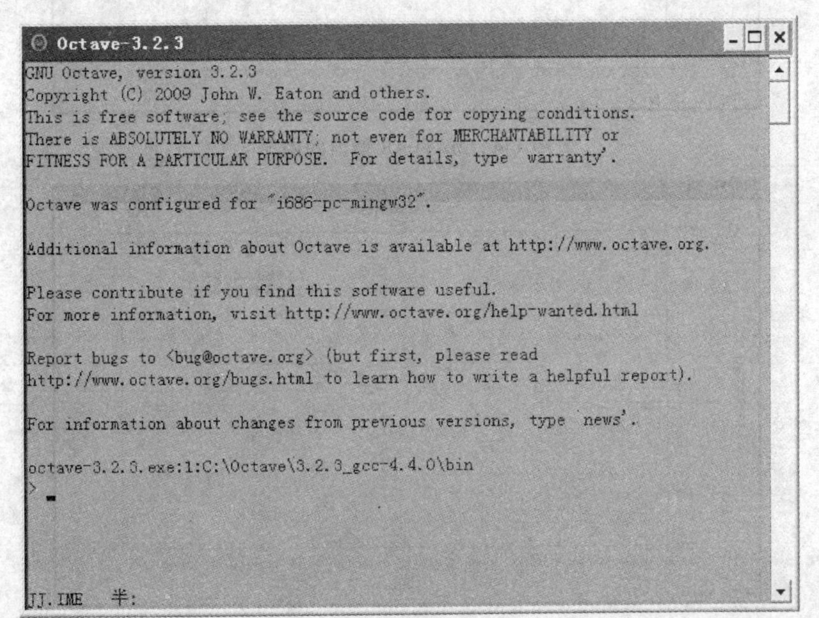

图 1-2 Octave 命令窗口

在本书中，为了表述方便，采用如图1-3所示框体，表示MATLAB或Octave的命令窗口。

```
Octave MATLAB 命令窗口                                  _ □ ×
〉 h = 10.67 * 0.1^1.852/(130^1.852 * 0.5^4.87) * 300
h =
    0.1601
〉
```

图1-3　框体

在以上命令窗口中，用户输入的内容为粗体字，系统自动显示内容为常规字体。

Octave与MATLAB的绘图功能基本相似，如图1-4和图1-5所示。如无特别说明，本书中截图均为MATLAB平台下输出的图片。

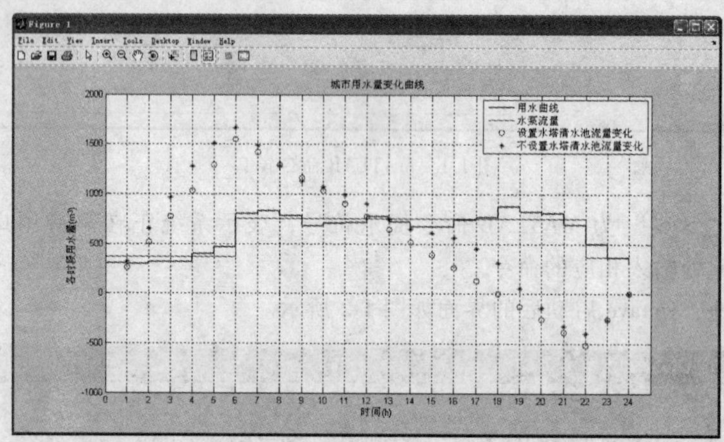

图1-4　MATLAB输出的图形

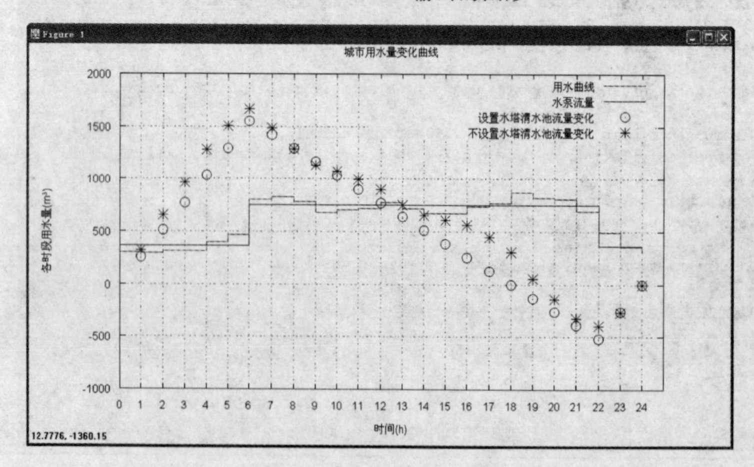

图1-5　Octave输出的图形

1.3 基 本 概 念

1.3.1 变 量

【例 1-1】 已知某管段的管径 $D=500\text{mm}$，流量 $q=100\text{L/s}$，管长 $l=300\text{m}$，粗糙系数 $C_w=130$，试按以下海曾－威廉（Hazen-Williams）公式计算水头损失

$$h_f = \frac{10.67q^{1.852}}{C_w^{1.852}D^{4.87}}l \tag{1-1}$$

在海曾－威廉公式中 D，q 的单位分别为“m”和“m^3/s”。

【解】 MATLAB 或 Octave 可用接受类似于计算器一样的输入格式，在本例中输入以下代码：

Octave MATLAB 命令窗口

```
> h=10.67*0.1^1.852/(130^1.852*0.5^4.87)*300
h =
    0.1601
>
```

回车后可得到结果为 0.1601m。

从以上过程可以看出，在 MATLAB 和 Octave 中可以直接对数学表达式进行计算，方便快捷。在本方法中我们直接将数值代入公式，使得公式的意义不明确，不便于检查输入错误，为此我们采用变量存储数值并对其进行计算。

所谓变量是指一个可以存储数值的字母或名称。编程时，可使用变量来存储数字（如管长，$l=300\text{m}$）；或者存储单词（如管材的名称，PipeMaterial='PVC'）。简单地说，可使用变量表示程序所需的任何信息。

根据以上概念，在命令窗口输入如下代码：

Octave MATLAB 命令窗口

```
> D=0.5
D =
    0.5000
> q=0.1
q =
    0.1000
>
```

通过以上命令，系统就将管径和流量值分别存储在变量 D 和 q 上了。但从以上输出结果可以看出，每次回车后，系统会将计算结果显示出来，造成计算画面凌乱，如何让计算结果不显示呢？

在 MATLAB 和 Octave 中，我们可以在语句后采用“;”（分号）告诉计算机在计算过程中保持沉默即不显示计算结果。在本例中，我们输入如下代码：

```
Octave MATLAB 命令窗口                                    _ □ ×
〉 D=0.5;
〉 q=0.1;
〉 Cw=130;
〉 l=300;
```

还有更简洁的办法是将所有的变量输入在一行，然后再回车：

```
Octave MATLAB 命令窗口                                    _ □ ×
〉 D=0.5;q=0.1;Cw=130;l=300;
〉
```

将变量定义好之后，就可以在公式中直接使用变量中的值。例如：

```
Octave MATLAB 命令窗口                                    _ □ ×
〉 D=0.5;q=0.1;Cw=130;l=300;
〉 h=10.67*q^1.852/(Cw^1.852*D^4.87)*l
h=
   0.1601
〉
```

公式中将变量的值代入运算，最终可以得到水头损失为 0.1601m。

假定现在要计算管径为 0.6m 在相同水量条件下的水头损失，那么只需要改变变量 $D=0.6$ 即可，如下：

```
Octave MATLAB 命令窗口                                    _ □ ×
〉 D=0.6;
〉 h=10.67*q^1.852/(Cw^1.852*D^4.87)*l
h=
   0.0659
〉
```

从以上输入来看，只改变了变量 D 的值，其他变量 q，C_w，l 没有再次输入。其原因是系统在前面的运算过程中保存了这些变量的值，所以无须再次输入。那么如何知道现在系统中保留了哪些变量呢？在 MATLAB 或 Octave 中提供了 who 或 whos 指令来查看变量。

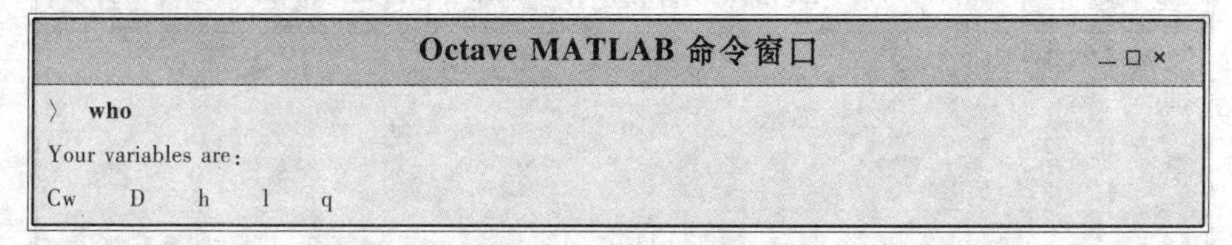

如果将公式写成如下形式：

h = 10.67 * Q^1.852/(Cw^1.852 * D^4.87) * l。注意，这里将“q”错写成了“Q”。

输入代码后，其结果如下：

```
Octave MATLAB 命令窗口
〉 h = 10.67 * Q^1.852/(Cw^1.852 * D^4.87) * l
??? Undefined function or variable 'Q'.
〉
```

系统无法计算出结果，而是提示变量 Q 没有定义。由此可以看出，在 MATLAB 和 Octave 中变量名是区分大小写的。

1.3.2 矩　　阵

【例 1-2】 已知某管网中所有管段的粗糙系数 $C_w = 130$，各管段的流量 q、管径 D 与管长 l 见表 1-1，试按【例 1-1】中的 H-W 公式计算各管段水头损失。

水头损失计算基本数据　　表 1-1

管段编号	流量（m^3/s）	管径（m）	管长（m）
1	0.02914	0.3	750
2	0.04150	0.3	600
3	0.02728	0.3	1012
4	0.04238	0.3	645

【解】 在本例中，仍可利用【例 1-1】中的方法逐步对每个管段进行计算，但对于具有相同数据结构和相同计算方法和过程的工作而言，采用【例 1-1】中的方法分别对每个管段设定变量和输入计算公式其实就是不断地重复相同的工作，显得非常机械。MATLAB 和 Octave 的矩阵运算可以有效地解决这类重复性工作。

矩阵在 MATLAB 和 Octave 中应用最为广泛，是基本数据组织方式。整个矩阵用“[ ]”括起来，其中一行中的元素用空格或逗号隔开，而行之间用“;”（分号）或回车键分开（如果用回车分开，则回车之前不应带反括号“]”，即在输完所有的数字才写上反括号“]”）。如矩阵 $a = \begin{vmatrix} 1 & 2 & 3 \\ 4 & 5 & 6 \end{vmatrix}$ 在 MATLAB 或

Octave中输入为：a＝［1 2 3；4 5 6］，在窗口中输入与系统表示矩阵结果如下：

Octave MATLAB 命令窗口

```
〉 a=[1 2 3;4 5 6]
a =
     1   2   3
     4   5   6
〉
```

也可以用回车键代替分号输入，得到结果与上面方法一致。

Octave MATLAB 命令窗口

```
〉 a=[1 2 3
4 5 6]
a =
     1   2   3
     4   5   6
〉
```

那么如何获取矩阵中的元素呢？在 MATLAB 中采用行和列的标号来获取，如第2行，第1列，则输入 a（2，1），举例如下：

Octave MATLAB 命令窗口

```
〉 a=[1 2 3;4 5 6];
〉 a(2,1)
ans =
     4
〉
```

从以上结果可以看出，在 MATLAB 和 Octave 中，当不给运算结果指定变量时，系统采用 ans 变量名来存储运算结果。

如何将上例中 a 矩阵中的元素按矩阵的形式取出来呢？在 MATLAB 和 Octave 中，矩阵中的行与列的标号也可以用矩阵表示，如需要取出的列为［1 3］，行号为［2］，输入命令 a（［2］，［1 3］），举例如下：

Octave MATLAB 命令窗口

```
〉 a=[1 2 3;4 5 6];
〉 a([2],[1 3])
ans =
     4   6
〉
```

当需要将整个列或行取出来，也可以用“:”（冒号）表示全部数据，如第二行所有数据（即指定行号，列为全部），输入 a (2,:)，举例如下：

Octave MATLAB 命令窗口

```
〉 a=[1 2 3;4 5 6];
〉 a(2,:)
ans =
     4    5    6
〉
```

冒号表达式取所有元素只是其用法之一，另外一种用法是：start: step: end，start 表示起始数，step 表示步长（增量），end 表示终点，若省略 step 则默认为 1，使用冒号表达式生成的是一个行向量（等差数列）。如：

Octave MATLAB 命令窗口

```
〉 a=1:5
a =
     1    2    3    4    5
〉
```

以上代码，生成起点为 1，增量为 1（默认值），终点为 5 的行向量。

指定增量为 2，输入以下代码：

Octave MATLAB 命令窗口

```
〉 a=1:2:5
a =
     1    3    5
〉
```

结果是生成起点为 1，增量为 2，终点为 5 的行向量。当然，也可以生成递减的向量，即把 start 和 end 值调换，step 取负。如：

Octave MATLAB 命令窗口

```
〉 a=5: -2:1
a =
     5    3    1
〉
```

如果根据起点和步长，end 不是恰好为最后一个点的话，生成向量的值必须在［start，end］这个范围内。如：

Octave MATLAB 命令窗口

```
〉 a=1:2:6
a =
    1    3    5
〉
```

同时需要指出的是在取数组元素时可用 end 来表示最后一个元素，例如取最后一行，倒数第二列的数据，可用如下代码表示 a(end, end-1)，举例如下：

Octave MATLAB 命令窗口

```
〉 a=[1 2 3;4 5 6];
〉 a(end,end-1)
ans =
    5
〉
```

矩阵可以像其他数据类型一样进行“+”“-”“*”“/”运算，还可以对矩阵求转置等运算，在 MATLAB 和 Octave 中用“'”（单引号）表示求转置。如：

Octave MATLAB 命令窗口

```
〉 a=[1 2 3;4 5 6];
〉 a'
ans =
    1    4
    2    5
    3    6
〉
```

另外，还可以对矩阵每个元素进行相同的操作，称为点运算，其做法是在相应的运算符号之前添加前缀“.”即可，如点乘“.*”，点幂运算“.^”。如在对上例的矩阵 a 中每个元素进行平方，输入 a.^2，举例如下：

Octave MATLAB 命令窗口

```
〉 a=[1 2 3;4 5 6];
〉 a.^2
ans =
    1    4    9
    16   25   36
〉
```

比较 a/a 和 a./a 结果如下：

Octave MATLAB 命令窗口

```
〉 a = [1 2 3;4 5 6];
〉 a/a
ans =
    1.0000    0.0000
   -0.0000    1.0000
〉 a./a
ans =
    1    1    1
    1    1    1
〉
```

回到本例题中，我们采用矩阵表示各个变量。

Octave MATLAB 命令窗口

```
〉 q = [0.02914,0.04150,0.02728,0.04238];
〉 D = [0.3,0.3,0.3,0.3];
〉 l = [750,600,1012,645];
〉 Cw = 130;
〉
```

那么能否将这些变量如【例 1-1】一样直接代入呢？在 $h=\frac{10.67q^{1.852}}{C_{w}^{1.852}D^{4.87}}l$ 公式共对应的是相应管段的属性，如第二个管段 $h_2=\frac{10.67q(2)^{1.852}}{C_{w}^{1.852}D(2)^{4.87}}l(2)$，可在命令窗口输入如下代码：

Octave MATLAB 命令窗口

```
〉 q = [0.02914,0.04150,0.02728,0.04238];
〉 D = [0.3,0.3,0.3,0.3];
〉 l = [750,600,1012,645];
〉 Cw = 130;
〉 h2 = 10.67 * q(2)^1.852/(Cw^1.852 * D(2)^4.87) * l(2)
h2 =
   0.7557
〉
```

在以上代码中，我们用 q (2) 代替了 q (1, 2)。事实上，对于只有一行或一列的数据均可以忽略行号或列号直接指定元素的顺序即可引用相应元素的值。从以上代码可以看出，只要将矩阵中对应的元素进行运算即可得到全部结果，因此可以用点乘法或点除进行一次运算。

输入：h = 10.67 * q.^1.852./(Cw^1.852 * D.^4.87).*l，结果如下：

Octave MATLAB 命令窗口

```
〉 q = [0.02914,0.04150,0.02728,0.04238];
〉 D = [0.3,0.3,0.3,0.3];
〉 l = [750,600,1012,645];
〉 Cw = 130;
〉 h = 10.67 * q.^1.852./(Cw^1.852 * D.^4.87).*l
h =

    0.4907     0.7557     0.5860     0.8445

〉
```

以上结果 h 即为相应管段的水头损失。

1.3.3 函数与过程

在以上例子中，我们是即兴编程、计算机即兴计算。当程序关闭时或使用另外一台机器时，又得重新输入。为避免这种情况可以文件的形式将以上输入的命令保存下来，以便下次直接调用。在 MATLAB 和 Octave 中保存的文件均以 .m 为扩展名，称之为 M 文件。M 文件有两种类型即脚本和函数文件。当需要安排一系列命令或函数按照一定的顺序依次执行完成一项任务时，多用脚本文件。如前面例子中所有输入的命令实际上可以放在一个 M 文件中，此时该文件为脚本文件；当需要类似于公式计算一样的关系时（有自变量输入和因变量结果输出），需要定义函数文件，例如在前例中可以将水头损失的计算公式保存为一个函数文件。

M 文件实质上为文本文件，因此原则上可用任何可编辑文本的编辑器来编写。但为方便使用，MATLAB 和 Octave 平台均配置了相应的编辑器，在命令窗口输入 edit 命令即可调出对应的编辑器。MATLAB 编辑器如图 1-6 所示，Octave 采用著名的开源软件 Notepad + + 作为其编辑器，如图 1-7 所示。

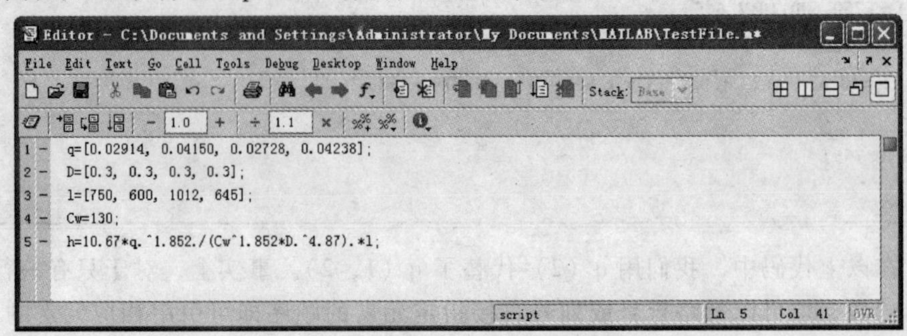

图 1-6 在 MATLAB Editor 窗口输入命令

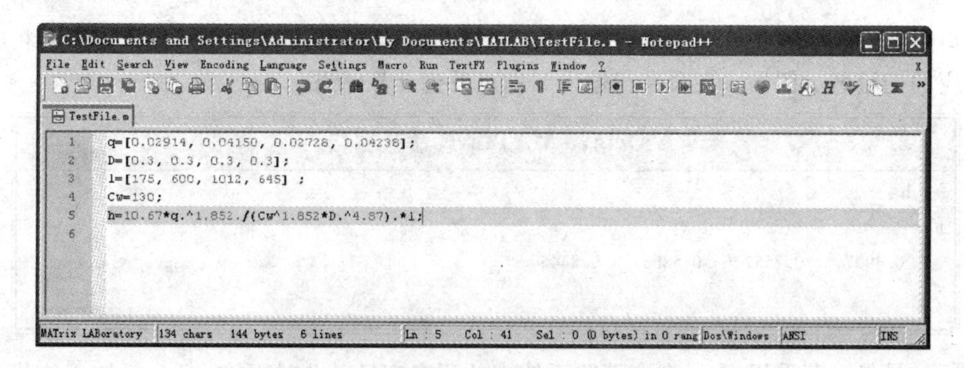

图 1-7 在 Octave Editor 窗口输入命令

为便于描述，在本书中对以上代码按以下格式进行编写：

Octave MATLAB

```
1| q = [0.02914,0.04150,0.02728,0.04238] ;
2| D = [0.3,0.3,0.3,0.3] ;
3| l = [750,600,1012,645] ;
4| Cw = 130;
5| h = 10.67 * q.^1.852./(Cw^1.852 * D.^4.87).*l;
```

Octave MATLAB

其中左边第一列为便于识别的行号，由编写代码软件自动显示，不需要用户输入，用户需要输入的为右边部分。例如第一行，用户只需输入“q = [0.02914, 0.04150, 0.02728, 0.04238];”即可。在本书中，若 Octave 或 MATLAB 字体上有删除线，则表明该代码框内有该计算平台不支持的代码。

调用 M 文件有两种途径。一是直接通过编辑器附带的运行命令。例如在 MATLAB 的编辑器中可通过点击编辑器菜单 Debug - > Save &Run 或 Debug - > Run；而在 Notepad + + 中通过适当的设置也可通过菜单运行编辑中的文件，但由于设置复杂，不在此介绍。二是将文件保存在 MATLAB 或 Octave 可搜索的文件夹内，然后再输入文件名。若本例文件名称为 TestFile. m，那么在命令窗口输入 TestFile：

Octave MATLAB 命令窗口

```
〉 TestFile
〉
```

程序运行后什么也没有显示，原因在于在 M 文件中所有的语句后面都有“;”符号，计算机在计算过程中保持了沉默，而脚本文件没有返回值，因此在命令窗口中仅输入脚本文件名是没有结果显示出来的。倘若需要查看结果，需要输入相应的变量名。例如，在命令行输入 h 即可看到计算结果：

```
Octave MATLAB 命令窗口
〉 h
h =
   0.4907     0.7557     0.5860     0.8445
〉
```

另外，若采用 clear 命令清除系统内的所有变量，此时再输入 h，系统无法找到该变量，结果如下：

```
Octave MATLAB 命令窗口
〉 clear
〉 h
??? Undefined function or variable 'h'.
〉
```

重新运行脚本文件，结果如下：

将上述 TestFile. m 文件第 5 行最后一个分号去除并保存；

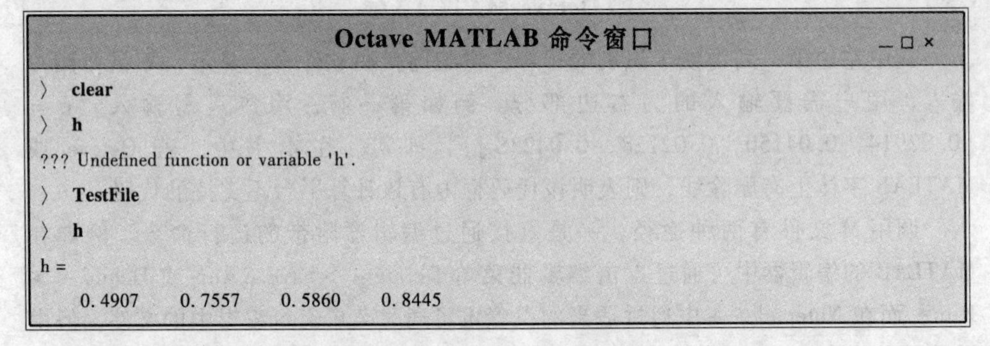

倘若将 TestFile 移动到其他目录，执行以上命令会是什么情况呢？

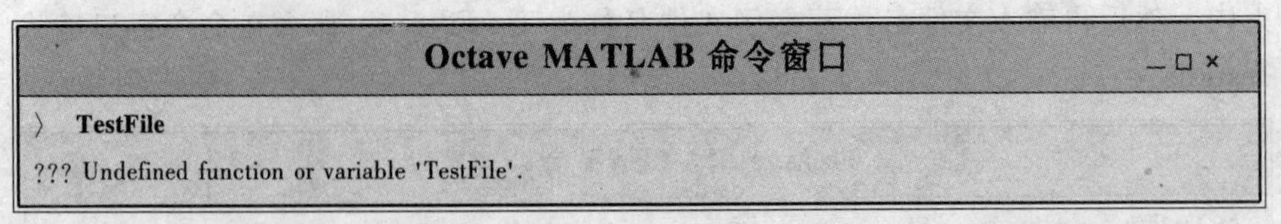

系统提示该函数或变量没有定义。

事实上，在 MATLAB 和 Octave 中，对某个命令的搜索是按以下顺序进行的：

在 MATLAB 或 Octave 中可采用 addpath 命令设置系统搜索目录。例如在命令窗口输入：addpath 'e：/matlab/works'，即将目录 e：/matlab/works 加入到系

统搜索目录。当需要系统保存该路径，以便系统下次启动时自动添加该目录到搜索目录时，则需要在命令窗口输入 savepath 命令。系统搜索文件的过程如图1-8所示。

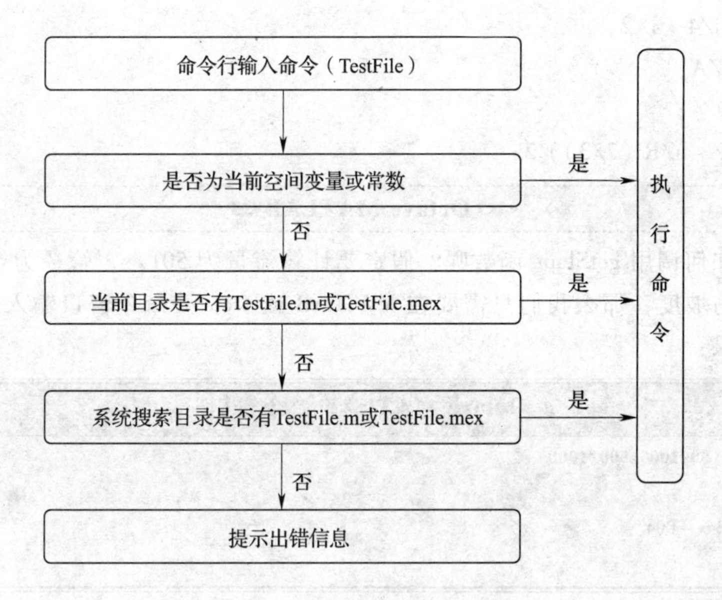

图 1-8 系统搜索文件的过程

除了以上脚本 M 文件外，MATLAB 或 Octave 还有大量的函数 M 文件，这两个软件内部本身有大量的以 M 文件保存的通用函数，但有时为了有效解决实际问题，需要编制用户自定义函数。

【例 1-3】 在雨水管道中（满管流），已知流量和管径，求水力坡度。

$$Q = vA \tag{1-2}$$

$$v = \frac{1}{n}R^{\frac{2}{3}}i^{\frac{1}{2}} \tag{1-3}$$

式中 Q——流量，m^3/s；

v——流速，m/s；

R——水力半径，m；

n——粗糙系数；

i——水力坡降；

A——过水断面，m^2。

【解】 将公式（1-3）写成关于坡度 i 的函数 getSlope，编辑以下内容并保存文件 getSlope. m（路径为 MATLAB 或 Octave 能够搜索的目录，可用 path 命令查看当前系统能够搜索的目录）。

Octave MATLAB

```
1| function i = getSlope(Q,D)
2| n =0.013;
3| A = pi/4 * D^2;
4| v = Q/A;
5| R = D/4;
6| i = (v * n/R^(2/3))^2;
```

Octave MATLAB

那么如何调用getSlope函数呢？假定要计算流量为50L/s，管径为500mm的管道的水力坡度，那么我们只需要在MATLAB或Octave命令窗口输入如下代码并得到结果：

Octave MATLAB 命令窗口

```
〉 getSlope(50/1000,500/1000)
ans =
    1.7534e-004
〉
```

以上结果中1.7534e-004为科学记数法，即为1.7534×10^{-4}。那么这个值即为函数的计算结果。与脚本文件不同的是，在函数文件中尽管我们所有语句中均有分号“;”，即计算过程保持沉默，但在调用该函数后仍然可以得到答案提示，即函数文件是可以有返回值的（在本例中返回值为*i*），而脚本文件没有返回值。

另外，在本函数的调用中，参数50/1000和500/1000是将流量单位和管径单位从“L/s”、“mm”分别转化为“m^3/s”、“m”。

说明

1）函数定义

从本例可以看出，函数定义格式为

function y = funcName (x1, x2, .., xn)

若有多个返回值，可以定义如下：

function [y1, y2, …, y3] = funcName (x1, x2, .., xn)

另外，在MATLAB早期版本和Octave中要求第一个函数名与文件名相同，之后的版本无此要求，但对MATLAB来说使用函数名和文件名相同是一个好的编程习惯。

2）函数与脚本文件的区别

函数文件可以有返回值也可以没有返回值，而脚本文件则没有返回值；脚本中的变量在整个工作空间是可见的，而函数中的变量仅在函数内部可见。例如在【例 1-2】中，写成脚本（假定脚本文件名为 TestFile）如下：

```
   Octave MATLAB
 6| q = [0.02914,0.04150,0.02728,0.04238];
 7| D = [0.3,0.3,0.3,0.3];
 8| l = [750,600,1012,645];
 9| Cw = 130;
10| h = 10.67 * q.^1.852./(Cw^1.852 * D.^4.87).* l;
   Octave MATLAB
```

当脚本运行后，由于脚本中的变量在当前工作空间有效，那么脚本中的变量（如 q、D 等）在后续的命令中是可以使用的，其值即为脚本中的值。但当我们写成无返回值的函数时，如下：

```
   Octave MATLAB
 1| function TestFile
 2| q = [0.02914,0.04150,0.02728,0.04238];
 3| D = [0.3,0.3,0.3,0.3];
 4| l = [750,600,1012,645];
 5| Cw = 130;
 6| h = 10.67 * q.^1.852./(Cw^1.852 * D.^4.87).* l;
   Octave MATLAB
```

运行 TestFile 函数后，由于函数中的变量只在函数内部有效（用 global 定义的全局变量除外，此用法见【例 4-5】中的说明），那么这些变量（如 q、D 等）在命令窗口是看不见的，即不能使用，使用时会出现没有定义的错误。

习　题

1. 常用工程计算平台有哪些？若需要对公式进行推导，应该选用哪些平台？

2. 试在 MATLAB 或 Octave 平台上建立一个计算雷诺数的函数，并建立一个脚本文件对该函数进行调用。

3. 在某次絮凝颗粒的试验中获得如下数据：

颗粒编号	1	2	3	4	5	6	7
粒径（cm）	0.21	0.16	0.21	0.21	0.20	0.15	0.21
沉速（cm/s）	2.20	1.64	2.00	1.86	1.83	1.72	1.82

已知试验温度条件下水的μ为1.009（10^{-3}Pa·s），根据Stokes公式，沉速与粒径及有效密度的关系如下：

$$u=\frac{1}{18}\frac{\rho_s-\rho}{\mu}gd^2=\frac{1}{18}\frac{\rho_e}{\mu}gd^2$$

式中　ρ_e——有效密度，g/cm^3；

d——颗粒粒径，cm；

u——沉速，cm/s。

试采用矩阵和点运算的方法计算各个颗粒的有效密度。

第2章　常用数学方法的应用

在给水排水的工程实践中，往往会遇到实验数据的线性回归分析与方差分析、确定非线性函数中相关参数、求解非线性函数、求解微分方程（组）等数学问题。本章主要介绍了常用的数学分析方法在给水排水工程中的应用。通过本章的学习，读者可以体会到 MATLAB 或 Octave 工程计算平台的高效与便捷及其强大的数据处理能力，并对工程计算平台中常用的数学方法所采用的函数有所了解，为解决本专业实际工程中的计算问题打下基础。

2.1　函数插值与曲线拟合

所谓插值方法是指我们在实验中获得有限的几个实验数据，按照某个特定的曲线形式，推求其他点的值。如：测出几个不同温度下某一污水中的饱和溶解氧值，这时可以用函数插值方法求其他温度下饱和溶解氧值等。而曲线拟合是指根据已有的观测数据以及描述该观测数据的公式，确定公式中的相关参数。如：根据当地的降雨的历史资料，确定暴雨强度公式中的相关参数等。

2.1.1　案例：线性插值求蝶阀的局部阻力系数

【例 2-1】　已知某规格的蝶阀局部阻力系数实验值见表 2-1，求阀门开启度为 70°、50°、28°时的阻力系数。

阀门开启度与阻力系数关系表　　　　表 2-1

开启度（°）	90	75	60	45	30	25	0
阻力系数值	0.05	0.92	4.26	7.32	26.34	54.60	+∞

【解】　本题中的自变量只有开启度，属于一维插值问题。在 MATLAB 和 Octave 中，一维插值函数为 interp1，此函数利用多项式插值函数，将被插值函数近似为多项式，其用法见表 2-2。

插值函数 interp1 说明　　　　表 2-2

函数名称	interp1
调用格式	yi = interp1（x，y，xi [，method]）
参数说明	其中 x、y 是长度相等的向量，两向量中对应位置的值为数据对；xi 为欲求插值数，可以是标量、向量或数组，yi 则是插值函数上对应 xi 的估计值，method 为一字符串，

续表

参数说明	用于指定插值方法，常用插值方法有： （1）'nearest'，临近点插值法，即插值点的函数估计值和与该插值点最近的数据点相同。 （2）'linear'，线性插值法，即根据相邻点的线性函数来估计该区间某插值点的值，此方法为该函数的默认插值方法。 （3）'spline'，三次样条插值，此法根据相邻数据点间建立三次多项式函数，然后根据多项式函数确定插值数据点的函数值。当选用此方法时，和使用函数 yi = spline（x，y，xi）结果一样。 （4）'cubic'或'pchip'，这两种方法相同，都是利用分段三次 Hermite 插值

（1）采用默认方法进行分析

编写代码如下，并保存文件为 C2_1. m：

ꕥ Octave MATLAB ꕥ

```
1| % C2_1. m
2|
3| clear ;
4| clc ;
5| x = [90 75 60 45 30 25 0] ;% 开启度
6| y = [0. 05 0. 92 4. 26 7. 32 26. 34 54. 60 inf] ;% 阻力系数
7| xi = [70 50 28] ;% 欲求开启度对应的阻力系数
8| yi = interp1(x,y,xi)
```

ꕥ Octave MATLAB ꕥ

在命令窗口调用以上脚本文件 C2_1. m，得到结果如下：

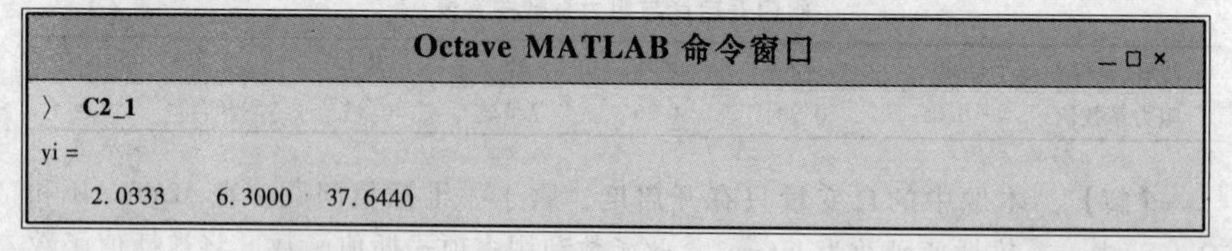

```
Octave MATLAB 命令窗口
〉 C2_1
yi =
   2. 0333    6. 3000    37. 6440
```

表明开启度为 70°、50°、28°时，其阻力系数分别为 2. 03、6. 30 和 37. 64。

说明

1）代码中 clear 为清除变量，clc 为清除命令窗口的信息。

2）代码中的“%”为注释说明，当程序遇到“%”时，“%”后面在本行的代码不执行，当然下一行代码不受此影响。

3）在 MATLAB 和 Octave 中用 inf 表示无穷大。类似地，若在命令窗口输入

0/0，其结果为 NaN，表示为非数字结果。在绘图过程中 inf 和 NaN 均会被忽略。表 2-3 列出了 MATLAB 和 Octave 中常用数字的表示方法。

MATLAB 和 Octave 对特殊数字的表示　　**表 2-3**

常量名称	意义	说明
inf	无穷大	
NaN	不是数字	
pi	圆周率	
realmax	最大实数	同样地，有 intmax，最大整数
realmin	最小实数	同样地，有 intmin，最小整数
eps	机器的浮点运算误差限	若某个量的绝对值小于 eps，就认为这个量为 0

根据表 2-1 中的数据，试计算开启度为 20°时，对应的阻力系数。

采用上述方法，编写代码并保存文件为 C2_2. m。

Octave MATLAB

```
1| % C2_2. m
2|
3| clear ;
4| clc ;
5| x = [90 75 60 45 30 25 0] ;% 开启度
6| y = [0. 05 0. 92 4. 26 7. 32 26. 34 54. 60 inf] ;% 阻力系数
7| xi = 20 ;% 欲求开启度对应的阻力系数
8| yi = interp1(x,y,xi)
```

Octave MATLAB

在命令窗口调用以上脚本文件 C2_2. m，得到结果如下：

Octave MATLAB 命令窗口

```
> C2_2
yi =
   NaN
>
```

由此可见，0 ~ 25 之间的开启度所对应的阻力系数值是无法计算的。那么是什么原因导致这种情况呢？

为了进一步对比插值情况的实际效果，采用图形化的方式显示结果，此时需要用到绘图二维函数 plot。plot 用法见表 2-4。

二维绘图函数 plot 说明　　表 2-4

函数名称	plot
调用格式	plot（y） plot（x1，y1，x2，y2，…） plot（x1，y1，'LineSpec'，x2，y2，'LineSpec'，…） plot（x1，y1，'LineSpec'，'Property'，PropertyValue，…）
参数说明	plot 函数用于绘制以 x_n 为横坐标 y_n 为纵坐标的二维图形，如果仅给出向量 y（如 plot（y））则绘制以 y 中各数的下标为横坐标其对应值为纵坐标的图形。如果给出多个 x_n、y_n 对，则以不同颜色的细实线连接各个数对。LineSpec 用于指定数对点的显示方式、连接方式及线的颜色（三种可用指定值见表 2-5），默认显示方式为点“.”，连接方式为细实线“-”，颜色顺序为蓝、绿、红、亮蓝、粉红、黄（即 x_1、y_1 为蓝，x_2、y_2 为绿等等）。Property 为属性名称，PropertyValue 为属性值，两者成对出现，后者指定前者的值，由于属性过多，此处不一一介绍，具体见 MATLAB 或 Octave 帮助文件

曲线颜色、线型及显示方式的设定值　　表 2-5

线型		颜色				标记符号			
符号	含义	符号	含义	符号	含义	符号	含义	符号	含义
'-'	实线	'r'	红色	'm'	粉红	'+'	+	'x'	×
'--'	虚线	'g'	绿色	'y'	黄色	'o'	○	'p'	☆
':'	点线	'b'	蓝色	'k'	黑色	'*'	*	's'	□
'-.'	点画线	'c'	亮蓝	'w'	白色	'.'	□	'd'	◇

一般而言，需要对坐标轴进行说明、给图形加上标题、并需要给出图例等工作，以使数据表示的图形更容易理解，因此还要用到诸多相关的说明（标注）类函数，这些函数主要有：

1）xlabel（'string'）字符串 string 即为 x 轴的标题。

2）ylabel（'string'）字符串 string 即为 y 轴的标题。

3）title（'string'）字符串 string 即为图形的标题。

4）text（x，y，'string'，'PropertyName'，PropertyValue，……）用于在图示指定的（x，y）处标示文字，并通过 PropertyName 和 PropertyValue 设置指定的属性值，这两个必须成对出现。

5）legend（'string1'，'string2'，…，'location'，location）字符串'string1'、'string2'等用来描述图中各曲线的名称即图例，而 location 用来设置图例的位置，可以用数字 -1、0、1、2、3、4 表示，也可以用'West'、'NorthEast'等方位名称表示 location 的值。

6）hold on/off 用来指定同一个图上，当前绘图时是否保留上一次的绘图结果。hold on 为在上一次绘图的基础上继续绘图（保留上一次的绘图结果），可理解为在当前绘图结果上进行“添加”操作。而指定为 hold off，则为擦除前面的绘图结果再绘图（默认为 hold off），可理解为在当前绘图结果上进行“替换”操作。单独使用 hold，则表示在“添加”与“替换”操作间进行切换。

7）grid on/off 指定图形上是否显示网格（默认为 grid off，不显示），单独使用 grid 则在两者间切换。

8）box on/off 命令控制是否给当前图形加边框线（默认为加边框线），单独使用 box 则在两种状态之间进行切换。

根据 plot 函数的相关说明，编写代码绘图进行比较：

Octave MATLAB

```
 1| % C2_3. m
 2|
 3| clear ;
 4| clc ;
 5| x =[90 75 60 45 30 25 0] ;% 开启度
 6| y =[0. 05 0. 92 4. 26 7. 32 26. 34 54. 60 inf] ;% 阻力系数
 7| xi =0:100;
 8| yi = interp1(x,y,xi);
 9| plot (x,y,'o',xi,yi,'r -');
10| xlabel ('开启度');
11| ylabel ('阻力系数');
12| legend('已知点','插值曲线');
```

Octave MATLAB

运行结果如图 2-1 所示。

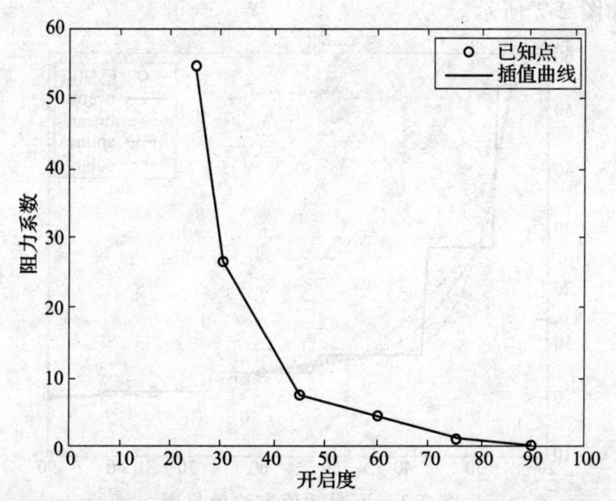

图 2-1 采用默认方法求得开启度与阻力系数的关系图

上述结果表明0～25之间被忽略，90～100之间也被忽略。因此，在进行插值计算时应该注意预测范围应该在已知值给定的范围之内，不能外延。

(2) 采用不同的方法进行对比分析

倘若我们指定不同的插值方法，看看各方法的插值效果。考虑到开启度为0时其阻力系数为无穷大的特殊性，我们将此值去除。编写代码如下：

Octave MATLAB

```
1| % C2_4. m
2|
3| clear ;
4| clc ;
5| x =[90 75 60 45 30 25] ;% 开启度
6| y =[0. 05 0. 92 4. 26 7. 32 26. 34 54. 60] ;% 阻力系数
7| xi =25:90 ;% 欲求开启度对应的阻力系数
8|
9| yi1 = interp1(x,y,xi,'nearest');
10| yi2 = interp1(x,y,xi,'linear');
11| yi3 = interp1(x,y,xi,'spline');
12| yi4 = interp1(x,y,xi,'cubic');
13|
14| plot(x,y,'o',xi,yi1,'-',xi,yi2,':',xi,yi3,'-.',xi,yi4,'--');
15| legend('已知点','nearest','linear','spline','cubic')
```

Octave MATLAB

运行结果如图2-2所示。

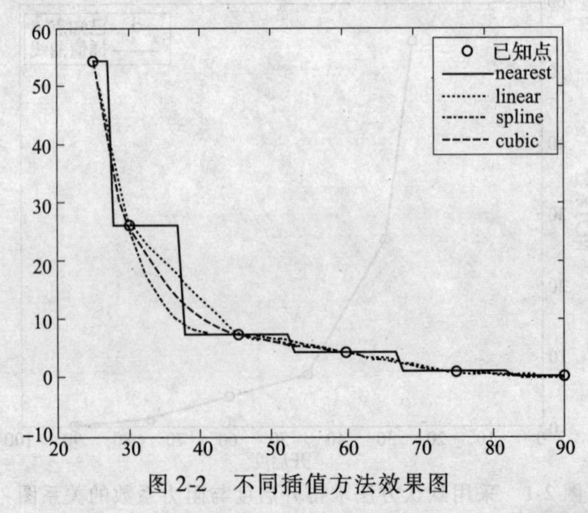

图2-2 不同插值方法效果图

由图 2-2 可以看出不同的插值方法其效果有一定的差异。

(3) 绘制子图

以上结果可能在一个图中表示不是很容易区分，因此将以上插值结果以子图的形式分别表示，其中要用到 subplot 绘制子图的函数，此函数的用法见表 2-6。

子图绘图函数 subplot 说明 **表 2-6**

函数名称	subplot
调用格式	subplot (m, n, p) 或 subplot (mnp) h = subplot (m, n, p)
参数说明	subplot 函数将当前绘图窗口分割成 m × n 个潜在绘图区域，即 m 行，n 列的子图区域，p 指定当前绘图区域。子图的编号是从 1 开始直到 m × n 的，编号的方式是以行进行的，即第一行是从 1 到 n，第二行是从 n + 1 到 2n，…… h 返回的是子图的轴对象 axes，相当于绘图之后立即用 gca（获取当前轴对象）可取得此值，set 函数用其进行更精确的坐标轴属性的设置和操作（见表 2-8）

绘制子图比较的代码如下：

Octave MATLAB

```
1| % C2_5. m
2|
3| clear ;
4| clc ;
5| x =[90 75 60 45 30 25] ;% 开启度
6| y =[0. 05 0. 92 4. 26 7. 32 26. 34 54. 60] ;% 阻力系数
7| xi = 25:90 ;% 欲求开启度对应的阻力系数
8|
9| yi1 = interp1(x,y,xi,'nearest');
10| yi2 = interp1(x,y,xi,'linear');
11| yi3 = interp1(x,y,xi,'spline');
12| yi4 = interp1(x,y,xi,'cubic');
13|
14| subplot (2,2,1);
15| plot(x,y,'o',xi,yi1);
16| legend('已知点','nearest');
17|
18| subplot(2,2,2);
```

```
19| plot(x,y,'o',xi,yi2);
20| legend('已知点','linear');
21|
22| subplot(2,2,3);
23| plot(x,y,'o',xi,yi3);
24| legend('已知点','spline');
25|
26| subplot(2,2,4);
27| plot(x,y,'o',xi,yi4);
28| legend ('已知点','cubic');
```

Octave MATLAB

运行效果如图 2-3 所示。

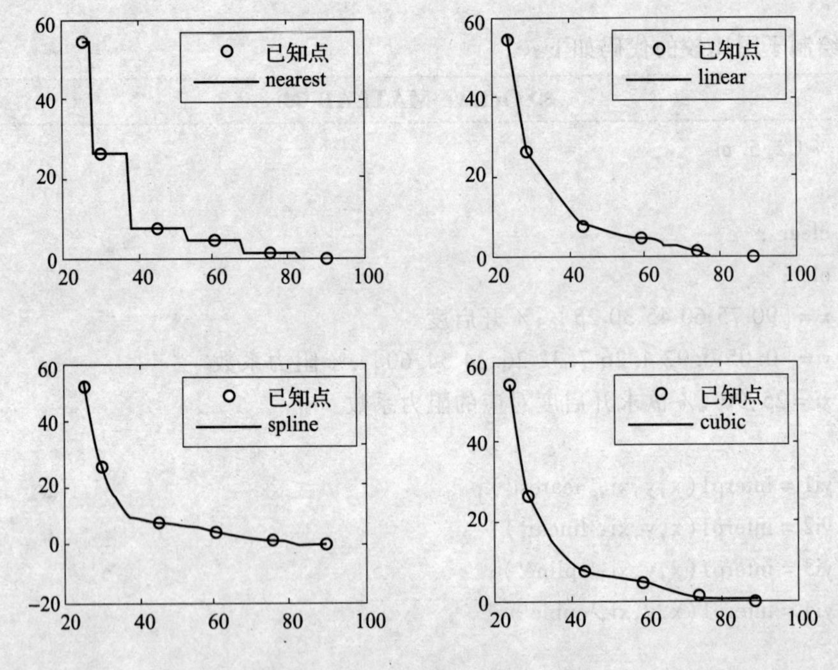

图 2-3　将多个子图组合成一个图

（4）修改坐标轴

在图 2-3 中可以看到，第三个子图的纵坐标刻度与其他子图不一致，这是因为系统采用默认方法对坐标值格式进行了设置。用户可通过以下函数对坐标轴进行设置，见表 2-7。

设置坐标轴函数 axis 说明 表 2-7

函数名称	axis
调用格式	axis ([xmin xmax ymin ymax zmin zmax])
参数说明	axis 函数功能丰富，常用的用法还有： axis equal 纵、横坐标轴采用等长刻度 axis square 产生正方形坐标系（缺省为矩形） axis auto 使用缺省设置 axis off 取消坐标轴 axis on 显示坐标轴

为此，我们对第三个子图进行坐标格式设定，修改的代码如下：

Octave MATLAB

```
21| %1 -20 行同 C2_5.m 文件,本文件名为 C2_6.m
22| subplot(2,2,3);
23| plot(x,y,'o',xi,yi3);
24| legend('已知点','spline');
25| axis([20 100 0 60]);
26|
27| subplot(2,2,4);
28| plot(x,y,'o',xi,yi4);
29| legend('已知点','cubic');
```

Octave MATLAB

此时运行结果如图 2-4 所示。

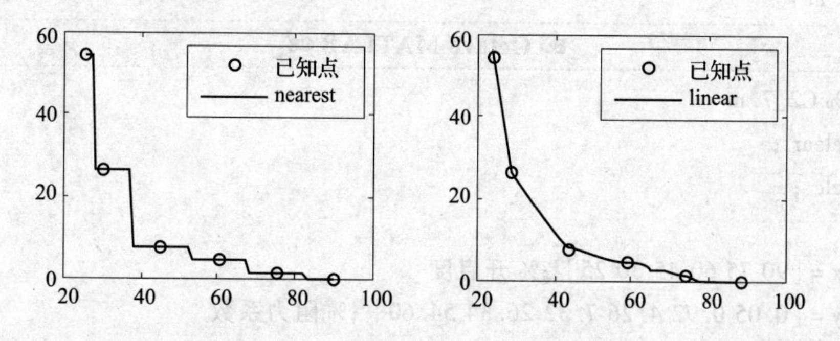

图 2-4 通过 axis 函数对坐标轴显示范围进行设定（一）

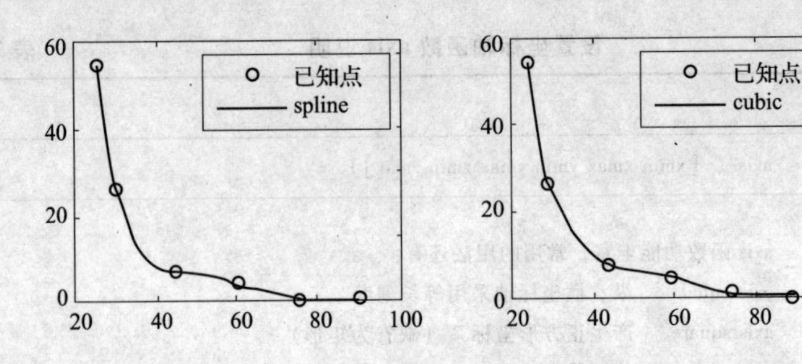

图 2-4　通过 axis 函数对坐标轴显示范围进行设定（二）

☙说明❧

事实上，对绘图进行设置比较全面的函数为 set 函数，其基本用法如下：

set 函数说明　　　　**表 2-8**

函数名称	set
调用格式	set（H，'PropertyName'，PropertyValue，……）
参数说明	H 为某个对象句柄，如轴对象 axes 的句柄用 gca 取得，图形对象 figure 句柄用 gcf 取得。 PropertyName 为对象某个属性的名字，如线宽 LineWidth、刻度 xTick、yTick、zTick 等等轴对象属性名，位置 Position、颜色 Color 等图形对象名，由于各对象属性众多，在此不一一介绍，有兴趣查看帮助文件。 PropertyValue 用于设置指定属性的值。 省略部分表示可以在同一个 set 中设置多个属性的属性值，注意 PropertyName 和 PropertyValue 必须成对出现

假如我们需要将第三个图的 y 坐标，y 的最小显示刻度设置为 10，同时我们将第四个子图修改为 0～10 之间以刻度 5 显示，15～60 以 15 显示，那么通过 set 函数的做法如下：

☙ Octave MATLAB ❧

```
1| % C2_7. m
2| clear ;
3| clc ;
4|
5| x =[90 75 60 45 30 25] ;% 开启度
6| y =[0. 05 0. 92 4. 26 7. 32 26. 34 54. 60] ;% 阻力系数
7| xi =25 :90 ;% 欲求开启度对应的阻力系数
```

```
 8| yi1 = interp1(x,y,xi,'nearest');
 9| yi2 = interp1(x,y,xi,'linear');
10| yi3 = interp1(x,y,xi,'spline');
11| yi4 = interp1(x,y,xi,'cubic');
12|
13| subplot(2,2,1);
14| plot(x,y,'o',xi,yi1);
15| legend('已知点','nearest');
16|
17| subplot(2,2,2);
18| plot(x,y,'o',xi,yi2);
19| legend('已知点','linear');
20|
21| subplot(2,2,3);
22| plot(x,y,'o',xi,yi3);
23| legend('已知点','spline');
24| axis([20100 0 60]);
25| set(gca,'ytick',[0:10:60]);
26|
27| subplot(2,2,4);
28| plot(x,y,'o',xi,yi4);
29| legend('已知点','cubic');
30| set(gca,'ytick',[0:5:10,15:15:60]);
```

ꕥ Octave MATLAB ꕤ

得到的效果如图 2-5 所示。

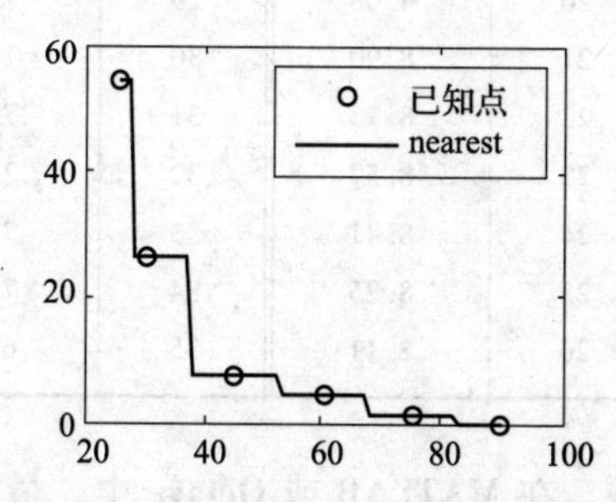

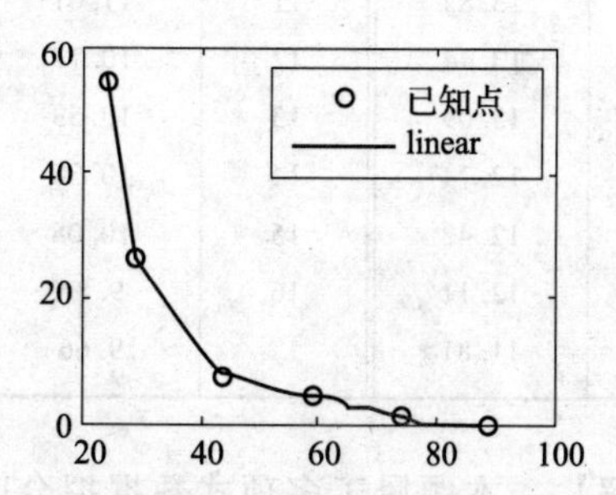

图 2-5 通过 set 函数对绘图的刻度进行控制（一）

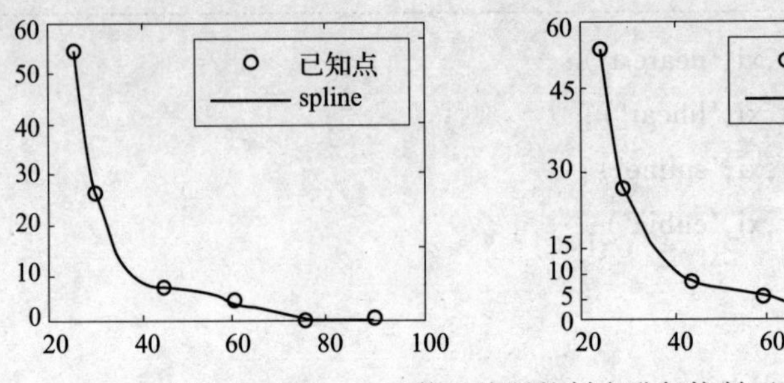

图 2-5 通过 set 函数对绘图的刻度进行控制（二）

说明

在例题的代码 25 行和 30 行使用了 gca 函数，其意义是获得当前坐标轴的句柄（代表坐标轴对象的变量）。

2.1.2 案例：最小二乘法求饱和溶解氧与温度的关系

【例 2-2】 美国土木工程协会推荐用以下公式来描述不同水温条件下饱和溶解氧的变化。

$$DO_{sat} = aT^3 + bT^2 + cT + d \tag{2-1}$$

式中 DO_{sat}——饱和溶解氧浓度，mg/L；

T——水温，℃。

1）试根据表 2-9 确定公式中的参数 a，b，c，d。

2）根据拟合出来的公式计算 $T=23.6$℃的饱和溶解氧溶度。

各种温度下饱和溶解氧值　表 2-9

温度（℃）	溶解氧（mg/L）	温度（℃）	溶解氧（mg/L）	温度（℃）	溶解氧（mg/L）	温度（℃）	溶解氧（mg/L）
0	14.64	9	11.53	18	9.46	27	7.96
1	14.22	10	11.26	19	9.27	28	7.82
2	13.82	11	11.01	20	9.08	29	7.69
3	13.44	12	10.77	21	8.90	30	7.56
4	13.09	13	10.53	22	8.73	31	7.43
5	12.74	14	10.30	23	8.57	32	7.30
6	12.42	15	10.08	24	8.41	33	7.18
7	12.11	16	9.86	25	8.25	34	7.07
8	11.81	17	9.66	26	8.11	35	6.95

【解】 本题属于多项式数据拟合问题，在 MATLAB 或 Octave 中，最小二乘多项式拟合函数为 polyfit，见表 2-10。

最小二乘多项式拟合函数 polyfit 说明 表 2-10

函数名称	polyfit
调用格式	p = polyfit (x, y, n)
参数说明	其中 x、y 是长度相等的向量，两向量中对应位置的值为数据对拟合出的函数形式为 $y = p_1x^n + p_2x^{(n-1)} + \cdots + p_nx + p_{n+1}$ x 是自变量，y 是因变量，返回值 p 是一个含有 n+1 个元素的向量，p = [p_1 p_2……p_n p_{n+1}] 或者 p_1 = p (1)，p_2 = p (2)，……，p_{n+1} = p (n+1)。n 为要拟合的阶数

在本题中多项式为三阶，因此选择 $n=3$。编写代码如下：

ꝏ Octave MATLAB ꝏ

```
1| % C2_8. m
2|
3| T   =0:35;
4| DO =[14.64 14.22 13.82 13.44 13.09 12.74 12.42 12.11 11.81...
5|      11.53 11.26 11.01 10.77 10.53 10.3  10.08  9.86  9.66...
6|       9.46  9.27  9.08  8.9   8.73  8.57  8.41  8.25  8.11...
7|       7.96  7.82  7.69  7.56  7.43  7.3   7.18  7.07  6.95];
8| p = polyfit(T,DO,3); %  p 为多项式系数向量(由高到低)
9|
10| % DO_T = poly2str (p,'T')
11| % 以下代码相当于实现 MATLAB 中的 poly2str,即 poly2str(p,'T'),
12| % 但由于 Octave 目前没有该函数,故用代码实现之
13| orders = length(p) - 1; % 多项式的阶数
14| fprintf('DO_T = \n% fT^% d ',p(1),orders);
15| for i = 2:length(p)% length(p)用于获取 p 中元素的个数
16|     if p(i) >0
17|         sign =' + ';
18|     else
19|         sign ='';
20|     end
21| fprintf('% s% fT^% d ',sign,p(i),orders - i + 1);
22| end
23|
24| % 多项式字符串表达结束
25| Tx =23.6;
26| DO23_6 = polyval(p,Tx)
```

ꝏ Octave MATLAB ꝏ

运行结果如下：

Octave MATLAB 命令窗口

```
〉 C2_8
DO_T =
     -0.000075T^3  +0.007945T^2-0.405058T^1  +14.601073T^0
DO23_6 =
   8.4771
〉
```

说明

1）T=0:35，表示0~35之间按照默认的1为间隔生成一组数据，这种表达比较常用，如a=1:2:6，表示在1~6之间以2为间隔生成一组数：1，3，5（见1.3.2矩阵）。

2）由于DO数据较长在本例题中采用“…”（三个点）进行语句换行，这与回车键换行不同，前者逻辑上这些数据还是一行，当采用回车键时逻辑和形式都不是同一行。

3）通过polyfit计算得到系数p（由高次往低次排列），通过poly2str（p，'T'），转化为变量符号为T的多项式表示形式（或用poly2sym）。

4）polyval用于计算多项式p在已知点的值。

本例用到了fprintf函数，其作用是进行格式化输出，此处是向命令窗口中进行格式化输出（也可以向文件中输出）。其用法为：

fprintf（'format_string'，value1，value2，…，valueN）

其中value1，value2，…，valueN分别用于替换“format_string”中以%（百分号）开头的占位符，此占位符包括五个部分：

① %（百分号）用于表示占位符开始；

② 对齐标志，可以是减号“-”、加号“+”或“0”，分别表示左对齐、右对齐和对齐时用“0”填充空格；

③ 占位宽度，为一个数字；

④ 精度，以“.”（点）开始，后跟一个指示精度的数字；

⑤ 转义字符，常用的见表2-11。

转义字符的意义 **表2-11**

符号	c	d	f	s
意义	单个字符	有符号十进制数	浮点数	字符串

以上五个部分只有①和⑤是必需的，其余三部分可选。可能在"format_string"中出现转义字符，如"\n"表示换行，"\t"表示制表符，要表示"%"则要用"%%"(因为%为占位符提示符)，表示反斜杠"\"要用"\\"等等。

2.1.3 案例：非线性拟合求管道造价公式

【例 2-3】 一般，我们用以下公式计算给水管道单位长度造价：

$$c = a + bD^{\alpha} \tag{2-2}$$

式中 c——管道单位长度造价，元/m；

D——管段直径，m；

a、b、α——管道单位长度造价公式统计参数，与地区及相关的施工条件水文地质条件以及管材价格等因素有关。

若给定管道单位长度造价如表 2-12 所示，试确定式 (2-2) 中参数 a、b、α。

不同管径的造价表 表 2-12

管径 D (mm)	200	300	400	500	600	700	800	900
造价 (元/m)	349.9	558.4	886.6	1217.5	1503.1	1867.1	2246.4	2707.0

【解】 式 (2-2) 属于非线性函数，传统的方法是在对数坐标中进行绘图求解。在本例中采用最小二乘法非线性拟合方法。MATLAB 用于非线性拟合的函数有 lsqcurvefit 和 lsqnonlin，这两个函数均需要对需拟合的公式建立单独的函数，如 fun.m，但两者定义 M 函数文件 fun (x) 的方式是不同的。由于两者算法相同、功能相似，因此在本书中仅介绍前者。在 Octave 中缺少类似的直接函数，但在其优化工具包中有 leasqr 函数可供使用，两者用法分别说明见表 2-13 和表 2-14。

最小二乘非线性拟合函数 lsqcurvefit 说明 表 2-13

函数名称	lsqcurvefit (仅适用于 MATLAB)
调用格式	k = lsqcurvefit ('fun', k0, x, y);
参数说明	fun 为待拟合函数，k0 为待拟合参数的初始值，k 返回待拟合参数的向量，x、y 是长度相等的已知向量，两向量中对应位置的值为数据对

最小二乘非线性拟合函数 leasqr 说明 表 2-14

函数名称	leasqr (仅适用于 Octave)
调用格式	[y2 k] = leasqr (x, y, k0, 'fun');
参数说明	fun 为待拟合函数，k0 为待拟合参数的初始值，k 返回待拟合参数的向量，y2 为根据拟合参数确定的对于 x 的计算值，x、y 是长度相等的已知向量，两向量中对应位置的值为数据对

在本例，可用非线性最小二乘法对式（2-2）进行拟合。由于 MATLAB 和 Octave 非线性拟合函数名称和用法不同，分别编写代码如下：

（1）MATLAB 平台下的实现方法

MATLAB

```
 1| function C2_9
 2| % C2_9. m
 3| D = [200 300 400 500 600 700 800 900]/1000;
 4| Cost = [349. 9 558. 4 886. 6 1217. 5 1503. 1 1867. 1 2246. 4 2707. 0];
 5| a0 = 10 ; b0 = 1000 ; alpha0 = 1. 5;
 6| k0 = [ a0 b0 alpha0];
 7| k = lsqcurvefit(@f,k0,D,Cost)
 8|
 9| function Cost = f(k,D)
10| a = k(1);b = k(2);alpha = k(3);
11| Cost = a + b * D. ^alpha;
```

MATLAB

运行结果如下：

MATLAB 命令窗口

```
> C2_9
Optimization terminated: relative function value changing by less than OPTIONS. TolFun.
k =
  1. 0e+003 *
    0. 0410    3. 0726    0. 0014
>
```

即 a = 41，b = 3073，alpha = 1. 4

说明

1）Optimization terminated: relative function value changing by less than OPTIONS. TolFun. 此处 terminated 与 finished 是同义词，不是警告信息更不是错误信息，只是系统通知用户优化是如何结束的。

2）在 MATLAB 中两个函数文件可以在同一个文件中存在，因此以上代码可以同时存放在一个 M 文件中，但如果将 function C2_9 去掉即将脚本文件与函数文件混写就会出错。

3）一个函数文件中的另外子函数（如 C2_9 中 f）只能被此文件中的其他函

数调用，而不能被外部文件进行调用，而此文件中唯一能进行调用的函数就是主函数，即第一个函数（或说命名文件的函数）。想要能够被其他函数调用的话，则需写成单独的 M 函数文件。

4）在代码第 6 行给出了参数的初步估计值。对于非线性计算而言，很多时候初值的给定是非常重要的。例如，当函数有多个解时，初值往往决定数值计算的最后结果，见【例 3-3】相关内容。

用户可通过图形方式确定计算结果是否正确，本例编写代码如下：

MATLAB

```
1| function C2_10
2| % C2_10.m
3| D = [200 300 400 500 600 700 800 900]/1000;
4| Cost = [349.9 558.4 886.6 1217.5 1503.1 1867.1 2246.4 2707.0];
5| a0 = 100 ; b0 = 1000 ; alpha0 = 1.5;
6| k0 = [a0 b0 alpha0];
7| k = lsqcurvefit(@f,k0,D,Cost)
8| a = k(1)
9| b = k(2)
10| alpha = k(3)
11| % 验证计算是否正确
12| D1 = (1:900)/1000;
13| Cost1 = f(k,D1);
14| plot(D,Cost,'o',D1,Cost1,'r-');
15| xlabel('直径(m)');
16| ylabel('造价(元/m)');
17| legend('表格中的数据','拟合曲线');
18|
19| function Cost = f(k,D)
20| a = k(1);b = k(2);alpha = k(3);
21| Cost = a + b * D.^alpha;
```

MATLAB

运行得到的图形结果如图 2-6 所示。

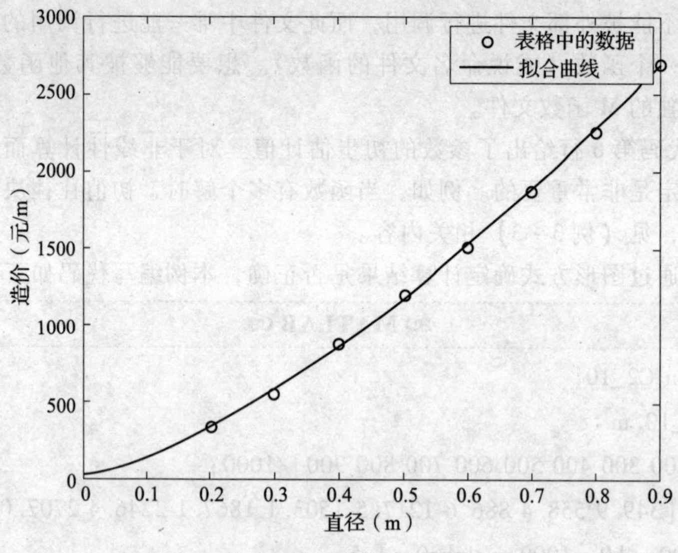

图 2-6　管径与造价关系

（2）Octave 平台下的实现方法

在 Octave 中通过以下代码实现以上参数估计，需要注意的是 leastsqr 参数的顺序即被估计参数函数中参数的顺序不同。另外，由于 leastsqr 不是 Octave 中的内置函数，而是位于工具包 optim 中，因此在调用前需要装载 optim 包，命令如下：pkg load optim 或者装载所有的包 pkg load all，否则可能会出现函数未定义的错误。

Octave

```
 1| function C2_9_Octave
 2| % C2_9_Octave.m
 3| D =[200 300 400 500 600 700 800 900]/1000;
 4| Cost =[349.9 558.4 886.6 1217.5 1503.1 1867.1 2246.4 2707.0];
 5| a0 =10 ; b0 =1000 ; alpha0 =1.5;
 6| k0 =[a0 b0 alpha0];
 7| pkg load optim
 8| [Cost1,p] =leasqr(D,Cost,k0,@f);
 9| disp(p)% 显示计算的参数值
10|
11| function Cost =f(D,k)
12| a =k(1);b =k(2);alpha =k(3);
13| Cost =a +b * D.^alpha;
```

Octave

在 Octave 中运行结果如下：

Octave 命令窗口

```
> C2_9_Octave
  40.8247
3072.7039
   1.4337
>
```

2.1.4 案例：非线性拟合求暴雨强度公式

【例 2-4】 已知某地暴雨强度、降雨历时和重现期的关系见表 2-15，试推求暴雨强度公式。

推求暴雨强度基础数据 表 2-15

P (a)	t (min)						
	5	10	15	20	30	45	60
	i (mm/min)						
1	2.04	1.61	1.34	1.21	0.98	0.785	0.654
2	2.39	1.88	1.59	1.44	1.15	0.952	0.802
3	2.53	2.03	1.74	1.56	1.26	1.04	0.875
5	2.75	2.18	1.86	1.72	1.37	1.12	0.960
10	3.04	2.42	2.06	1.90	1.53	1.29	1.09

【解】 在进行城市雨水排水设计时首先要选定设计暴雨强度，而在计算暴雨强度时，其数学公式的形式至关重要。不同地区气候不同，降雨差异很大，降雨分布规律适合于哪一种曲线需要在大量的统计分析的基础上得出。编制暴雨强度公式是在各地自记雨量记录分析整理的基础上按照一定的方法推求出来的(10a 以上自动雨量记录)。一般暴雨强度公式的编制方法为：

(1) 计算降雨历时采用 5、10、15、20、30、45、60、90、120min 共 9 个历时，计算降雨的重现期一般按 0.25、0.33、0.5、1、2、3、5、10a 统计。当有需要或资料条件较好时（资料年数大于 20a)，也可统计高于 10a 的重现期；

(2) 取样方法宜采用年多个样法，每年每个历时采用 6～8 个最大值，然后不论年次，将每个历时子样按大小次序排列再从中选择资料的 3～4 倍的最大值作为统计的基础资料。

(3) 选取的各历时降雨资料一般应用频率曲线加以整理。当精度要求不太高时，可采用经验频率曲线；当精度要求较高时，可采用皮尔逊Ⅲ型分布曲线或指数分布曲线等理论频率曲线。根据确定的频率曲线，得到重现期、降雨强度和降雨历时三者的关系，即 p、i、t 关系值。

（4）根据 p、i、t 关系值求解 b、n、A_1、c 各个参数，可用解析法、图解与计算结合法或图解法进行。将所求的参数代入 $i=\frac{A_1(1+C\lg P)}{(t+b)^n}$ 得到当地暴雨强度公式。

我国常用的暴雨强度公式为：

$$i=\frac{A_1(1+C\lg P)}{(t+b)^n}\text{或}q=\frac{167A_1(1+C\lg P)}{(t+b)^n} \tag{2-3}$$

式中　i——设计暴雨强度，mm/min；

q——设计暴雨强度，L/（s·hm^2）；

P——设计重现期，a；

t——降雨历时，min；

n——暴雨衰减指数。

A_1、C、b、n 为地方参数，可以用图解法解出。但是图解法完全由目测决定，随意性较大，因此一般计算采用最小二乘法确定暴雨强度公式中的参数。

对于重现期要求不高的雨水管渠的设计，可以使用暴雨强度曲线，虽然精度不高，但方法简单。其绘制方法是以降雨历时 t 为横坐标，暴雨强度 i（或 q）为纵坐标，将所选用的重现期的各历时的暴雨强度值绘出，连接相同重现期的点为一条光滑曲线，这些曲线即可表示暴雨强度 i（或 q）、降雨历时 t 和重现期 P 之间的关系，也即暴雨强度曲线。

通过以上分析，确定本例题的目标函数为：$i=\frac{A_1(1+C\lg P)}{(t+b)^n}$，需要确定的参数有 A_1、C、b、n 四个参数，变量为 t 和 P。在 2.1.3 案例的管道造价中，一个管径对应一个造价，即管径和造价的数据长度一致，这也是 lsqcurvefit 对数据的基本要求。而在本例中，i 和 t、P 长度不一致，需要适当处理输入数据。在这里，将待拟合的函数通过变量 P 参数化，相当于对不同的重现期编写了不同的函数。当然还有一种方法就是将 P 定义为全局变量。在本例中采用参数化的方法进行求解，在 MATLAB 和 Octave 平台上分别实现。

（1）MATLAB 实现代码

MATLAB

```
1| function C2_11
2| % C2_11. m
```

```
3|
4| clear all
5| clc
6| P = [1 2 3 5 10];
7| A0 = 1;C0 = 1;b0 = 1;n0 = 1;
8| k0 = [A0,C0,b0,n0];
9| t = [5 10 15 20 30 45 60];
10| i = [2.04 1.61 1.34 1.21 0.98 0.785 0.654
11|      2.39 1.88 1.59 1.44 1.15 0.952 0.802
12|      2.53 2.03 1.74 1.56 1.26 1.04  0.875
13|      2.75 2.18 1.86 1.72 1.37 1.12  0.960
14|      3.04 2.42 2.06 1.90 1.53 1.29  1.09 ];
15| k = lsqcurvefit(@(k,t)f(k,t,P),k0,t,i)
16| % options = optimset('MaxFunEvals',1e16,'MaxIter',1e16);
17| % k = lsqcurvefit(@(k,t)f(k,t,P),k0,t,i,[],[],options)
18| %绘图将结果与实际值进行比较
19| t1 =5:1:60;
20| i1 = zeros(length(P),length(t1));
21| for j = 1:length(P)
22|     i1(j,:) =f(k,t1,P(j));
23| end
24| % plot(t1,i1,t,i,'ro')
25| plot(t1,i1(1,:),'-',t1,i1(2,:),'--',t1,i1(3,:),'-.',t1,i1(4,:),'-
    ',t1,i1(5,:),':',t,i,'ro')
26| xlabel('降雨历时 t(min)');ylabel('暴雨强度 i(mm/min)')
27| legend('p =1','p =2','p =3','p =5','p =10','已知数据')
28|
29| function i =f(k,t,p)
30| A1 =k(1);C =k(2);b =k(3);n =k(4);
31| for j =1:length(p)
32|     i(j,:) = A1 *(1 +C *log10(p(j)))./(t +b).^n;
33| end
```

ᘓ MATLAB ᘓ

运行结果如下：

MATLAB 命令窗口
〉 **C2_11**
Maximum number of function evaluations exceeded;
increase options. MaxFunEvals
k =
4.5889 0.5201 1.2865 0.4394
〉

得到结果如图 2-7 所示。

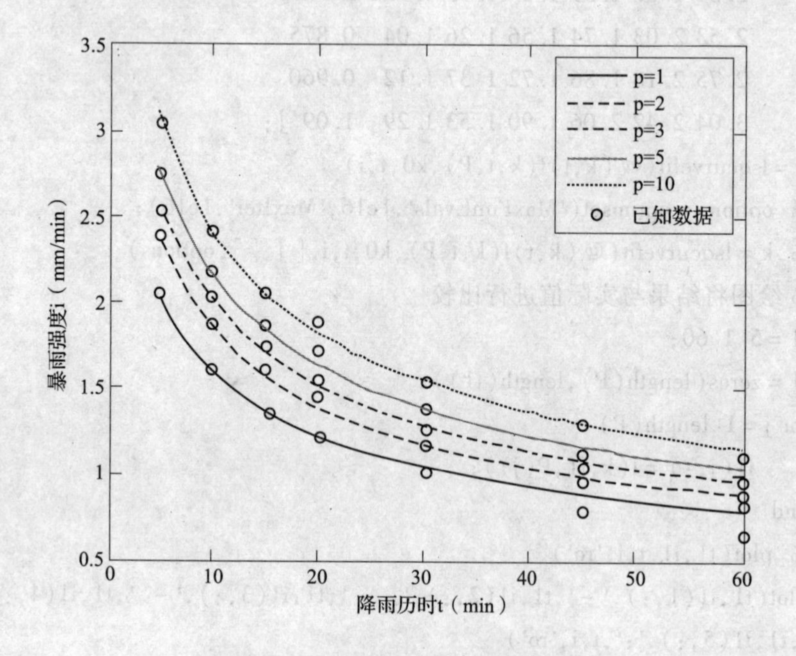

图 2-7 初次拟合的暴雨强度公式

可以看到计算结果尤其是 $P=1$ 时有较大误差，从以下两个方面进行改进：

1）以当前结果作为 k 的初值

2）按照提示，增大 options. MaxFunEvals 的值

在 MATLAB 中是通过 optimset 函数对计算过程进行计算，函数的使用方法是 optimset（‘设置对象’，对象值）。因此在本步骤设置为 options = optimset（'MaxFunEvals'，1e16）；即设置最大评估次数为 10^{16}。

在命令行输入 help lsqcurvefit 以得到函数的使用其他参数的位置，如下：

X = ISQCURVEFIT (FUN, X0, XDATA, YDATA, LB, UB, OPTIONS)

Options 是第 7 个参数，中间 5、6 参数省略用 [ ] 代替，编写如下，

k = lsqcurvefit (@ (k, t) f (k, t, P), k0, t, i, [ ], [ ], options)

然后运行，结果如下：

```
Maximumnumber of iterations exceeded; increase options. MaxIter
k =
    7.3018    0.5205    4.9954    0.5573
```

根据提示，优化没有结束，需要增大 MaxIter 值，因此设置如下：

```
options = optimset ('MaxFunEvals', 1e16, 'MaxIter', 1e16);
k = lsqcurvefit (@ (k, t) f (k, t, P), k0, t, i, [ ], [ ], options)
```

再次运行得到结果如下：

```
Optimization terminated: relative function value
changing by less than OPTIONS. TolFun.
k =
    7.7474    0.5193    5.4824    0.5716
```

表示优化完成，如图 2-8 所示，结果有较大改进，因此确定最后的参数为

$A_1 = 7.74$，$C = 5.2$，$b = 5.48$，$n = 0.57$

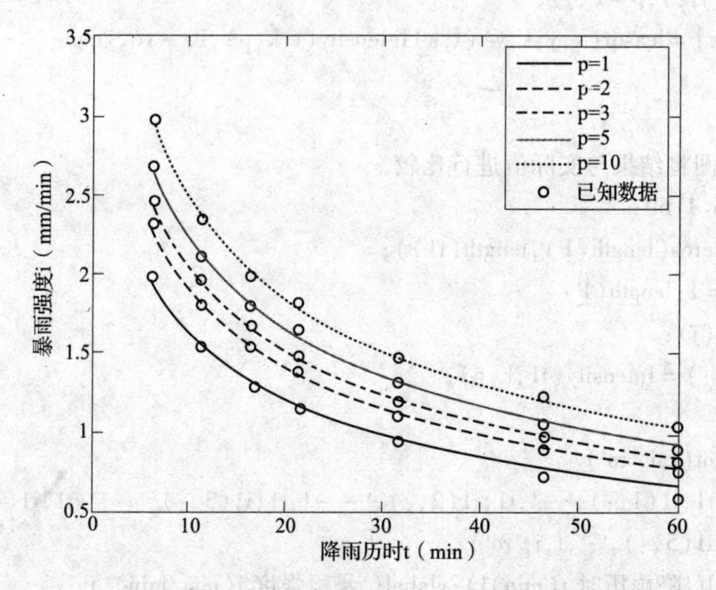

图 2-8 通过设置优化参数之后的暴雨强度公式

(2) Octave实现代码

Octave

```
1| function C2_11_Octave
2| % C2_11_Octave.m
3| clear all;
4| clc;
5| P = [1 2 3 5 10];
6| A0 = 7;C0 = 0.5;b0 = 5;n0 = 0.5;
7| k0 = [A0,C0,b0,n0];
8| t = [5 10 15 20 30 45 60];
9| i = [2.04 1.61 1.34 1.21 0.98 0.785 0.654
10|      2.39 1.88 1.59 1.44 1.15 0.952 0.802
11|      2.53 2.03 1.74 1.56 1.26 1.04  0.875
12|      2.75 2.18 1.86 1.72 1.37 1.12  0.960
13|      3.04 2.42 2.06 1.90 1.53 1.29  1.09 ];
14| k = k0;
15| x = t;
16| for j = 1:length(P)
17| y = i(j,:);p = P(j);
18| [i0,k] = leasqr(x,y,k,@(t,k)Intensity(t,k,p),1e-16,1e6);
19| end
20| k
21| % 绘图将结果与实际值进行比较
22| t1 = 5:1:60;
23| i1 = zeros(length(P),length(t1));
24| for j = 1:length(P)
25| p = P(j);
26| i1(j,:) = Intensity(t1,k,p);
27| end
28| % plot(t,i,'ro')
29| plot(t1,i1(1,:),'-',t1,i1(2,:),'--',t1,i1(3,:),'-.',t1,i1(4,:),'-
    ',t1,i1(5,:),':',t,i,'ro');
30| xlabel('降雨历时 t(min)');ylabel('暴雨强度 i(mm/min)');
31| legend('p = 1','p = 2','p = 3','p = 5','p = 10','已知数据');
```

```
32| % 建立降雨强度函数,存文件名为 Intensity.m
33| % function i = Intensity(t,k,p)
34| %  A1 = k(1);C = k(2);b = k(3);n = k(4);
35| %  i = A1 * (1 + C * log10(p))./(t + b).^n;
36| % endfunction
```

Octave

运行结果如下：

Octave 命令窗口

```
〉 C2_11_Octave
k =
   7.02453
   0.46152
   4.82011
   0.53367
〉
```

得到的图形如图 2-9 所示。

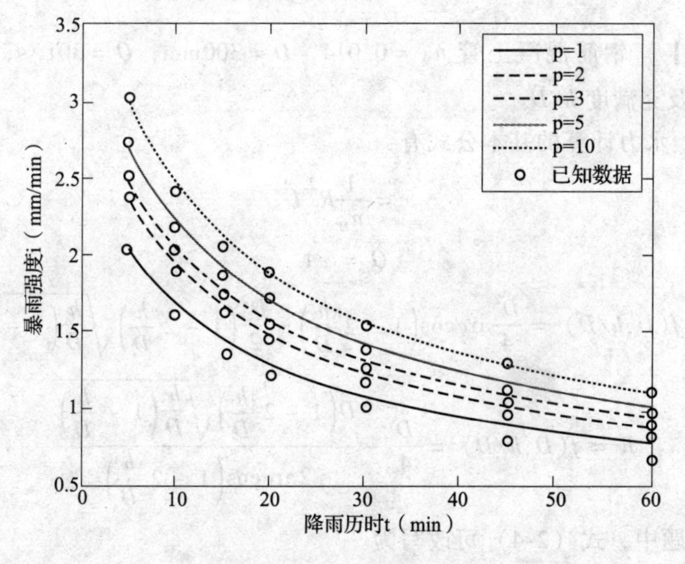

图 2-9 Octave 获得的结果

说明

1）在本代码中我们采用了匿名函数。匿名函数（Anonymous Functions）是

MATLAB 和 Octave 采用的一种全新的函数描述形式，其基本格式为 f = @（变量列表）函数内容，例如，f = @（x，y）sin（x. ^2 + y. ^2）。在本例中，k = lsqcurvefit(@（k，t）f（k，t，P），k0，t，i）语句中的@（k，t）f（k，t，P），将我们所定义的三个输入变量函数 f（k，t，P）临时转化为两个输入变量 k、t 的函数，而将 P 作为函数的参数传递。

2）由于算法和迭代设置的不同，MATLAB 与 Octave 的计算结果略有不同。

2.2　非线性方程求解

在给水排水工程中，有大量的诸如水力计算图这样的图表以解决非线性计算问题。将这些复杂的非线性求解过程通过图表近似计算，可以大大简化计算过程、提高设计效率，但由于这些图表在制作过程中，以常用的材料为基础数据，因此当工程中应用到新的材料时，这些图表就不能使用。非线性求解在 Octave 或 MATLAB 中有专门的函数可供使用，因此读者在应用时可避开复杂的算法问题，应用起来非常方便、快捷。

2.2.1　案例：非满流管渠水力计算

【例 2-5】　钢筋混凝土管 $n_M = 0.014$，$D = 300\text{mm}$，$Q = 30\text{L/s}$，$i = 0.004$，试求流速 v 及充满度 h/D。

【解】　水力计算的基本公式有：

$$v = \frac{1}{n_M} R^{\frac{2}{3}} I^{\frac{1}{2}} \tag{2-4}$$

$$Q = vA \tag{2-5}$$

$$A = f(D, h/D) = \frac{D^2}{4}\arccos\left(1 - 2\frac{h}{D}\right) - \frac{D^2}{2}\left(1 - 2\frac{h}{D}\right)\sqrt{\frac{h}{D}\left(1 - \frac{h}{D}\right)} \tag{2-6}$$

$$R = f(D, h/D) = \frac{D}{4} - \frac{D\left(1 - 2\frac{h}{D}\right)\sqrt{\frac{h}{D}\left(1 - \frac{h}{D}\right)}}{2\arccos\left(1 - 2\frac{h}{D}\right)} \tag{2-7}$$

在本例题中，式（2-4）可改写为

$$v = \frac{Q}{A} = \frac{1}{n_M} R^{\frac{2}{3}} I^{\frac{1}{2}} = \frac{1}{n_M} R\ (D, h/D)^{\frac{2}{3}} I^{\frac{1}{2}}$$

$$\frac{Q}{A(D, h/D)} = \frac{1}{n_M} R\ (D, h/D)^{\frac{2}{3}} I^{\frac{1}{2}} \tag{2-8}$$

因此问题成为求解方程（2-8）中的参数 h/D，显然该式为非线性方程。目前还没有一般的解析方法来求解非线性方程，但如果在任意给定的精度下，能够解出方程的近似解，则可以认为求解问题已基本解决。在 MATLAB 和 Octave 中解非线性方程（组）的函数有 fzero、fsolve，fzero 是 Matlab 和 Octave 求解一元函数零点的内置函数，而 fsolve（表 2-16）是求解方程组解（可以求解复数）的内置函数，功能强于 fzero。在本例中两个函数均可解决问题，但仅介绍使用 fsolve 的解决途径。

求解非线性方程（组）fsolve 函数说明 **表 2-16**

函数名称	fsolve
调用格式	x = fsolve（'fun', x0）
参数说明	fun：f（x）=0 的函数名称 x0 方程解的初始值 x 方程 f（x）在 x0 附近的解

需要注意的是 Octave 不能在求解方程时直接写入包含方程的字符串，但可以用内联函数 inline（字符串）或函数句柄，也就是说 Octave 求解方程时方程的输入只有两种形式：输入句柄（以@开头，包括匿名函数）和内联函数 inline（字符串），而 MATLAB 中可以用除了这两种之外的第三种，即直接用包含方程的字符串。例如：

1）fsolve（@(x) sin(x), 3），适用于 Octave 和 Matlab

2）fsolve（inline（'sin(x)'），3），适用于 Octave 和 Matlab

3）fsolve（'sin(x)'，3），只适用于 Matlab

尽管第三种较简单，但在使用的时候尽量用前面两种形式，以使代码在两种环境中都适用。

通过以上分析，本题编写代码如下：

Octave MATLAB

```
1| function C2_12
2| % C2_12.m,求流速和充满度
3| Q = 30/1000;
4| i = 0.004;
5| nm = 0.014;
6| D = 300/1000;
7| hd = fsolve(@(hd)get_v_hd(hd,Q,i,D,nm),0.52)
8| A = D^2/4 * acos(1 - 2 * hd) - D^2/2 * (1 - 2 * hd) * sqrt(hd * (1 - hd));
```

```
 9| v = Q/A
10|
11| function f = get_v_hd(hd,Q,i,D,nm)
12| A = D^2/4 * acos(1 - 2 * hd) - D^2/2 * (1 - 2 * hd) * sqrt(hd * (1 - hd));
13| R = D/4 - D * (1 - 2 * hd) * sqrt(hd * (1 - hd))/(2 * acos(1 - 2 * hd));
14| f = Q/A - 1/nm * R^(2/3) * i^(1/2);
```

Octave MATLAB

在 MATLAB 中运行如下：

MATLAB 命令窗口

```
〉 C2_12
Optimization terminated: first - order optimality is less than options. TolFun.
hd =
    0.5166
v =
    0.8144
〉
```

在 Octave 中运行如下：

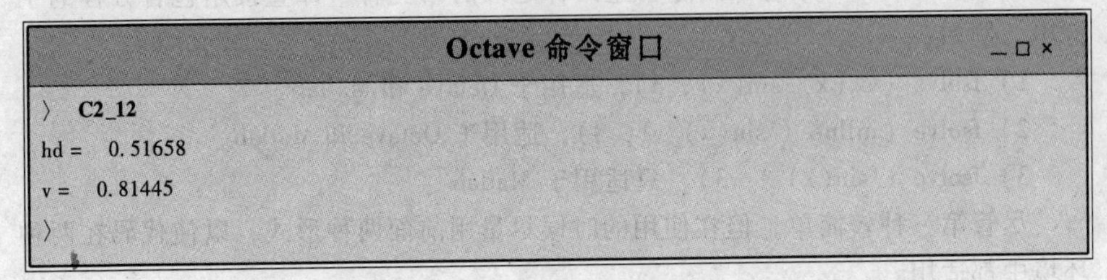

Octave 命令窗口

```
〉 C2_12
hd =  0.51658
v =  0.81445
〉
```

两者得到的最终结果一致，但在 MATLAB 中系统给出了计算的终止条件。

2.2.2 案例：明渠非均匀流水面曲线

【例 2-6】 矩形排水的长渠道，底宽 $b = 2.0\text{m}$，粗糙系数 $n = 0.025$，底坡 $i = 0.0002$，排水量 $Q = 2.0\text{m}^3/\text{s}$。试绘制水面曲线。

【解】 实际明渠工程除要求对水面曲线做定性分析之外，有时还需要定量计算和绘制水面曲线图。计算水面曲线通常采用分段求和的方法。分段求和的计算公式为：

$$\Delta L = \frac{e_2 - e_1}{i - \bar{J}} \tag{2-9}$$

式中 ΔL——分段的长度，m；

e_1、e_2——每段的前后两个断面的能量，mH_2O；

i——底坡；

$\bar{J}$——平均水力坡度。

我们可以假设控制断面的起始水深为 h_1，相邻断面水深为 h_2，计算出e_2-e_1和 $\bar{J}$，然后代入式（2-9）中就可以算出第一分段的长度 ΔL。依次类推，可以求出其他分段的长度，知道所有分段的长度之和为渠道的总长度。最后根据各断面的水深及各分段的长度即可绘制出水面线。

对于明渠非均匀渐变流水面曲线的绘制，首先需求得控制水深。而对于矩形渠道水面为 M2 型降水曲线的绘制，其控制水深为正常水深 h_o和临界水深 h_c。求得正常水深 h_o和临界水深 h_c之后便可以获得一系列假设水深，然后可以根据式（2-9）求得相应水深的每个分段的长度，最后可以根据水深和分段长度绘出水面线。具体过程如下：

（1）正常水深 h_o的计算。根据流量公式：

$$Q = Av = \frac{1}{n}\frac{(bh_o)^{5/3}i^{1/2}}{(b+2h_o)^{2/3}} \tag{2-10}$$

式中 Q——渠道流量，m^3/s；

b——矩形渠道的宽度，m；

n——渠道粗糙系数；

i——底坡。

此式中除 h_o外都是已知量，可通过非线性求解方法求出正常水深 h_o。

（2）矩形断面渠道临界水深 h_c的计算公式为：

$$h_c = \sqrt[3]{\frac{\alpha Q^2}{gb^2}} \tag{2-11}$$

式中 Q——渠道流量，m^3/s；

g——重力加速度，m/s^2；

b——矩形渠道的宽度，m；

α——动能修正系数（一般取 1.0）。

式（2-11）很简单，直接代入数值即可得到临界水深 h_c。

（3）根据求出的正常水深 h_o和临界水深 h_c可以假定一系列的水深 h_0、h_1、h_2、…、h_c，中间假设的水深数目越多，绘制的水面线就越精确。然后根据获得的一系列水深值相应地把渠道也分成若干段，相邻水深为每一段的两个断面的水深。

（4）水面线的计算

以末端水深 h_c 为控制水深向前推算。过程如下(假设插入两个水深 h_1 和 h_2)：

取

$$H_2 = h_c \qquad H_1 = h_2$$

$$A_2 = bH_2 \qquad A_1 = bH_1$$

$$v_2 = \frac{Q}{A_2} \qquad v_1 = \frac{Q}{A_1}$$

$$e_2 = H_2 + \frac{v_2^2}{2g} \qquad e_1 = H_1 + \frac{v_1^2}{2g}$$

$$R_2 = \frac{A_2}{b + 2H_2} \qquad R_1 = \frac{A_1}{b + 2H_1}$$

$$C_2 = \frac{1}{n}R_2{}^{1/6} \qquad C_1 = \frac{1}{n}R_1{}^{1/6}$$

计算平均值：$\bar{v} = \dfrac{v_1 + v_2}{2}, \bar{R} = \dfrac{R_1 + R_2}{2}, \bar{C} = \dfrac{C_1 + C_2}{2}, \bar{J} = \dfrac{\overline{v^2}}{\bar{C}^2\bar{R}}$；

用式（2-9）计算分段长度：$\Delta L_{12} = \dfrac{e_2 - e_1}{i - \bar{J}}$

然后重复计算其他各段的长度即可。

（5）水面线的绘制

根据各断面水深及求得的各段长度可完成绘制水面线。

根据以上分析，编写代码如下：

Octave MATLAB

```
 1| % C2_13. m,明渠非均匀流水面曲线的绘制
 2| clear ;
 3| clc ;
 4|
 5| alpha = 1. 0 ;g = 9. 8 ;Q = 2. 0 ;b = 2 ;n = 0. 025 ;i = 0. 0002 ;
 6| f = @ (h) (Q - 1/n * (b * h)^(5/3)/(b + 2 * h)^(2/3) * i^(1/2)) ;% 定义
    f 为匿名函数
 7| % 1. 求出正常水深和临界水深
 8| h0 = fsolve(f,2) ;
 9| hc = (alpha * Q^2/(g * b^2))^(1/3) ;
10| % 2. 在正常水深和临界水深间插入其他水深,以确定计算断面
11| H = linspace(hc,h0,6) ;
```

```
12| % 3. 计算各断面的水力特性
13|     A = b. * H;
14|     v = Q. /A;
15|     e = H + v. ^2/(2 * g);
16|     R = A. /(b + 2. * H);
17|     C = 1/n. * R. ^(1/6);
18| % 4. 计算两相连断面的水力特性均值,以计算平均水力坡度 J
19|     v_mean = (v(1:end - 1) + v(2:end))/2;
20|     R_mean = (R(1:end - 1) + R(2:end))/2;
21|     C_mean = (C(1:end - 1) + C(2:end))/2;
22|     J_mean = v_mean. ^2. /(C_mean. ^2. * R_mean);
23| % 5. 计算相连断面的距离
24| delta_L = (e(1:end - 1) - e(2:end )). /(i - J_mean);
25| % 6. 求总的长度
26| L = sum(delta_L);
27| % 7. 求各断面坐标点
28| for j = 1:length(delta_L)
29|     x(j) = sum(delta_L(1:j)); % 插入点横坐标
30| end
31| x = [0 x];
32| % 地面高度,假定起点为 0
33| y = - i * x;
34| fprintf('插入系列水深后的水深 H 分别为:');
35| fprintf('% .2f ',H);
36| fprintf('\n 两个深度之间的距离 L 分别为:');
37| fprintf('% .2f ',delta_L);
38| fprintf('\n');
39| plot(x,H + y,'ro - ',x,y,':')
40| xlabel('L(m)');
41| ylabel('H(m)');
42| legend('水面','地面');
```

Octave MATLAB

运行结果如下：

```
Octave MATLAB 命令窗口
〉 C2_13
Optimization terminated: first - order optimality is less than options. TolFun.
插入系列水深后的水深 H 分别为:0.47   0.83   1.18   1.54   1.90   2.26
两个深度之间的距离 L 分别为:32.74   215.82   646.21   1761.95   7293.14
〉
```

图形结果如图 2-10 所示。

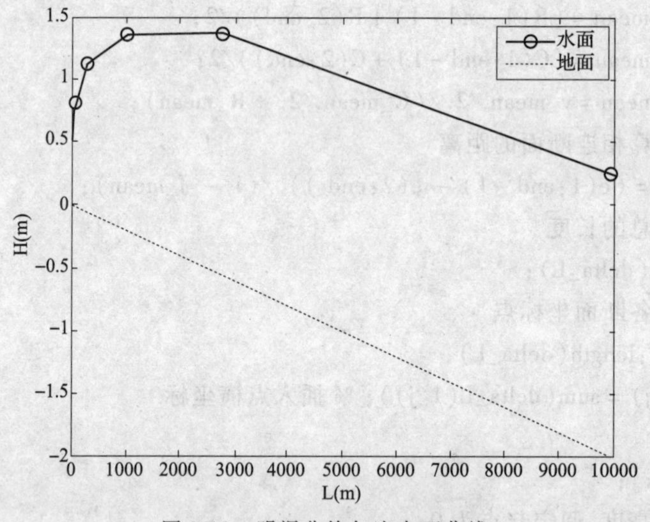

图 2-10　明渠非均匀流水面曲线

说明

1）sum（X）用于计算向量 X 所有元素之和，若为二维数组则计算每列元素之和。

2）以上结果的意义为：深度为 0.47m 的断面与 0.83m 的断面间距离为 32.7m，深度为 0.83m 的断面与 1.18m 的断面间距离为 215.82m，依此类推。

2.3　求常微分方程的解析解（符号解）

案例：确定含水层的渗透系数

【例 2-7】　非承压含水层中一个井以 0.3m^3/s 的流量抽水，离主井 30m 处的观测井水位下降 3.2m，离井 150m 处的观测井的水位下降 0.8m，潜水面高为 15m，试确定渗流系数。

【解】 测定含水层的渗透系数是管井设计的重要条件，渗透系数的计算方法因水文地质条件、观测条件等不同会不同。在潜水层中，井的出流量可用裘布衣（Dupuit）公式进行计算：

$$Q = 2K\pi rh\frac{dh}{dr} \tag{2-12}$$

式中 Q——井的出水量，m^3/d；

K——渗透系数，m/d；

h——含水层的厚度，m；

r——井的半径，m。

Q、h、r的值可以由抽水试验得到。试验方法是观测两个井长期连续抽水，最后达到一个稳定的状态，然后由式（2-12）来求渗透系数。观测时，观测井1的含水层厚度为h_1，其中心到主井中心的距离为r_1，观测井2的含水层厚度为h_2，其中心到主井中心的距离为r_2，即当$r=r_1$时$h=h_1$；$r=r_2$时$h=h_2$。

对于以上问题，可以直接积分求得Q，h，r表达公式即解析解。在MATLAB中的dsolve函数（表2-17）进行求解，Octave无此函数。其用法说明如下：

常微分方程解析解求解 dsolve 函数说明 **表 2-17**

函数名称	dsolve
调用格式	r = dsolve ('eq1, eq2,... ', 'cond1, cond2,... ', 'v'),
参数说明	'eq1，eq2，…，' 代表各个微分方程，'cond1，cond2，…，' 代表其初始条件或边界条件，v 用来指定自变量的符号，默认自变量为 t。在微分方程中，用大写字母 D 表示 d/dv（v 是 v 指定的自变量符号），D 后面跟的数字表示导数的阶数，如 D2x 表示 $\frac{d^2x}{dv^2}$ 等等，依此类推。初始条件或边界条件是用来确定符号解中的任意常数。任意常数的个数应等于微分方程的个数与初值或边值条件的个数之差。 符号求解虽然能得到精确的解，但并不是所有的方程都能得到解析解

为了便于MATLAB输入，将式（2-12）改写成以下形式：

$$dh = \frac{Q}{2K\pi rh}dr \tag{2-13}$$

将上式代入到MATLAB中求解如下：

MATLAB

```
1| % C2_14_1.m
2|
3| syms Q K r h % syms 定义符号
4| h = dsolve('Dh = Q/(2 * K * pi * r * h)','r')
```

MATLAB

本代码第3行 syms 表示后面的字母 Q、K、r、h 为符号变量。

运行以上脚本，结果如下：

Octave MATLAB 命令窗口

```
> C2_14_1
h =
  1/K/pi * (K * pi * (Q * log(r) + C1 * K * pi))^(1/2)
 -1/K/pi * (K * pi * (Q * log(r) + C1 * K * pi))^(1/2)
>
```

显然 h 应该为正值，因此 h = 1/pi/K * (pi * K * (Q * log (r) + C1 * pi * K)) ^ (1/2)

所以以上方程的解析解为：

$$h = \frac{\sqrt{\pi K(Q\lg r + C_1\pi K)}}{\pi K} = \sqrt{\frac{Q\lg r}{\pi K} + C_1} \tag{2-14}$$

由式（2-14）可得：

$$Q = \pi K \frac{h_2^2 - h_1^2}{\ln(r_2/r_1)} \tag{2-15}$$

$$K = \frac{Q\ln(r_2/r_1)}{\pi(h_2^2 - h_1^2)} \tag{2-16}$$

在本题中，式（2-13）的边界条件为：

$$h_{r=30} = 15 - 3.2$$
$$h_{r=150} = 15 - 0.8 \tag{2-17}$$

若采用上述求微分符号解的方式进行计算，并将其中的一个边界条件代入，以便计算出 C_1，编写代码如下：

Octave MATLAB

```
1| % C2_14_2.m
2|
3| syms Q K r h
4| h = dsolve('Dh = Q/(2 * K * pi * r * h)','h(30) = 15 - 3.2','r');
```

Octave MATLAB

运行提示得到如下：

MATLAB 命令窗口

```
> C2_14_2
Warning: Explicit solution could not be found.
> In dsolve at 333
  In C2_14_2 at 4
>
```

表明该条件下无法得到解析解。因此本例中只能采用前述的解析式（2-16）进行求解，编写代码如下：

~~Octave~~ MATLAB

```
1| % C2_14_3. m
2|
3| r1 = 30; r2 = 150;
4| h1 = 15 - 3.2; h2 = 15 - 0.8;
5| Q = 0.3;
6| K = Q * log(r2/r1)/pi/(h2^2-h1^2)
```

~~Octave~~ MATLAB

得到结果为：

K = 0.0025

说明

以上是在 MATLAB 2007 版本上运行的结果，在 MATLAB 的其他版本中可能能够获得解析解，例如在 MATLAB 2010 版本中，其结果采用 simple 命令化简后为 h = (Q * log(r))/(K * pi) - (Q * log(30))/(K * pi) + 3481/25)^(1/2)。

2.4 求常微分方程的解析解和数值解

案例：河流耗氧动力学模型

【例 2-8】 已知河流流速为 48km/d，$L_0 = 20$mg/L，$DO_a = 7$mg/L，$DO_{sat} = 9.17$mg/L，$k_1 = 0.1\text{d}^{-1}$，$K_1 = k_1/0.4343 = 0.2303\text{d}^{-1}$，$k_2 = 0.2\text{d}^{-1}$，试分析 0 ~ 400km 溶解氧 DO 和 BOD 的变化情况。

【解】 有机物随污水排入河流之后，微生物降解有机物时需消耗大量的溶解氧，同时空气中的氧通过水面不断地溶入水中使水中的溶解氧不断恢复。这个过程可以用BOD的耗氧速率和大气中氧气转移到水中的速率来表示。1925年，美国学者斯蒂特－菲里普斯（Streeter－Phelps）对河流耗氧动力学研究后发现有机物生化降解的耗氧速率与该时期河水中存在的有机物有如下关系：

$$\frac{dL_t}{dt} = -K_1 L_t \tag{2-18}$$

式中 L_t——t时刻水中残存的有机物量，或剩余BOD（UBOD），mg/L；

t——时间，d；

K_1——耗氧速率常数，1/d。

大气中通过河面不断溶入河水中的复氧速率与亏氧量成正比，即

$$\frac{dD}{dt} = -k_2 D \tag{2-19}$$

当$t=0$时，$D=D_0$

式中 D——亏氧量，$D=DO_{sat}-DO_a$，mg/L；

DO_{sat}——一定温度下水中的饱和溶解氧，mg/L；

DO_a——河水中溶解氧含量，mg/L；

t——时间，d；

k_2——复氧速率常数，1/d。

菲里普斯对被有机物污染的河流中溶解氧变化过程动力学进行研究后得出结论：河水中亏氧量的变化速率是耗氧速率与复氧速率之和，其一维模型的表达式为：

$$\frac{dD}{dt} = k_1 L_t - k_2 D \tag{2-20}$$

当$t=0$时，$L=L_0$，$D=D_0$

式中各符号意义同上。

在本题中，需要对方程（2-18）和方程（2-20）求解析解。由于在dsolve函数中字母D具有特殊的意义（表示微分，见表2-17中的说明），因此将式（2-20）改写为式（2-21），如下：

$$\frac{dO}{dt} = k_1 L_t - k_2 O \tag{2-21}$$

其初始条件为

$$L_0 = 20$$

$$O_0 = O_{sat} - O_a = 9.17 - 7$$

在命令窗口输入如下代码：

MATLAB 命令窗口

```
〉 [Lt Ox] = dsolve('DLt = -0.2303 * Lt,DOx = 0.1 * Lt - 0.2 * Ox','Lt(0) = 20,Ox(0) = 2.17')
Lt =
20 * exp( -2303/10000 * t)
Ox =
-20000/303 * exp( -2303/10000 * t) +2065751/30300 * exp( -1/5 * t)
〉
```

以上即为方程组的解析解，其系数是以分数形式表达的，不损失计算精度。倘若需要以小数形式表达可用 vpa 函数，其用法为：vpa（表达式，运算精度）。在本例中，我们可以保留 4 位精度，因此在命令窗口输入如下代码：

Octave MATLAB 命令窗口

```
〉 [Lt Ox] = dsolve('DLt = -0.2303 * Lt,DOx = 0.1 * Lt - 0.2 * Ox','Lt(0) = 20,Ox(0) = 2.17');
〉 [vpa(Lt,4);vpa(Ox,4)]
ans =
                        20. * exp( -.2303 * t)
-66.01 * exp( -.2303 * t) +68.18 * exp( -.2000 * t)
〉
```

以上已经完成了最核心的计算任务，剩下就是如何显示结果的问题，将求解过程和结果显示编写成脚本文件如下：

~~Octave~~ MATLAB

```
1| % C2_15_1.m 解析解求氧垂曲线
2| clear ;
3| clc ;
4| %1.微分方程组进行求解
5| [Lt Ox] = dsolve('DLt = -0.2303 * Lt,DOx = 0.1 * Lt - 0.2 * Ox','Lt(0) =
   20,Ox(0) = 2.17');
6| %2.显示解析解的结果
7| disp('BOD 的浓度为:');
8| disp(vpa(Lt,4));
9| %溶解氧浓度 = 饱和溶解氧 - 氧亏量
```

```
10| DO_sat = 9.17 ;% 20℃时饱和溶解氧
11| disp('DO 的浓度为:');
12| disp(vpa(DO_sat - Ox,4));
13| % 3.1 将数值代入进行计算,解析解中的变量为 t,因此需要获得 t 的数
    值
14| dist = 0:400;
15| u = 48 ;% 水流速度
16| t = dist/u;
17| % 3.2 采用 eval 函数,计算符号解的具体数值
18| BOD = eval(Lt);
19| DO = DO_sat - eval(Ox);
20| % 4.绘制计算结果的图形
21| subplot(1,2,1);
22| plot(dist,BOD);
23| xlabel('距离(km)');
24| ylabel('BOD 浓度(mg/L)')
25| subplot(1,2,2);
26| plot(dist,DO);
27| xlabel('距离(km)');
28| ylabel('DO 浓度(mg/L)');
```

~~Octave~~ MATLAB

运行以上脚本文件，得到结果如下：

MATLAB 命令窗口

```
〉 C2_15_1
BOD 的浓度为:
20. * exp( - .2303 * t)
DO 的浓度为:
9.170 + 66.01 * exp( - .2303 * t) - 68.18 * exp( - .2000 * t)
〉
```

绘制图形结果如图 2-11 所示。

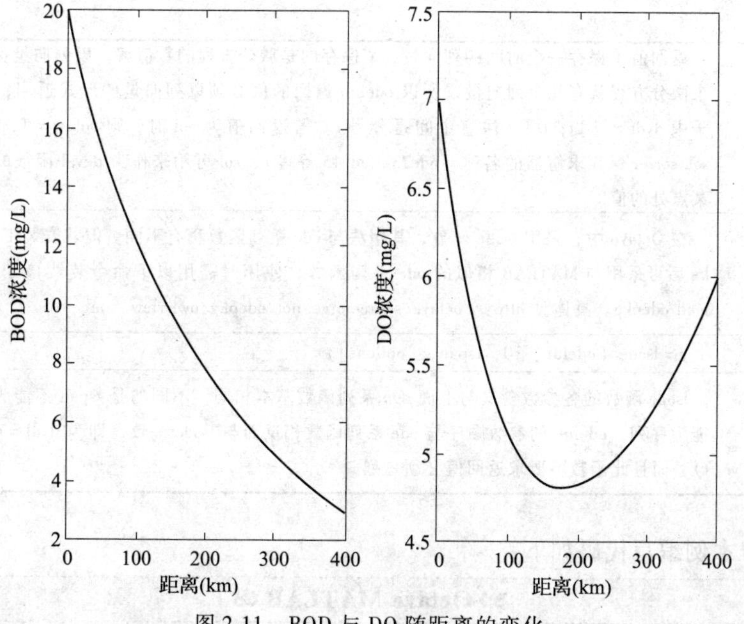

图 2-11　BOD 与 DO 随距离的变化

说明

1）虽然 eval('string') 执行的是返回字符串表达式 string 的值，但是很多时候（如此例）可用来替换 subs 使用。subs（S）用于用已知变量的值替换符号表达式 S 中相应的变量符号来求表达式的；

2）disp（X）用于显示数组 X 中的值，也可以用来显示字符串。

在很多情况下，微分方程无法获得解析解（如【例 2-7】），因此往往要采用数值求解的方法，采用数值解的时候需要调用 MATLAB 中的 ode45 或 Octave 中的 lsode 函数（Octave－Forge 扩展包中也有 ode 系列函数），这两个函数均需要单独定义微分方程或方程组，并给定初始条件，其用法说明见表 2-18。

常微分方程数值解求解 solver 及 ODE 系列函数说明　　表 2-18

函数名称	ODE 系列函数详解，对应的 solver 或者说求解器有 ode23，ode45，ode113，ode15s，ode23s，ode23t，ode23tb
调用格式	[T Y] = solver（odefun，tspan，y0，[option]） 或 sol = solver（odefun，tspan，y0，[option]） 或 [Tout，Yout] = ODE45（odefun，tspan，y0）
参数说明	odefun 是定义微分方程或方程组的函数的句柄，一般调用形式为@ odefun（odefun 为函数名或文件名）；tspan 定义自变量区间 [t_0 t_f]，也可为指定的序列；y_0为初值，即 $y_0 = y(t_0)$，初值的个数应与方程个数相同；option 是一个结构参数，用于改变默认的积分属性，可以用 odeset 函数指定，如无特殊要求，保持默认值即可

续表

参数说明	返回值T保存一个时间的列向量，Y保存的是微分方程的数值解，以列向量保存，有几个微分方程就有几个列向量，所以 odefun 返回的值必须以列向量的形式返回，如下面例子中 dydt = [Lt; D]（注意中间是分号）。若返回值为 sol 时，则 sol. x = T，sol. y = Y，sol. solver 保存求解器的名称（ode23、ode45 等等），sol 可用来作为 deval 函数的参数，求某点处的值
函数名称	在 Octave 中，采用 lsode 函数，其用法与 ode 系列函数稍有不同。但若安装工具包 odepkg 后可采用与 MATLAB 相似的 ode 系列函数，使用时需用以下命令装载该工具包：pkg load odepkg。具体见 http://octave. sourceforge. net/odepkg/overview. html
调用格式	y = lsode（odefun，y0，tspan，[options]）
参数说明	lsode 函数的各参数含义与上面 ode 系列函数基本相同，不同的是 tspan 不能为区间而只能为序列，odefun 的参数顺序与 ode 系列函数相反而与 lsode 一致，即为 dydt = odefun（y，t），而且此函数不要求返回值必须是列

对于本例编写代码如下：

Octave MATLAB

```
1| function C2_15_2
2| clear ;
3| clc ;
4|
5| dist = 0:400;
6| u = 48 ;% 水流速度
7| t = dist/u;
8| Lt0 = 20; Ox0 = 9.17 - 7;
9| % 对微分方程组进行求解
10| [time y] = ode45(@BOD_DO,t,[Lt0 Ox0]);
11| % 在 Octave 中用 y = lsode(@BOD_DO,[Lt0 Ox0],t);
12| BOD = y(:,1);% 与微分方程对应,第一列为 BOD
13| Ox = y(:,2);% 第二列为氧亏量
14| DO_sat = 9.17 ;% 20℃时饱和溶解氧
15| DO = DO_sat - Ox;
16| subplot(1,2,1);
17| plot(dist,BOD);
18| xlabel('距离(km)');
19| ylabel('BOD 浓度(mg/L)')
20| subplot(1,2,2);
```

```
21| plot(dist,DO);
22| xlabel('距离(km)');
23| ylabel('DO 浓度(mg/L)');
24|
25| functiondydt = BOD_DO(t,x)
26| % 常微分方程组在 Octave 中修改为 dydt = BOD_DO(x,t)
27| Lt = x(1);
28| Ox = x(2);
29| DLt = -0.2303 * Lt;
30| DOx = 0.1 * Lt - 0.2 * Ox;
31| dydt = [DLt;DOx]; % 第一列为 BOD 的微分,第二列为氧亏量的微分
32|
```

Octave MATLAB

以上代码可以得到与解析解相同的结果。

2.5 概率统计

2.5.1 案例：多管发酵 MPN 分析

【例 2-9】 用多管发酵试验对某水样进行大肠菌分析，得到结果见表 2-19。试根据该表中的数据确定大肠菌密度（MPN/100mL）。

大肠菌分析结果 **表 2-19**

样品量（mL）	1.0	0.1	0.01	0.001
阳性试管	4	3	2	0
阴性试管	1	2	3	5

【解】 水质中的微生物学指标，主要包括细菌数量、大肠菌群数、粪大肠菌等。天然水与污水中细菌密度的测定方法是先将水样按一定的倍数稀释，然后将稀释后的水样放到 3~10 个试管中，通常为 5 个。最后用各种特殊的培养基来推测和确定各种细菌群数。这个过程是一个多管发酵的过程，一般用最大可能数量（MPN）来估算总大肠菌密度。MPN 是以泊松分布为基础，对体积相同按等比级数稀释的多份实验所获得的呈阳性或阴性的结果进行分析。

MPN 可利用泊松分布直接确定，因为大肠菌在样本中是随机分布的，因此可按概率论计算大肠菌菌数。若每个稀释样本中大肠菌密度为 λ，样品量为 n，

则每个试管进入 k 个大肠菌的概率 P 可记为：

$$P\{x = k\} = e^{-n\lambda}\frac{(n\lambda)^k}{k!} \tag{2-22}$$

式中　P——出现 k 个大肠菌的概率；

N——样品的体积，mL；

λ——大肠菌密度，个/mL；

k——大肠菌可能的个数（$k=0$，1，2，3，……），当 $k=0$ 时为阴性，当 $k>0$ 时为阳性。

当取 N 组水样，每组水样中阳性管数为 p，阴性管数为 q 时，细菌存在的概率为：

$$P = \prod_{i=1}^{N} C_{p_i+q_i}^{p_i}(1-\mathrm{e}^{-n_i\lambda})^{p_i}(\mathrm{e}^{-n_i\lambda})^{q_i} \tag{2-23}$$

例如，若 $N=3$，则可将上式写为：

$$P = \frac{1}{a}[(1-\mathrm{e}^{-n_1\lambda})^{p_1}(\mathrm{e}^{-n_1\lambda})^{q_1}][(1-\mathrm{e}^{-n_2\lambda})^{p_2}(\mathrm{e}^{-n_2\lambda})^{q_2}][(1-\mathrm{e}^{-n_3\lambda})^{p_3}(\mathrm{e}^{-n_3\lambda})^{q_3}] \tag{2-24}$$

其中，

$$\frac{1}{a} = \prod_{i=1}^{3} C_{p_i+q_i}^{p_i} = \prod_{i=1}^{N}\frac{(p_i+q_i)!}{p_i!q_i!} = \frac{(p_1+q_1)!}{p_1!q_1!}\frac{(p_2+q_2)!}{p_2!q_2!}\frac{(p_3+q_3)!}{p_3!q_3!} \tag{2-25}$$

式中　P——出现假定结果的概率；

λ——大肠菌密度，个/mL；

n_1、n_2、n_3——每个稀释度的样品量；

p_1、p_2、p_3——每个稀释度的样品的阳性管数；

q_1、q_2、q_3——每个稀释度的样品的阴性管数。

若将式（2-23）对 λ 进行求导，令其为0，则可求出最大可能概率 P 时对应的 λ 值。对式（2-23）求导，整理后得到：

$$\frac{\mathrm{d}P}{\mathrm{d}\lambda} = \sum_{i=1}^{N} n_i\left(\frac{p_i}{\mathrm{e}^{n_i\lambda}-1} - q_i\right) = 0 \tag{2-26}$$

通常将以上分析制作成表格，用户通过实验数据查找相关的表格即可获得结果。但在本例中，采用数学公式计算的方法进行求解。不难看出式（2-26）为非线性方程，可用2.2非线性方程求解中的知识进行求解，编写代码如下：

Octave MATLAB

```
1| function C2_16
2| % C2_16.m,测试 MPN 值
3|
```

```
 4| clear ;
 5| clc ;
 6| % n:每个样品的量(mL)
 7| % p:对应每个样品的阳性试管个数
 8| % q:对应每个样品的阴性试管个数
 9| n = [1 0.1 0.01 0.001] ;
10| p = [4 3 2 0] ;
11| q = [1 2 3 5] ;
12| lambda0 = 50;
13| lambda = fsolve(@(lambda)f(n,p,q,lambda),lambda0);
14| MPN = round(lambda * 100);
15| disp(['MPN/100mL =',num2str(MPN),'/100mL']);
16|
17| function result = f(n,p,q,lambda)
18|     result = sum(n. * (p./(exp(n. * lambda) - 1) - q));% 式(2-26)
```

ꕤ Octave MATLAB ꕤ

ꕤ说明ꕤ

1）本例代码第 18 行，采用点运算完成了每组稀释度试管对应的导数项即 $n_i\left(\frac{p_i}{e^{n_i\lambda}-1}-q_i\right)$，其结果为一个新的行向量，采用 sum 函数对该行向量中的每个元素进行求和。

2）函数 f 在第 17 行定义时有 4 个变量，但本例中只需求解 λ，其他均作为已知参数，因此在第 13 行 fsolve 调用时采用匿名函数的形式临时改为一个变量@(lambda) f (n, p, q, lambda)，其中只有 λ 为变量，因此结果返回的也只有 λ。匿名函数的使用见【例 2-4】的补充说明。

运行以上代码，得到结果如下：

Octave MATLAB 命令窗口

```
〉 C2_16
MPN/100mL = 385/100mL
〉
```

2.5.2 案例：采用 t 检验分析两组实验数据的差异

【例 2-10】 对某水厂两个并行的混凝沉淀池使用的两种混凝剂除浊效果进

行12天的观察，浊度的去除率见表2-20。试比较两种混凝剂混凝效果是否存在显著差异。

两种混凝剂浊度去除率　　表2-20

天数	1	2	3	4	5	6	7	8	9	10	11	12
X_1	95	90	88	96	80	93	99	90	86	97	88	86
X_2	90	92	80	90	81	90	95	85	84	94	90	80

【解】　此类问题可用t检验来分析。当有两组数据，一组是理论值，一组是实验值，或两组是同一个实验两种不同方法得到的数据，或者用不同的实验仪器得到的数据，总之当需要比较其平均值之间是否存在显著差异，就能用到统计学中的t检验。

假设X_{11}、X_{12}、…、X_{1n}是来自总体$N(\mu_1, \sigma^2)$的样本，X_{21}、X_{22}、…、X_{2n}是来自总体$N(\mu_2, \sigma^2)$的样本，两个样本独立。设μ_1、μ_2、σ^2均未知，其检验问题为：

$$H_0: \mu_1 = \mu_2, \quad H_1: \mu_1 \neq \mu_2 \tag{2-27}$$

当H_0为真时，有

$$T = \frac{\bar{X}_1 - \bar{X}_1}{S_w\sqrt{\frac{1}{n_1} + \frac{1}{n_2}}} : t(n_1 + n_2 - 2) \tag{2-28}$$

其中，

$$S_w = \sqrt{\frac{(n_1 - 1)S_1^2 + (n_2 - 1)S_2^2}{n_1 + n_2 - 2}}$$

当$|T| \geqslant t_{\alpha/2}(n_1 + n_2 - 2)$，则认为假设$H_0$不成立。

按照以上思路，编写代码如下：

Octave MATLAB

```
1| % C2_17_1.m,采用传统方法实现双样本t假设检验
2| clear ;
3| clc ;
4| X1 =[95 90 88 96 80 93 99 90 86 97 88 86] ;
5| X2 =[90 92 80 90 81 90 95 85 84 94 90 80] ;
6| n1 = length(X1) ;
7| n2 = length(X2) ;
8| %1.求正态分布的相关参数
```

```
 9| X1_mean = mean(X1);S1_2 = var(X1);% var 为求方差函数
10| X2_mean = mean(X2);S2_2 = var(X2);
11|
12| % 2. 计算统计量 T
13| Sw = sqrt(((n1 - 1) * S1_2 + (n2-1) * S2_2)/(n1 + n2-2));
14| T = (X1_mean - X2_mean)/(Sw * sqrt(1/n1 + 1/n2));
15| Pr = 1 - tcdf(T,n1 + n2-2)% tcdf 为 T 分布的累积分布函数
16| % 3. 进行判断,是否拒绝原假设
17| if (Pr > 0.05)% 不能拒绝原假设,即接受原假设(均值相等)
18|     disp('无显著差异');
19| else % 拒绝原假设
20|     disp('有显著差异');
21| end
```

Octave MATLAB

运行结果如下：

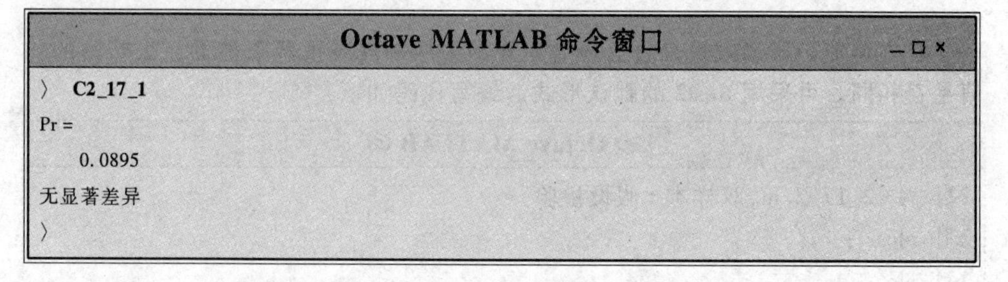

```
Octave MATLAB 命令窗口
〉 C2_17_1
Pr =
  0.0895
无显著差异
〉
```

事实上，t 检验在 MATLAB 和 Octave 中均有对应的函数，但函数形式和名称有所不同，见表 2-21。

t 检验 ttest2 和 t_test_2 函数说明 表 2-21

函数名称	ttest2，适用于 MATLAB
调用格式	[H，significance，ci] = ttest2 （X，Y） [H，significance，ci] = ttest2 （X，Y，alpha） [H，significance，ci] = ttest2 （X，Y，alpha，tail）
参数说明	[H，significance，ci] = ttest2 （X，Y） 为检验默认为 0.05，显著性水平下检验两个正态分布总体的样本 X、Y 均值是否相等。 H = 0 为均值相等，H = 1 为均值不相等 significance 为 X 的均值等于 Y 的均值的零假设下成立概率值 ci 为置信区间

续表

参数说明	[H, significance, ci] = ttest2 (X, Y, alpha, tail) 则是根据 tail 的取值不同分析不同的情况： 'both' 表示两者均值不相同，这也是默认情况 'right' 表示 X 的均值大于 Y 的均值 'left' 表示 X 的均值小于 Y 的均值
函数名称	t_ test_ 2，适用于 Octave
调用格式	[PVAL, T, DF] = t_test_2 (X, Y, ALT)
参数说明	PVAL 零假设成立的概率，相当于 MATLAB 函数 ttest2 返回值中的 Significance T 统计量 DF 自由度 X，Y 所需比较平均值的样本 ALT 比较方向，类似 MATLAB 函数中 ttest2 的 tail 取值如下： '! =' 或 '< >' 表示两者均值不相同，这也是默认情况 '>' 表示 X 的均值大于 Y 的均值 '<' 表示 X 的均值小于 Y 的均值

在本例中，所谓效果是否有显著差异即为两种混凝投药条件下，去除率的均值是否相同。可采用 ttest2 的默认形式。编写代码如下：

Octave MATLAB

```
22| % C2_17_2.m,双样本 t 假设检验
23| clear ;
24| clc ;
25| X1 = [95 90 88 96 80 93 99 90 86 97 88 86] ;
26| X2 = [90 92 80 90 81 90 95 85 84 94 90 80] ;
27| % 直接使用 MATLAB 提供 t 检验函数,Octave 提供相似功能的函数 t_test_2
28| [H significance ci] = ttest2(X1,X2,0.05)
29| % H = 0 时接受假设,即无显著差异;H = 1 时拒绝假设,即差异显著
30| if(H = =0)
31|     disp('无显著差异');
32| else
33|     disp('有显著差异');
34| end
35| % 以下代码仅适用于 Octave
36| % [Pval,T,Df] = t_test_2(X1,X2)
```

```
37| % if (Pval < 0.05)
38| % disp('有显著差异');
39| % else
40|       % disp('无显著差异');
41| % end
```

Octave MATLAB

运行结果如下：

Octave MATLAB 命令窗口

```
〉 C2_17_2
H =
    0
significance =
    0.1791
ci =
   -1.5243     7.6910
无显著差异
〉
```

以上结果说明，尽管结论为无显著差异，但实际上该结论成立的概率仅为0.179，而且表明 $X_1 - X_2$ 在95%的置信区间的 c_i 值为 $-1.52 \sim 7.69$。

那么如何形象地来描述两个样本中的数据呢？在统计中我们常采用箱形图（或箱须图）来直观地表示数据是否具有对称性，分布的分散程度等信息。该图是利用数据中的如下五个统计量：最小值、第一四分位数、中位数、第三四分位数与最大值来描述数据的一种方法。所谓四分位数（Quartile），是指统计学中把所有数值由小到大排列并分成四等份，处于三个分割点位置的数值就是四分位数。第一四分位数（Q_1），等于该样本中所有数值由小到大排列后第25%的数字；第二四分位数（Q_2），又称“中位数”，等于该样本中所有数值由小到大排列后第50%的数字；以此类推。$Q_3 - Q_1$ 又称四分位距（Inter Quartile Range，IQR）。在箱形图中，有一矩形盒（或带缺口的矩形盒），两端边的位置分别对应数据批的上下四分位数（Q_1 和 Q_3）。在矩形盒内部中位数（X_m）位置画一条线段为中位线。在 $Q_3 + 1.5\mathrm{IQR}$ 和 $Q_1 - 1.5\mathrm{IQR}$ 处画两条与中位线一样的线段，这两条线段为异常值截断点，称其为内限。处于内限以外位置的点表示的数据都是异常值。箱形图与正态分布的关系如图2-12所示。

MATLAB 和 Octave 提供了 boxplot 函数（表2-22）来绘制箱形图。

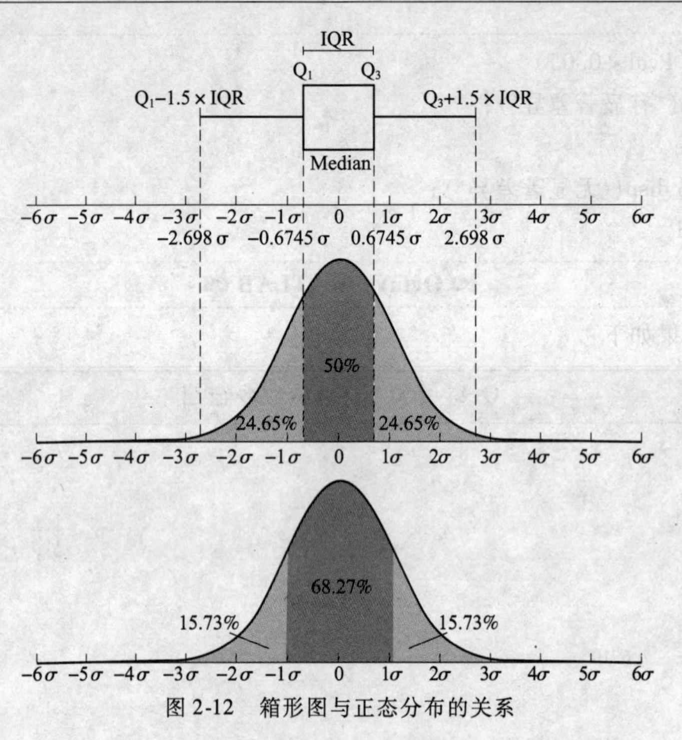

图 2-12　箱形图与正态分布的关系

绘制箱形图 boxplot 函数说明　　**表 2-22**

函数名称	boxplot
调用格式	boxplot（X） boxplot（X，notch）
参数说明	X 的每一列为一组数据，boxplot 会对每一列的数据产生一个箱形图； Notch 为图形的标示。当 notch = 1 时，产生一凹盒图（有缺口），notch = 0 时产生一矩箱图（无缺口）

在本例中，通过箱形图对比两组数据的代码如下：

☙ Octave MATLAB ❧

```
1| % C2_17_3. m,采用箱形图对比数据分布
2| clear ;
3| clc ;
4| X1 = [95 90 88 96 80 93 99 90 86 97 88 86] ;
5| X2 = [90 92 80 90 81 90 95 85 84 94 90 80] ;
6| boxplot([X1;X2]',1) ;
7| ylabel('浊度去除率(% )') ;
8| xlabel('混凝剂种类') ;
```

☙ Octave MATLAB ❧

运行结果如图 2-13 所示。

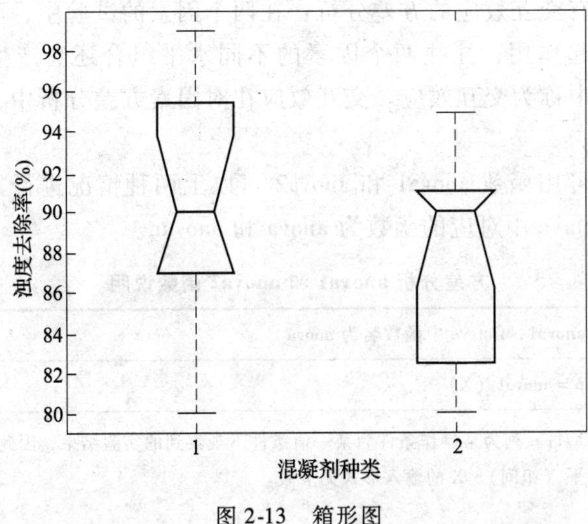

图 2-13 箱形图

2.5.3 案例：采用方差分析工艺条件对水质的影响

【例 2-11】 为考察温度对某工艺 COD 降解速度的影响，重复进行了 6 次试验，在不同温度条件下得到的该工艺的出水水质见表 2-23。试用方差分析确定温度是否对该工艺的 COD 降解有显著影响。

不同温度条件下某工艺重复试验条件下的 COD 出水水质（mg/L） 表 2-23

因素 \ 重复次数	反应温度（℃） 20	25	30	因素 \ 重复次数	反应温度（℃） 20	25	30
1	45	56	59	4	41	57	63
2	42	52	63	5	46	58	67
3	46	51	65	6	40	51	58

【解】 此类问题属于方差分析。方差分析是分析试验（或观测）数据的一种统计方法。在水处理工程中，经常需要分析操作条件（如加药 \ 搅拌 \ 曝气等）及操作条件间的相互作用对处理设施（如出水水质指标）的影响。在方差分析中，把试验数据的总波动（总变差或总方差）分解为由所考虑因素引起的波动（各因素的变差）和由随机因素引起的波动（误差的变差），然后通过分析比较这些变差来推断哪些因素对所考察指标的影响是显著的，哪些是不显著的。按照控制影响因素的数量可分为：

— 单因素方差分析：某个可控制因素 A 对结果的影响大小可通过如下实验来间接地反映，在其他所有可控制因素都保持不变的情况下，只让因素 A 变化，并观测其结果的变化，这种试验称为“单因素试验”。

— 双因素有交互效应的方差分析：在两个因素的试验中，不但每一个因素单独对试验结果起作用，往往两个因素的不同水平组合还会产生一定的协同效应，在方差分析中称为交互效应。交互效应在对因素方差分析中，通常是当成一个新因素来处理。

MATLAB 中可用函数 anova1 和 anova2 对以上两种情况进行方差分析，说明见表 2-24。而 Octave 中对应的函数为 anova 和 anovan。

方差分析 anova1 和 anova2 函数说明 **表 2-24**

函数名称	anova1，Octave 中函数名为 anova
调用格式	p = anova1（X）
参数说明	X 每一列为某操作条件为某一值条件下观察到的实验结果，因此列代表操作条件的水平（组间）。X 的输入形式见下表。 [内表见下] p 为零假设（即操作条件在不同水平下的均值相同即操作条件在不同水平下对工艺无显著影响）成立的概率。 若 p 值接近 0（接近程度的解释由自己设定），则认为零假设可疑并认为至少有一个样本均值与其他样本均值存在显著差异
函数名称	anova2，Octave 中函数名为 anovan
调用格式	p = anova2（X，reps）
参数说明	比较样本 X 中两列或两列以上和两行或两行以上数据的均值。不同列的数据代表因素 A 的变化，不同行的数据代表因素 B 的变化。若在每个行－列匹配点上有一个以上的观测量，则参数 reps 指示每个单元中观测量的个数。 返回：当 reps = 1（默认值）时，anova2 将两个 p 值返回到向量 p 中。 H0A：因素 A 的所有样本（X 中的所有列样本）取自相同的总体； H0B：因素 B 的所有样本（X 中的所有行样本）取自相同的总体。 当 reps > 1 时，anova2 还返回第三个 p 值： H0AB：因素 A 与因素 B 没有交互效应。 如果任意一个 p 值接近于0，则认为相关的零假设不成立

实验次数	操作条件（如温度）		
	水平 1（20℃）	水平 2（25℃）	水平 3（30℃）
第 1 次测试			
第 2 次测试			
第 3 次测试			
…			
第 n 次测试			

通过以上分析编写代码如下：

ஐ Octave MATLAB ஐ

```
1| % C2_18_1.m
2|
3| clc
4| cod = [45 56 59;42 52 63;46 51 65;41 57 63;46 58 67;40 51 58];
5| p = anova1(cod)
6| % Octave 中采用 anova 函数
7| % p = anova(cod);
```

ஐ Octave MATLAB ஐ

运行得到结果 $p=9.7268\mathrm{e}-008<0.05$，即零假设（温度无显著影响）成立的概率非常小，因此拒绝原假设。换句话说，温度对该工艺的出水 COD 水质有显著的影响。在 MATLAB 条件下还会出现方差分析的报告表和箱形图如图 2-14 所示。

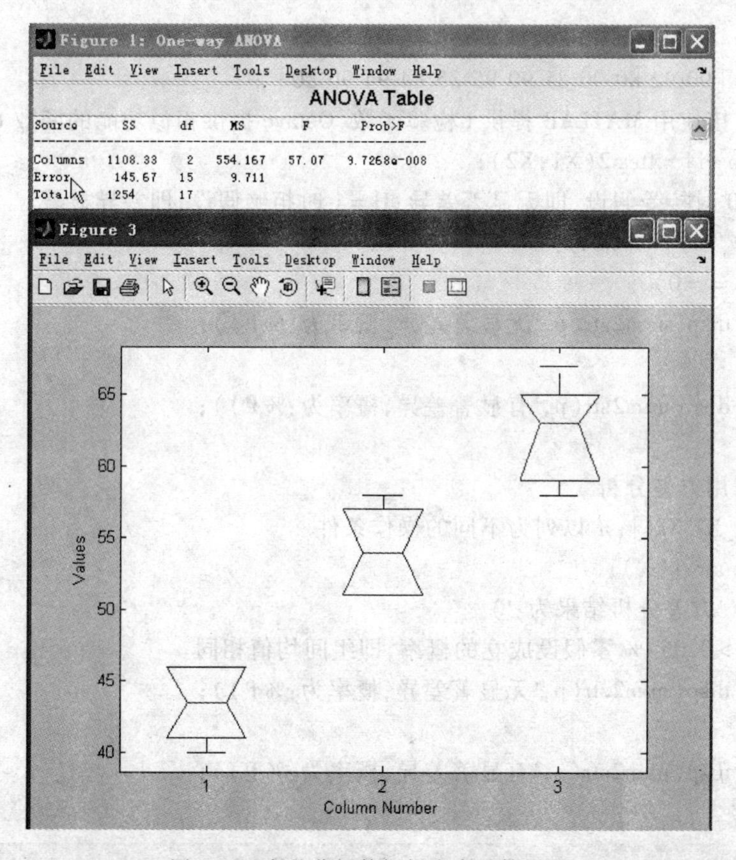

图 2-14 方差分析数据报告表及箱形图

说明

1）在方差分析表中，F统计量越大，越说明组间方差是主要方差来源，因子影响越显著；F越小，越说明随机方差是主要的方差来源，因子的影响越不显著。

2）从箱形图可以明显看出不同温度（代码第4行变量cod每一列代表不同的温度）对COD出水的明显影响。

方差分析与t检验的异同点

对上例的混凝剂数据分别采用t检验和方差分析的方法进行比较分析。

编写代码如下：

Octave MATLAB

```
1| % C2_18_2.m,双样本t假设检验与方差检验
2|
3| clear ;
4| clc ;
5|
6| X1 =[95 90 88 96 80 93 99 90 86 97 88 86] ;
7| X2 =[90 92 80 90 81 90 95 85 84 94 90 80] ;
8| % 直接使用MATLAB提供t检验函数,Octave提供相似功能的函数t_test_2
9| [H p ci] = ttest2(X1,X2);
10| H = 0时接受假设,即无显著差异;H = 1时拒绝假设,即差异显著
11| disp('t分析结果为:')
12| if(H = = 0)
13|     disp(num2str(p,'无显著差异,概率为:%f'));
14| else
15|     disp(num2str(p,'有显著差异,概率为:%f'));
16| end
17| % 采用方差分析
18| X = [X1'X2'];% 以列为不同的操作条件
19| p = anova1(X);
20| disp('方差分析结果为:')
21| if(p >0.05)% 零假设成立的概率,即组间均值相同
22|     disp(num2str(p,'无显著差异,概率为:%f'));
23| else
24|     disp(num2str(p,'有显著差异,概率为:%f'));
25| end
```

Octave MATLAB

运行结果如下：

```
Octave MATLAB 命令窗口
〉 C2_18_2
t 分析结果为：
无显著差异，概率为：0.179099
方差分析结果为：
无显著差异，概率为：0.179099
〉
```

以上结果表明两种方法得出的结论一致。但事实上，t 检验仅用在单因素两水平设计（包括配对设计和成组设计）和单组设计（给出一组数据和一个标准值的资料）的定量资料的均值检验场合；而方差分析用在单因素 k 水平设计（$k \geqslant 3$）和多因素设计的定量资料的均值检验场合。因此方差分析更为广泛。

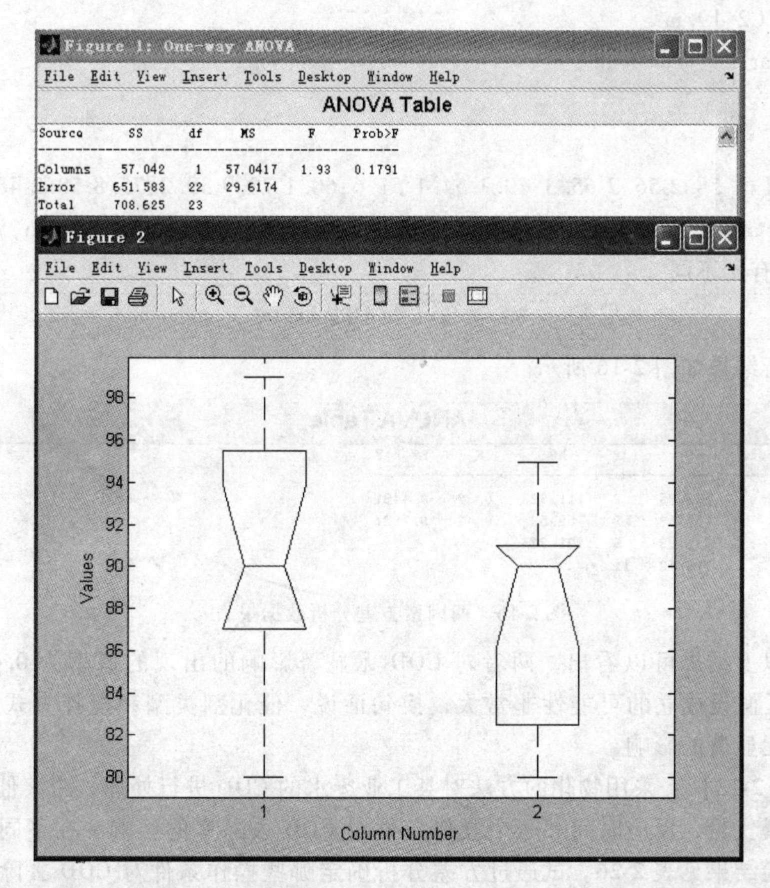

图 2-15　方差分析数据报表及不同形态的箱形图

从图2-15可以看出，两者的中位数一致，尽管新混凝剂条件下去除率偏大。

【例2-12】 采用4种不同类型的催化剂和三种不同强度的搅拌方式对某工业废水的处理进行重复试验得到出水COD值结果见表2-25，试分析催化剂和搅拌方式对处理效果的影响。

不同条件下出水COD **表2-25**

	搅拌方式1	搅拌方式2	搅拌方式3
催化剂1	58.2	56.2	65.3
催化剂2	49.1	54.1	51.6
催化剂3	60.1	709	39.2
催化剂4	75.8	58.2	48.7

【解】 此为双因素方差分析，编写程序如下：

ꟷ Octave MATLAB ꟷ

```
1| % C2_19.m
2| clear ;
3| clc ;
4|
5| cod = [58.2 56.2 65.3;49.1 54.1 51.6;60.1 70.9 39.2;75.8 58.2 48.7];
6| p = anova2(cod); % MATLAB 中函数为 anova2,Octave 中为 anovan,调用格
   式有所不同
```

ꟷ Octave MATLAB ꟷ

运行结果如图2-16所示。

ANOVA Table

Source	SS	df	MS	F	Prob>F
Columns	223.85	2	111.923	0.92	0.4491
Rows	157.59	3	52.53	0.43	0.7387
Error	731.98	6	121.997		
Total	1113.42	11			

图2-16 两因素方差分析数据报表

由以上结果可以看出，两者对COD无显著影响的出现的概率为0.4491和0.7387，假设成立的可能性非常大，换句话说，催化剂类型和搅拌方式对COD的去除无显著的影响。

【例2-13】 采用物化的方法对某工业废水的COD进行处理，考察催化剂投加量、曝气量、反应时间等三个操作条件对COD去除率的影响。在不同条件下得到试验结果见表2-26。试通过方差分析确定哪些操作条件对COD去除率有明显的影响。

三个不同操作条件下出水 COD　　表 2-26

序号	催化剂 (g/L)	曝气量 (L/h)	时间 (h)	去除率 (%)	序号	催化剂 (g/L)	曝气量 (L/h)	时间 (h)	去除率 (%)
1	20	200	1	33	5	40	200	1	58
2	20	200	2	62	6	40	200	2	75
3	20	400	1	37	7	40	400	1	63
4	20	400	2	63	8	40	400	2	80

【解】　编写代码如下：

ꕤ Octave MATLAB ꕤ

```
1| % C2_20.m
2|
3| clear ;
4| clc ;
5|
6| cod = [33 62 37 63 58 75 63 80]'% 将 COD 行向量转置为列向量
7| group = {['cat20';'cat20';'cat20';'cat20';'cat40';'cat40';'cat40';'cat40
          '],...
8|          ['air200';'air200';'air400';'air400';'air200';'air200';'air400';'
          air400'],...
9|          ['time1';'time2';'time1';'time2';'time1';'time2';'time1';'time2
          ']};
10| model = 2; % 调用方差分析时,计算所有两个水平交互作用的零假设的 p 值
11| sstype = 3; % 默认的平方和计算类型
12| groupnames = {'cat';'air';'time'}; % 用于表示三个因素
13| p = anovan(cod,group,model,sstype,groupnames);
```

ꕤ Octave MATLAB ꕤ

运行结果如图 2-17 所示。

从上表最后一列的概率来看，曝气量、催化剂与曝气量交互作用、曝气量与反应时间交互作用对 COD 去除率无明显影响的概率分别为 0.13，0.34 和 0.5，均大于 0.05，零假设出现的概率较大，换句话说，曝气量、催化剂与曝气量交互作用、曝气量与反应时间交互作用对 COD 去除率无明显影响，而其他因素对 COD 去处理率有显著的影响。

Analysis of Variance

Source	Sum Sq.	d.f.	Mean Sq.	F	Prob>F
cat	820.12	1	820.125	729	0.0236
air	28.12	1	28.125	25	0.1257
time	990.12	1	990.125	880.11	0.0215
cat*air	3.12	1	3.125	2.78	0.344
cat*time	55.12	1	55.125	49	0.0903
air*time	1.13	1	1.125	1	0.5
Error	1.13	1	1.125		
Total	1898.88	7			

图2-17　多因素方差分析数据报表

习　题

1. 弗利德里希（Freundlich）吸附等温式是一个经验公式，适用于描述许多等温吸附过程的实验数据。该吸附等温式的表达形式为：

$$q_e = KC_e^{\frac{1}{n}}$$

式中　q_e——饱和吸附量，mg/g（或 mmol/g）；

C_e——达到饱和吸附量时的吸附质浓度，mg/L（或 mmol/L）；

K、$1/n$——某一特定吸附体系的常数，需要通过实验确定，K 的单位由 q_e、C_e 确定，$1/n$ 无量纲。

在分批吸附实验中所用液体体积为1L，溶液中吸附质初始浓度为3.37mg/L，实验进行7天后达到吸附平衡，实验数据见表2-27。

吸附实验数据　　　　**表2-27**

编号	1	2	3	4	5
颗粒活性炭质量 m (g)	0	0.001	0.010	0.100	0.5
平衡浓度 C_e (mg/L)	3.37	3.27	2.77	1.86	1.33

试用颗粒活性炭吸附实验数据求弗利德里希吸附等温式中各参数。

2. 大型无脊椎动物生物指数（*MBI*）可用来快速评价河流的水质，其计算公式如下：

$$MBI = \sum_{i}^{n}(n_i t_i)/N$$

式中　n_i——物种 i 的个体数目；

t_i——物种 i 的耐受等级；

N——沉积物样本中个体的总数。

对某一河流沉积物样本分析见表2-28。

某一河流沉积物样本分析　　表 2-28

物种编号	A	B	C	D	E	F	G	H
个数 n_i（个/m^2）	72	29	14	14	144	445	100	29
耐受等级 t_i	4	4	4	6	6	6	7	10

试求通过编程求该样本的 *MBI* 值。

3. 排水管网的综合造价指标（元/100m）可用下式来描述

$$c = k_1 + k_2 H^{k_3} + k_4 D^{k_5}$$

式中　H——管道埋深，m；

D——管径，mm；

$k_1 \cdots k_5$——常数。

试根据表 2-29 中数据求出 $k_1 \cdots k_5$，并绘制管道造价公式。

不同管径、不同埋深下管网的综合造价指标　　表 2-29

管径（mm）	埋深 2m	埋深 3m	埋深 5m
200	7989	12540	24545
250	8886	13456	25878
300	10256	15389	26933
350	11290	16411	28228
400	12493	17583	29632
450	14051	19651	31478
500	15701	21300	33467
600	19252	25186	37659
700	22080	27520	40351
800	26632	32266	45339
900	32679	38630	51862

第3章 水力学、水泵及管网系统

水力学、水泵以及管网系统等工程实践中往往涉及较为复杂的计算问题，很多情况下往往需要求助于计算图、表来进行近似计算或采用专门的计算软件完成复杂的计算工作。本章针对这些典型问题采用数值计算的方法对复杂的计算问题进行直接求解，完全可以替代传统的计算图、表的工作方式。本章重点讲述了水泵的并联与串联的工况分析、采用解环方程与解节点方程两种常用方法对给水管网系统进行水力计算（平差）、直接通过求解非线性方程计算非满流污水管网等较为复杂的计算方法。同时，考虑到程序的实用性和实际工作中的需求，还介绍了在工程实践中的常用图形的制作方法，如等水压线、水力计算图等。

3.1 绘制用水量曲线、确定泵站流量、水池或水塔调节容积

【例 3-1】 某城市最高用水量为 15000m^3/d，其各小时用水量见表 3-1，管网中设有水塔，二级水泵分两级供水，从前一日 22 点到凌晨 6 点为一级，从 6 点到 22 点为另一级，每级供水量等于其供水时段用水量的平均值。试绘制用水量变化曲线，并进行以下项目的计算：

（1）时变化系数；

（2）泵站和水塔设计供水量；

（3）清水池及水塔调节容积。

用水量的变化 **表 3-1**

时间	0 ~ 1	1 ~ 2	2 ~ 3	3 ~ 4	4 ~ 5	5 ~ 6	6 ~ 7	7 ~ 8
用水量	303	293	313	314	396	465	804	826
时间	8 ~ 9	9 ~ 10	10 ~ 11	11 ~ 12	12 ~ 13	13 ~ 14	14 ~ 15	15 ~ 16
用水量	782	681	705	716	778	719	671	672
时间	16 ~ 17	17 ~ 18	18 ~ 19	19 ~ 20	20 ~ 21	21 ~ 22	22 ~ 23	23 ~ 24
用水量	738	769	875	820	811	695	495	359

【解】 在表 3-1 中时间可用向量 $t = 0:24$ 表示，共有 25 个时间，其原因在于 0 与 24 为同一时间，为了与这种重复的时间对应，因此将需要重复第一个流量作为第 24 小时的流量，同时需要注意的是在 MATLAB 或 Octave 中数组的下标

是从1开始的，因此重组后的流量为［Q_h，$Q_{h(1)}$］，即数组中第25个变量为零时刻的水量，其他时刻与数组下标对应。

在MATLAB或Octave中寻找最大值或最小值的函数见表3-2。

求最大或最小值函数说明 **表3-2**

函数名称	max，min
调用格式	[maxValue，dataIndex] = max（X） maxValue = max（X）
参数说明	寻找X向量中的最大或最小值 maxValue：最大值 dataIndex：最大值在X中的位置

通过max可求得水量中的最大流量（最高日最高时）即设计流量及对应的时刻，以及通过函数mean可求得平均流量，这样就可以求得变化系数。

代码如下：

Octave MATLAB

```
1| Qmax = max(Qh);
2| Qmean = mean(Qh);
3| Kh = Qmax/Qmean;
```

Octave MATLAB

水泵的流量可按照题意，将时刻分成两组（一级和二级供水），并将这两组作为数组Q_h的下标，分别求得一二级供水时用户的用水量。

Octave MATLAB

```
1| %求各级用水量
2| time1 = [1:6,23,24];
3| Qs_1 = Qh(time1);
4| time2 = [7:22];
5| Qs_2 = Qh(7:22);
6| Q1 = mean(Qs_1);
7| Q2 = mean(Qs_2);
```

Octave MATLAB

这样就求出了两个流量，为了与用户流量相对应，水泵流量按每个时刻对应设置。在本例中采用全部为1的单位数组进行批量赋值。代码如下：

Octave MATLAB

```
1| pumpFlow = ones(1,24);
2| pumpFlow(time1) = pumpFlow(time1) * Q1;
3| pumpFlow(time2) = pumpFlow(time2) * Q2;
```

Octave MATLAB

说明

1）ones（m，n）用来生成 m 行 n 列、所有值为1的数组，若只有一个参数则生成方阵。在MATLAB中还有几个常用的类似生成矩阵的函数，如下：

2）zeros（m，n）用来生成 m 行 n 列、所有值为0的数组；

3）eyes（m，n）用来生成 m 行 n 列的数组，行下标和列下标相等的值为1，其余都为0。

所谓水塔设计流量即为其向管网输送的最大流量，水塔的进出水量值由用户用水量和水泵的供水量之间的差值决定。由此可编写得到代码如下：

Octave MATLAB

```
1| TanksQh = Qh-pumpFlow;
2| [maxTankFlow,maxTankFlowTime] = max(TanksQh);
```

Octave MATLAB

清水池的调节容积由清水池的进水量即平均流量和出水量决定。而清水池的出水量分两种情况：

(1) 若无水塔时，清水池的每个时刻对应的出水量即为用户用水量；

(2) 若有水塔时，清水池的每个时刻对应的出水量即为水泵的一或二级水量。

每个时刻对应的流量差值为该时段的调节量，而清水池的水位的变化应该是在上一个时刻的水位的基础上上升或下降，因此清水池的调节容积应该为各时段调节量的累计值。在本例中我们按照时段1，1～2，1～3，1～4，…，1～24的方式进行累计，然后从累计中求最大值（相当于最高水位）与最小值（相当于最低水位）的差值即为调节水量。

Octave MATLAB

```
1| resIn = ones(1,24) * 15000/24;
2| resFlow_withTank = resIn-pumpFlow;
```

```
3| resFlow_withoutTank = resIn-Qh;
4| for i = 1:length(resIn)
5|     adjust_volume_withTank(i) = sum(resFlow_withTank(1:i));
6|     adjust_volume_withoutTank(i) = sum(resFlow_withoutTank(1:i));
7| end
```

ꝏ Octave MATLAB ꝏ

由于在求解水塔的最大进水量时已经计算出每个时刻水塔的进出水量TanksQh，因此与清水池计算相似，编写代码如下：

ꝏ Octave MATLAB ꝏ

```
1| for i = 1:length(TanksQh)
2|       tank_adjust_volume(i) = sum(TanksQh(1:i));
3| end
4| tankAdjustVolume = max(tank_adjust_volume)-min(tank_adjust_volume);
```

ꝏ Octave MATLAB ꝏ

在以上分析的基础上，并考虑图形化显示相应的结果，本例题的综合代码如下：

ꝏ Octave MATLAB ꝏ

```
1| % C3_1.m
2|
3| clear;
4| clc;
5|
6| time = 0:24;
7| Qh = [303 293 313 314 396 465 804 826 ...
8|       782 681 705 716 778 719 671 672 ...
9|       738 769 875 820 811 695 495 359];
10| %绘制用水曲线图
11| stairs(time,[Qh,Qh(1)],'r','LineWidth',1.5);
12| % axis([0 24 0 max(Qh) * 1.05])
13| set(gca,'xtick',[0:1:24]);;% 设置坐标轴的显示范围
14| grid on
15| title('城市用水量变化曲线');% 设置标题
16| xlabel('时间(h)');% X 轴显示的是时间
17| ylabel('各时段用水量(m^3)');
```

```
18|
19| % 求变化系数 Kh = Qmax/Qmean
20| Qmax = max(Qh);
21| Qmean = mean(Qh);
22| Kh = Qmax/Qmean;
23| fprintf('时变化系数 Kh = %.2f\n',Kh);
24| % 求各级用水量
25| time1 = [1:6,23,24];
26| Qs_1 = Qh(time1);
27| time2 = [7:22];
28| Qs_2 = Qh(7:22);
29| Q1 = mean(Qs_1);
30| Q2 = mean(Qs_2);
31| hold on
32| steps = [0 6 7 22 24];
33| values = [Q1 Q2 Q2 Q1 Q1];
34| stairs (steps,values,'b-');
35| fprintf('水泵设计流量\n\t 低峰 Q1 = %.2f(m^3/s)\n\t 高峰 Q2 = %.2f(m^
    3/s)\n',Q1,Q2);
36|
37| pumpFlow = ones(1,24);
38| pumpFlow(time1) = pumpFlow(time1) * Q1;
39| pumpFlow(time2) = pumpFlow(time2) * Q2;
40| TanksQh = Qh-pumpFlow;
41| [maxTankFlow,maxTankFlowTime] = max(TanksQh);
42| fprintf('水塔设计进水流量为 = %.2f(m^3/s)\n\t 时间为
    %d-%d\n',maxTankFlow,maxTankFlowTime-1,maxTankFlowTime);
43|
44| % 清水池调节容积
45| resIn = ones(1,24) * 15000/24;
46| resFlow_withTank = resIn-pumpFlow;
47| resFlow_withoutTank = resIn-Qh;
48| for i = 1:length(resIn)
49|     adjust_volume_withTank(i) = sum(resFlow_withTank(1:i));
50|     adjust_volume_withoutTank(i) = sum(resFlow_withoutTank(1:i));
```

```
51| end
52| a = 1:24;
53| plot(a,adjust_volume_withTank,'o');
54| plot(a,adjust_volume_withoutTank,'*');
55| resAdjustVolume_withTank = max(adjust_volume_withTank)-min(adjust_vol-
    ume_withTank);
56| resAdjustVolume_withoutTank = max(adjust_volume_withoutTank)-min(adjust_
    volume_withoutTank);
57|
58| legend('用水曲线','水泵流量','设置水塔清水池流量变化','不设置水塔清
    水池流量变化');
59| hold off
60| fprintf('清水池调节容积\n\t 设置水塔%.2f(m^3)\n\t 不设置水塔
    %.2f(m3)\n',resAdjustVolume_withTank,resAdjustVolume_withoutTank);
61| for i = 1:length(TanksQh)
62|     tank_adjust_volume(i) = sum(TanksQh(1:i));
63| end
64| tankAdjustVolume = max(tank_adjust_volume)-min(tank_adjust_volume);
65| fprintf('水塔调节体积为 = %.2f(m^3)\n',tankAdjustVolume);
```

Octave MATLAB

在命令窗口输入以上代码文件名，即可得到如下结果：

Octave MATLAB 命令窗口

```
> C3_1
时变化系数 Kh = 1.40
水泵设计流量
    低峰 Q1 = 367.25(m^3/s)
    高峰 Q2 = 753.88(m^3/s)
水塔设计进水流量为 = 127.75(m^3/s)
    时间为 22 - 23
清水池调节容积
    设置水塔 2062.00(m^3)
    不设置水塔 2062.00(m^3)
水塔调节体积为 = 351.00(m^3)
>
```

绘制图形如图 3-1 所示。

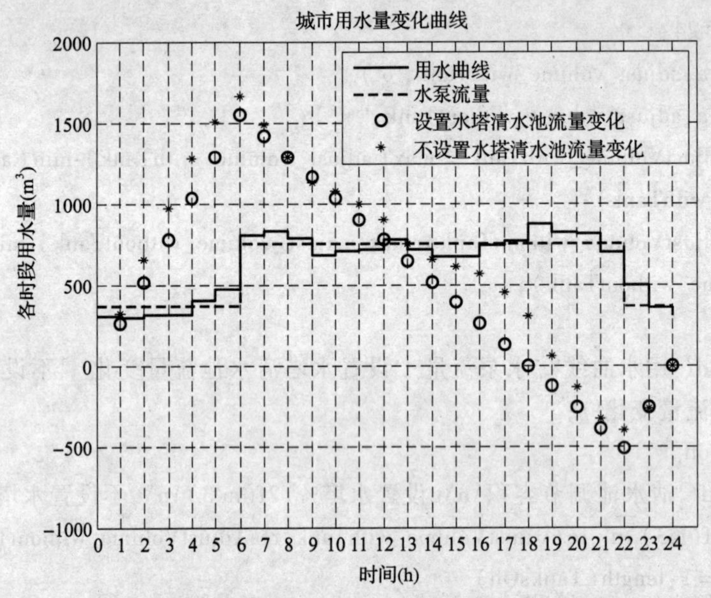

图 3-1 用水量变化曲线及清水池水量调节示意图

若想将上图分解成两个图，则可以在以上代码的基础上对绘图部分按以下代码操作：

Octave MATLAB

```
66| %1 -65 行同 C3_1. m,本文件名为 C3_2. m
67| figure(2);
68| subplot(2,1,1);
69| %绘制用水曲线图
70| stairs(time,[Qh,Qh(1)],'r','LineWidth',1.5);
71| hold on
72| stairs(steps,values,'b -');
73| legend('用水曲线','泵站供水')
74| axis([0 24 0 max(Qh) * 1.05])
75| set(gca,'xtick',[0:1:24]);;% 设置坐标轴的显示范围
76| grid on
77| title('城市用水量变化曲线');% 设置标题
78| xlabel('时间(h)');% X 轴显示的是时间
79| ylabel('各时段用水量(m^3)');
80| hold off
```

```
81|
82| subplot(2,1,2)
83| plot(a,adjust_volume_withTank,'o');
84| hold on
85| plot(a,adjust_volume_withoutTank,'*');
86| legend('设置水塔','不设水塔');
87| xlabel('时间(h)');% X 轴显示的是时间
88| ylabel('水池调节水量(m^3)');
89| hold off
```

Octave MATLAB

运行结果如图 3-2 所示。

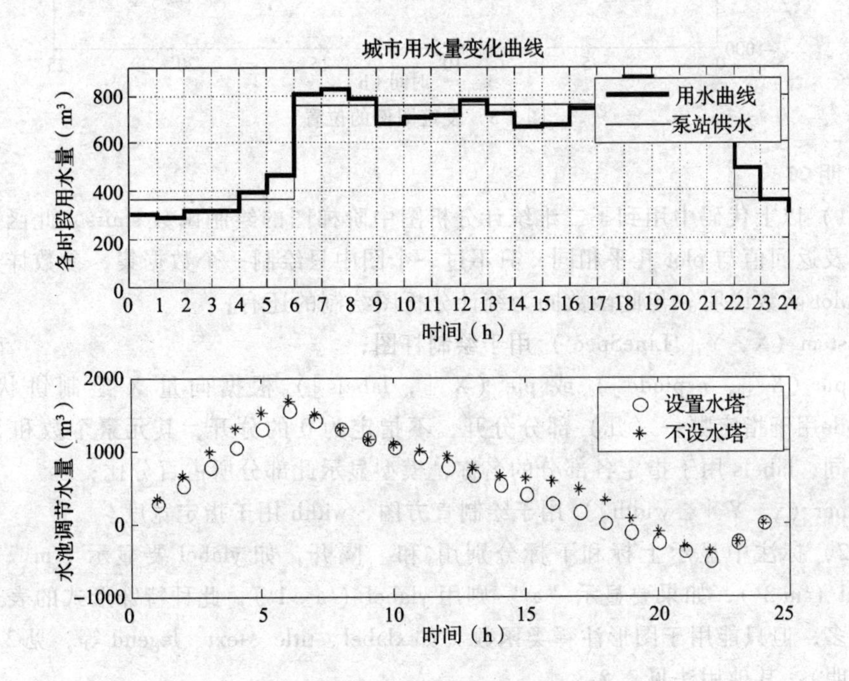

图 3-2　按子图形式分别绘制用水量变化曲线及清水池水量调节水量变化曲线

但在上图中，第一个子图的图例位置与图形重合，用户可用鼠标移动图例框，也可采用代码定义图例的位置（见表 2-5 的补充说明），将以上代码第 73 行改为 legend（'用水曲线'，'泵站供水'，'Location'，'South'）。运行结果如图 3-3 所示。

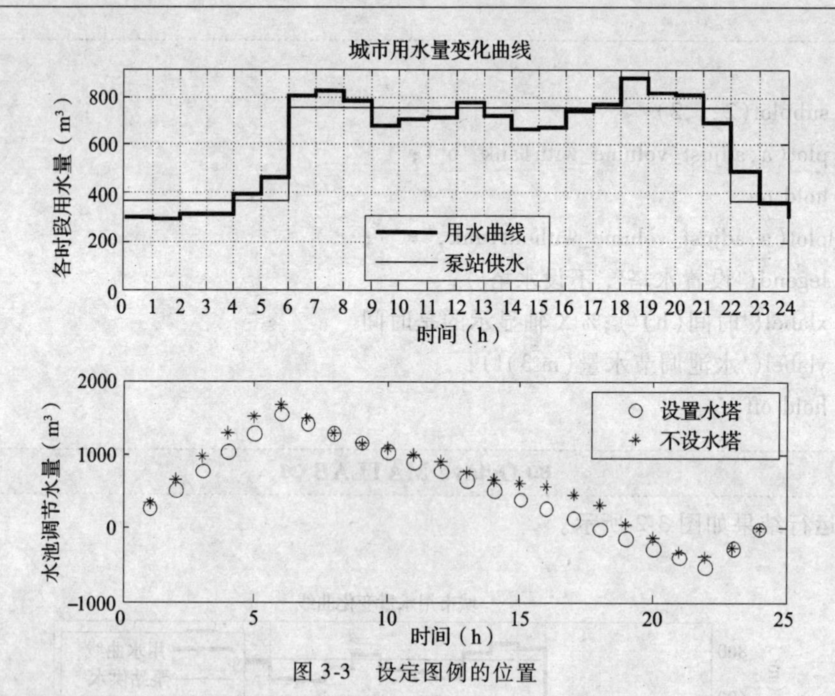

图 3-3　设定图例的位置

说明

1）以上代码中用到了二维统计分析图中阶梯图的绘制函数 stairs，此函数的参数及返回值与 plot 几乎相同，只不过一个图中只绘制一个数据集，参数详见表 2-4 plot 函数说明。与此函数同为统计分析图绘制的还有：

stem（X，Y，'LineSpec'）用于绘制杆图；

pie（X [，explode]）或 pie（X [，labels]）根据向量 X 绘制饼状图，explode用于指定哪一（几）部分分开，不指定为 0 的分开，其元素个数和 X 必须相同，labels 用于指定各部分的名称，模型显示此部分所占百分比；

bar（x，Y [，width]）用于绘制直方图，width 用于指定宽度。

2）标注中显示上标和下标分别用^和_ 隔开，如 ylabel 要显示"m^3"，用 ylabel（'m^3'），如果要显示"a_1"则用 ylabel（'a_ 1'），此种特殊形式的表达还有很多，但只能用于图形注释类函数（如 xlabel、title、text、legend 等，见 2.1.1 节说明），其他用法见表 3-3

Octave 和 MATLAB 中上下标及特殊字符的表示（tex 和 latex 的用法）　表 3-3

类型	表达样式	用法	说明
希腊字母	α β γ	\ alpha \ beta \ gamma	用首字母的大小写区分大小写，如 δ 用 \ delta，Δ 用 \ Delta

续表

类型	表达样式	用法	说明
上下标	上标 下标	^ _ （下划线）	可采用 {} 表示作用域，例如 Y_{co2} 可表示为 y_ {co2}
字体	黑体 斜体 恢复正体 指定字体名称 指定字号	\ bf \ it \ rm \ fontname {fontname} \ fontsize {fontsize}	
数学符号	≠ ∫ √ ±	\ neq \ int \ surd \ pm	

3.2 水泵特性曲线与工况点

3.2.1 确定水泵特性曲线

【例 3-2】 现有 14SA-10 型离心泵一台，转速 $n = 1450 r/min$，叶轮直径 $D = 466mm$，测试得到流量与扬程的对应关系见表 3-4，试拟合 $Q - H$ 特性曲线方程并绘制其曲线。

流量与扬程对应关系 **表 3-4**

Q （L/s）	0	240	340	380
H （m）	72	70	65	60

【解】 一般采用以下形式的多项式描述离心泵的特性曲线 $Q - H$：

$$H = H_0 + A_1 Q + A_2 Q^2 + \cdots + A_m Q^m \tag{3-1}$$

实际使用时，一般取 $m = 2$ 或者 $m = 3$。

在 MATLAB 和 Octave 中，多项式拟合的函数为 p = polyfit （x，y，n），其中 n 为拟合方程的阶数，当 $n = 1$ 时，所拟合的曲线为直线。

Octave MATLAB

```
1| % C3_3. m
2|
3| clear;
```

```
4| clc;
5|
6| Q=[0,240,340,380];
7| H=[72,70,65,60];
8| P=polyfit(Q,H,2)% 公式中 m=2
```

Octave MATLAB

运行结果如下：

Octave MATLAB 命令窗口

```
〉 C3_3
P =
    -0.0002    0.0334    71.9588
〉
```

注意，多项式 P 是按照高次幂到低次幂排列，即

$$H = -0.0002Q^2 + 0.0334Q + 71.8588$$

在上例子代码的基础上绘制该曲线的代码在如下（省去相同部分）：

Octave MATLAB

```
1| % C3_4.m
2|
3| clear;
4| clc;
5| Q=[0,240,340,380];
6| H=[72,70,65,60];
7| P=polyfit(Q,H,2)% 公式中 m=2
8|
9| Qx=0:5:380;% 多项式输入流量 Q 值为 0-380 间每隔 5 取一值
10| Hy=polyval(P,Qx);% 求上述流量对应的扬程 H
11| plot(Q,H,'ro',Qx,Hy);% 绘制两条曲线,一条是原实验数据,采用散点格
    式(红圈),一条为拟合的曲线
12| title('水泵特性曲线');% 设置标题
13| xlabel('Q(L/s)');
14| ylabel('H(m)');
```

Octave MATLAB

绘制的曲线如图 3-4 所示。

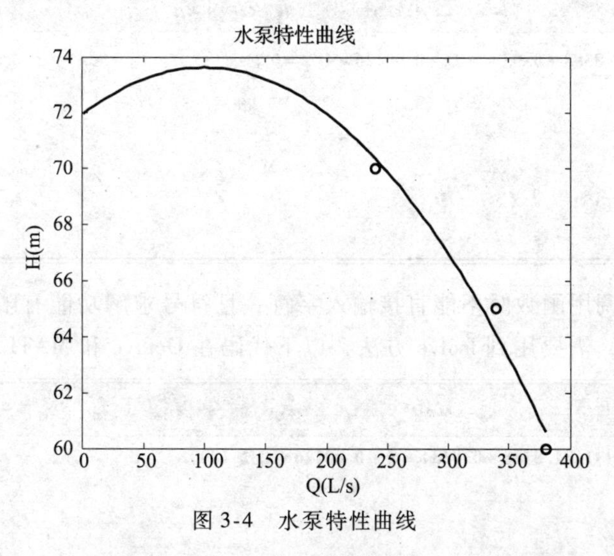

图 3-4 水泵特性曲线

3.2.2 工况点的确定

【例 3-3】 在上例中假定水泵装置的管道特性曲线方程为

$$H = H_{st} + SQ^2 \tag{3-2}$$

式中 H_{st}：水泵静扬程，在本例中假定 $H_{st}=40\text{m}$，$S=0.00106\ (\text{s/L})^2\cdot \text{mH}_2\text{O}$，试求该水泵的工况点。

【解】 离心泵装置的工况点求解有数解法和图解法。数解法就是将水泵特性曲线和管道特性曲线联立求解。在本例中，即为：

$$H = 71.8588 + 0.0334Q - 0.0002Q^2 = 40 + 0.00106Q^2$$

即 $31.8588 + 0.0334Q - 0.00126Q^2 = 0$

在 MATLAB 中用 solve 解代数方程（组）的符号（解析）解，因此在窗口输入以下代码即可求解：

MATLAB 命令窗口

```
> Q = solve('31.8588 + 0.0334 * Q - 0.00126 * Q^2 = 0','Q')
Q =
 -146.30927807562703058741935563082
 172.81721458356353852392729213876
>
```

可以看出小数点位数保留较多，在 MATLAB 可用 vpa 函数设置变量显示的数字位数，例如在上述代码基础上，设置成三位数字格式，输入代码和运行的结果如下：

MATLAB 命令窗口

```
〉  Q = solve('31.8588 + 0.0334 * Q - 0.00126 * Q^2 = 0', 'Q');
〉Q = vpa(Q,3)
Q =
  -146.
 173.
〉
```

Octave 在调用函数时不能直接输入字符，且符号求解功能有限，因此若采用数值求解方法，需要用到 fsolve 方法，以下代码在 Octave 和 MATLAB 中通用。

Octave MATLAB 命令窗口

```
〉  Q = fsolve(@(Q)31.8588 + 0.0334 * Q - 0.00126 * Q^2, 100)
Q =
  172.8172
〉
```

从数值解和解析解可以看出，采用解析解方法求得的结果是 $Q=-146$L/s 或 $Q=173$L/s，在本例中取后者。而数值解与初值有关：在本例中初值为 100，所以系统给出的是离 100 较近的解 173，倘若给出的初值为 0，那么系统给出的结果为 -146，显然不是本例需要的解。由此不难看出对于数值解而言，初值的范围的估计是非常重要。

采用图解法则是分别绘制两条曲线，其交点即为工况点，绘制水泵特性与管道特性曲线编写代码如下：

Octave MATLAB

```
1| % C3_5.m
2| clear
3| clc
4| Q = 0:5:400;
5| Hpump = 71.8588 + 0.0334 * Q - 0.0002 * Q.^2;
6| Hpipe = 40 + 0.00106 * Q.^2;
7| plot(Q, Hpump, Q, Hpipe);
8| title('求水泵工况点'); % 设置标题
9| xlabel('Q(L/s)');
10| ylabel('H(m)');
```

Octave MATLAB

程序运行结果如图 3-5 所示。

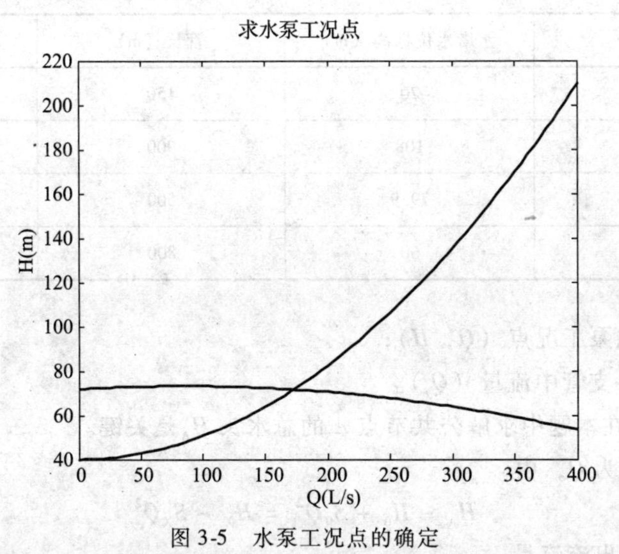

图 3-5 水泵工况点的确定

从曲线上可以看出，两条曲线有相交点，对交点进行局部放大可以得出 $Q = 173\text{L/s}$，$H = 72\text{m}$。

3.3 离心泵并联或串联工况分析

3.3.1 单泵多塔供水系统工况分析

【例 3-4】 如图 3-6 所示，已有 10SA－6 型离心泵向 4 个水塔输水，已知水泵总虚扬程 $H_x = 100.83\text{m}$，总虚阻耗 $S_x = 286 \times 10^{-6}$（$\text{m} \cdot \text{s}^2/\text{L}^2$）。已知清水池 $H_0 = 4.5\text{m}$，$S_0 = 200 \times 10^{-6}$（$\text{m} \cdot \text{s}^2/\text{L}^2$），$H-W$ 公式中 $C_w = 100$，计算精度为 0.001，各水塔水位标高、管径、管长见表 3-5。

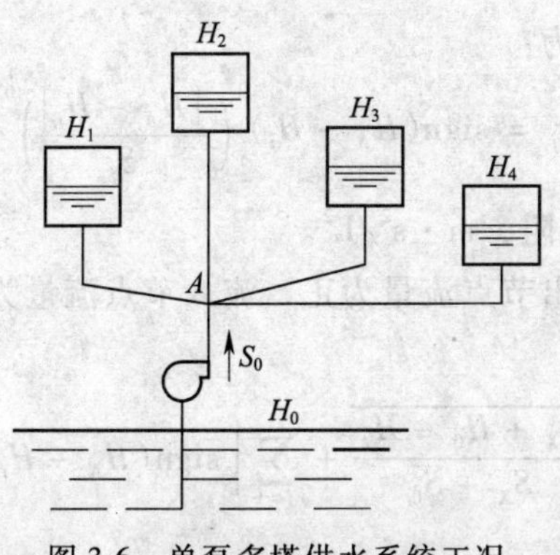

图 3-6 单泵多塔供水系统工况

各水塔水位标高管径及管长 表3-5

水塔序号	水塔水位标高（m）	管长（m）	管径（m）
1	70	150	0.20
2	108	900	0.15
3	79.9	500	0.15
4	60	800	0.10

试计算(1) 水泵工况点（Q，H）；

(2) 各支管中流量（Q_j）。

【解】 在本题中求解公共节点A的总水头H_A是关键。

水泵流量为Q，由

$$H_A - H_0 + S_0 Q^2 = H_X - S_X Q^2 \tag{3-3}$$

得到水泵出流流量

$$Q_0 = \sqrt{\frac{H_X + H_0 - H_A}{S_X + S_0}} \tag{3-4}$$

当流量单位为“L/s”时，$H-W$公式中

$$S = \frac{2.966 \times 10^{-5}}{C_W^{1.852} D^{4.87}} l \tag{3-5}$$

$$h = Sq^{1.852} \tag{3-6}$$

各支管中流量

$$Q_j = \begin{cases} \left(\dfrac{H_A - H_j}{S_j}\right)^{0.54} & \text{当} H_A \geqslant H_j \\ -\left(\dfrac{H_j - H_A}{S_j}\right)^{0.54} & \text{当} H_A < H_j \end{cases} \tag{3-7}$$

上式实际上可以写为：

$$Q_j = \mathrm{sign}(H_A - H_j)\left(\frac{|H_A - H_j|}{S_j}\right)^{0.54} \tag{3-8}$$

式中 S_j——管段j的摩阻，$m \cdot s^2/L^2$。

在本例中规定，流出节点流量为正，流入节点流量为负值。

由节点A流量平衡可知，

$$-Q_0 + \sum_{j=1}^{4} Q_j = -\sqrt{\frac{H_X + H_0 - H_A}{S_X + S_0}} + \sum_{j=1}^{4}\left[\mathrm{sign}(H_A - H_j)\left(\frac{|H_A - H_j|}{S_j}\right)^{0.54}\right] = 0 \tag{3-9}$$

上述方程只有 H_A 一个未知数，但由于是非线性方程，一般求解较为困难。在 MATLAB 中可采用 fzero 或 fsolve 函数，区别在于前者只能求解单变量的方程，而后者应用广泛得多（见 2.2 非线性方程求解相关部分）。因此，我们用 fsolve 来解方程。首先定义以上函数，在函数定义中各管段流量若采用数组单独操作可写成：

```
f = -((Hx + H0 - Ha)/(Sx + S0))^0.5 + ...
        sign(Ha - H(1)) * (abs(Ha - H(1))/Sj(1))^0.54 + ...
        sign(Ha - H(2)) * (abs(Ha - H(2))/Sj(2))^0.54 + ...
        sign(Ha - H(3)) * (abs(Ha - H(3))/Sj(3))^0.54 + ...
        sign(Ha - H(4)) * (abs(Ha - H(4))/Sj(4))^0.54;
```

以上代码采用点乘运算如下：

```
f = -((Hx + H0 - Ha)/(Sx + S0))^0.5 + ...
        sum(sign(Ha - H).*(abs(Ha - H)./Sj).^0.54);
```

根据以上思路，编写如下函数：

Octave MATLAB

```
1| function f = getHa_1(Ha)
2|
3| Hx = 100.83;Sx = 286e-6;
4| H0 = 4.5;S0 = 200e-6;
5| H = [70 108 79.9 60];
6| l = [150 900 500 800];
7| D = [0.20 0.15 0.15 0.10];
8| Cw = 100;
9| Sj = 2.9660e-5/Cw^1.852 * l./D.^4.87;
10| f = -((Hx + H0 - Ha)/(Sx + S0))^0.5 + ...
11|     sum(sign(Ha - H).*(abs(Ha - H)./Sj).^0.54);
```

Octave MATLAB

然后编写如下脚本进行求解：

Octave MATLAB

```
1| % C3_6.m
2|
3| clear all
4| H = [70 108 79.9 60];
```

```
 5| l = [150 900 500 800];
 6| D = [0.20 0.15 0.15 0.10];
 7| Cw = 100;
 8| Sj = 2.9660e-5/Cw^1.852 * l./D.^4.87;
 9| Ha = fsolve(@getHa_1,100);
10| Qj = sign(Ha-H).*(abs(Ha-H)./Sj).^0.54;
11| Q0 = sum(Qj);
12| fprintf('水泵工况点为:Q = %0.2f(L/s),H = %0.2f(m)',Q0,Ha)
13| fprintf('各管段流量为')
14| fprintf('%0.2f(L/s)\t\t',Qj)
```

Octave MATLAB

运行结果如下：

Octave MATLAB 命令窗口

```
> C3_6
水泵工况点为:Q = 162.05(L/s),H = 92.57(m)
各管段流量为 145.49(L/s)    -21.13(L/s)    26.09(L/s)    11.60(L/s)
>
```

在上例中，在函数和脚本中均有变量的定义：

```
H = [70 108 79.9 60];
l = [150 900 500 800];
D = [0.20 0.15 0.15 0.10];
Cw = 100;
Sj = 2.9660e-5/Cw^1.852 * l./D.^4.87;
```

那么能否将这些数据作为函数的参数呢？

按照这个思路，函数编写如下：

Octave MATLAB

```
1| function f = getHa_2(Ha,H,Sj)
2| Hx = 100.83;Sx = 286e-6;
3| H0 = 4.5;S0 = 200e-6;
4| f = -((Hx + H0 - Ha)/(Sx + S0))^0.5 + ...
5|         sum(sign(Ha - H).*(abs(Ha - H)./Sj).^0.54);
```

Octave MATLAB

编写脚本如下：

Octave MATLAB

```
1| % C3_7.m
2| clear all
3| H = [70 108 79.9 60];
4| l = [150 900 500 800];
5| D = [0.20 0.15 0.15 0.10];
6| Cw = 100;
7| Sj = 2.9660e-5/Cw^1.852 * l./D.^4.87;
8| %  Ha = fsolve(@getHa,100);
9| Ha = fsolve(@(Ha)getHa_2(Ha,H,Sj),100);
10| Qj = sign(Ha-H).*(abs(Ha-H)./Sj).^0.54;
11| Q0 = sum(Qj);
12| fprintf('水泵工况点为:Q = %0.2f(L/s),H = %0.2f(m)',Q0,Ha)
13| fprintf('各管段流量为')
14| fprintf('%0.2f(L/s)\t\t',Qj)
```

Octave MATLAB

与上例不同的是在 fsolve 函数的调用上稍微有所区别。本例中采用了含单个变量的匿名函数@（Ha） getHa_2(Ha, H, Sj)，即将原为 3 个参数 H_a、H、S_j 的函数 getHa_2（Ha, H, Sj）暂时改为一个参数 H_a 的函数@（Ha）getHa_2（Ha, H, Sj），具体请参考【例 2-4】中有关匿名函数的说明。

采用参数化思想，可以引入另外一个参数 TanksOn 表示各水塔的开启状态，TanksOn = ［1 1 1 1］表示四个水塔均开启，若对应元素为 0，表示该水塔关闭，例如 TanksOn = ［1 1 1 0］表示第四个水塔关闭，其他开启。通过这一参数可以实现多种工况的分析。

函数修改后如下：

Octave MATLAB

```
1| function f = getHa_3(Ha,H,Sj,TanksOn)
2| Hx = 100.83;Sx = 286e-6;
3| H0 = 4.5;S0 = 200e-6;
4| f = -((Hx + H0 - Ha)/(Sx + S0))^0.5 + ...
5|          sum(TanksOn.*sign(Ha-H).*(abs(Ha-H)./Sj).^0.54);
```

Octave MATLAB

脚本调用如下：

ஐ Octave MATLAB ௸

```
 1| % C3_8. m
 2|
 3| clear
 4| clc
 5| H =[70 108 79. 9 60];
 6| l =[150 900 500 800];
 7| D =[0. 20 0. 15 0. 15 0. 10];
 8| Cw =100;
 9| Sj =2. 9660e -5/Cw^1. 852 * l. /D. ^4. 87;
10| %  Ha = fsolve(@ getHa,100);
11| % 四个水塔全部开启
12| TanksOn =[1 1 1 0];
13| Ha = fsolve(@(Ha)getHa_3(Ha,H,Sj,TanksOn),100);
14| Qj = TanksOn. * sign(Ha - H). *(abs(Ha - H)./Sj).^0. 54;
15| Q0 = sum(Qj);
16| fprintf('水塔开启状态为(1:开,0:闭)');
17| fprintf('% d\t',TanksOn);
18| fprintf('\n 水泵工况点为:Q =% 0. 2f(L/s),H =% 0. 2f(m)\n',Q0,Ha);
19| fprintf('各管段流量为');
20| fprintf('% 0. 2f(L/s)\t',Qj);
```

ஐ Octave MATLAB ௸

运行结果如下：

Octave MATLAB 命令窗口

```
〉 C3_8
水塔开启状态为(1:开,0:闭)1   1   1   0
水泵工况点为:Q =155. 66(L/s),H =93. 55(m)
各管段流量为 148. 89(L/s)     -20. 39(L/s)     27. 17(L/s)     0. 00(L/s)
〉
```

3.3.2 取水泵站调速运行下并联工作的计算

【例3-5】 某水厂取水泵站采用三台24SH－19型离心泵（二用一备）并联供水（图3-7）。水泵转速 $n=960\text{r/min}$，$Q-H$ 特性曲线方程采用 $H=47.208-$

$20.833Q^2$，其中 2 号泵可调速运行（n_{min} = 768r/min）。

已知：$S_1 = 5$，$S_2 = 2$，$S_3 = 0.6944$，$Z_0 = 60.5$m，泵站吸水井水位 $Z_1 = Z_2$，水位标高如下：洪水位 37.50m，常水位 32.80m，枯水位 28.90m。

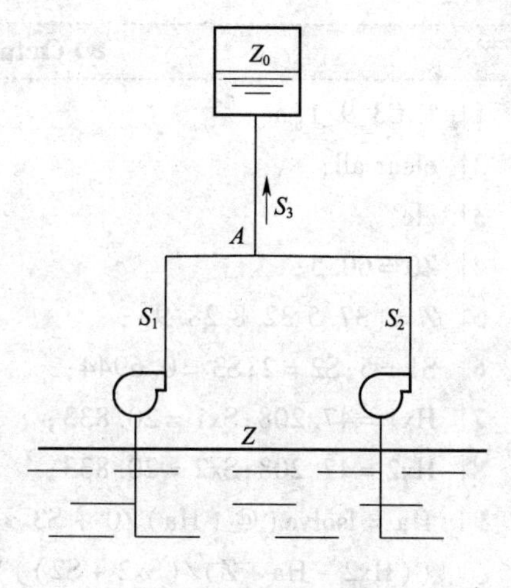

图 3-7 水泵调速并联运行

试求：

（1）调速泵及定速泵均按额定转速运行时，泵站在三个不同水位下的出水量是多少？

（2）设水厂取水泵站的出水量为 1.4m^3/s，$Z_1 = Z_2 = 32.80$m 时，调速泵的转速 n 及水泵工况点为多少？

（3）若水厂要求取水泵站的出水量为 1.2m^3/s，$Z_1 = Z_2 = 37.50$m 时，调速泵的转速 n 及水泵工况点为多少？

【解】 首先需要分析公共节点 A 的总水压 H_A 值

$$H_A = Z_0 + S_3 Q_3^2 \tag{3-10}$$

通过上式求得 H_A 之后，就可以分别计算各泵的流量。

对于 1 号定速泵而言，流量可由下式求出

$$Q = \sqrt{\frac{H_X - H_{ST}}{S_X + \sum S}} \tag{3-11}$$

式中，H_x——泵的总虚扬程。

H_{ST} 为水泵的静扬程（m），在此处应该为水面 Z_1 与 A 点水头的高差，而不是与 Z_0 点的高差即

$$H_{ST} = H_A - Z_1 \tag{3-12}$$

因此 1 号泵的出水量为

$$Q_1 = \sqrt{\frac{H_{X1} - H_A + Z_1}{S_{X1} + S_1}} \tag{3-13}$$

同样对于调速泵亦可得到如下出水流量：

$$Q_1 = \sqrt{\frac{\left(\frac{n}{n_0}\right)^2 H_{X2} - H_A + Z_2}{S_{X2} + S_2}} \tag{3-14}$$

（1）当按恒速运转时

$$H_A = Z_0 + S_3 Q_3^2 = Z_0 + S_3 \left(\sqrt{\frac{H_{X1} - H_A + Z}{S_{X1} + S_1}} + \sqrt{\frac{H_{X2} - H_A + Z}{S_{X2} + S_1}} \right)^2 \tag{3-15}$$

编写代码如下：

Octave MATLAB

```
1| % C3_9_1.m
2| clear all;
3| clc
4| Z0 = 60.5;
5| Z = [37.5 32.8 28.9];
6| S1 = 5;S2 = 2;S3 = 0.6944;
7| Hx1 = 47.208;Sx1 = 20.833;
8| Hx2 = 47.208;Sx2 = 20.833;
9| Ha = fsolve(@(Ha)Z0 + S3 * (sqrt((Hx1 - Ha + Z)/(Sx1 + S1)) + sqrt
   ((Hx2 - Ha + Z)/(Sx2 + S2))).^2 - Ha,[60 60 60]);
10| Q1 = sqrt((Hx1 - Ha + Z)/(Sx1 + S1));
11| Q2 = sqrt((Hx2 - Ha + Z)/(Sx2 + S2));
12| H1 = Hx1 - Sx1 * Q1.^2;
13| H2 = Hx2 - Sx2 * Q2.^2;
14| Q = Q1 + Q2;
15| fprintf('水位分别为:\n');
16| fprintf('%6.2f\t',Z);
17| fprintf('\nQ1 流量分别为:\n');
18| fprintf('%6.3f\t',Q1);
19| fprintf('\nH1 扬程分别为:\n');
20| fprintf('%6.3f\t',H1);
21| fprintf('\nQ2 流量分别为:\n');
22| fprintf('%6.3f\t',Q2);
23| fprintf('\nH2 扬程分别为:\n');
24| fprintf('%6.3f\t',H2);
```

Octave MATLAB

运行结果如下：

Octave MATLAB 命令窗口

```
> C3_9_1
水位分别为:
37.50   32.80   28.90
Q1 流量分别为:
```

```
0.917  0.823  0.736
H1 扬程分别为:
29.691  33.092  35.914
Q2 流量分别为:
0.975  0.876  0.783
H2 扬程分别为:
27.389  31.237  34.430
>
```

问题（2）与问题（3）为当总流量给定时，那么可以直接求得 H_A，根据 H_A 可求得 Q_1，进而求得 Q_2，再根据公式（3-14）可求得调速后的转速 n，需要注意的是在调速泵中，其速度必须大于最小转速。当计算结果小于最小转速 n_{min} 时，则取 $n = n_{min}$，并计算在该转速情况下各水泵的工况点和总出水量，以便采取相应的措施实现均匀供水。代码如下：

Octave MATLAB

```
1| % C3_9_2.m
2| clear all;
3| clc
4| Z0 = 60.5;
5| Z = [37.5 32.8 28.9];
6| S1 = 5;S2 = 2;S3 = 0.6944;
7| Hx1 = 47.208;Sx1 = 20.833;
8| Hx2 = 47.208;Sx2 = 20.833;
9|
10| % 求解第二问
11| Q = 1.4;Z = 32.8;
12| n0 = 960;nmin = 768;
13| Ha = Z0 + S3 * Q^2;
14| Q1 = sqrt((Hx1 - Ha + Z)/(Sx1 + S1));
15| Q2 = Q - Q1;
16| n = sqrt((Q2.^2 * (Sx2 + S2) - Z + Ha)/Hx2 * n0^2);
17| if n < nmin
18|     n = nmin;
19|     % 此时情况转化为第一种情况
20|     Ha = fsolve(@(Ha)Z0 + S3 * (sqrt((Hx1 - Ha + Z)/(Sx1 + S1)) + sqrt
        (((n/n0)^2 * Hx2 - Ha + Z)/(Sx2 + S2))).^2 - Ha,Ha);
```

```
21|        Q1 = sqrt((Hx1 - Ha + Z)/(Sx1 + S1));
22|        Q2 = sqrt(((n/n0)^2 * Hx2 - Ha + Z)/(Sx2 + S2));
23| end
24|        H1 = Hx1 - Sx1 * Q1.^2;
25|        H2 = Hx2 - Sx2 * Q2.^2;
26|        Q = Q1 + Q2;
27| fprintf('第(2)题计算结果为:');
28| fprintf('\n 调速水泵转速为%.0f,流量为%6.3f,扬程为%6.3f\n',n,Q2,
    H2);
29| fprintf('定速水泵转速流量为%6.3f,扬程为%6.3f\n',Q1,H1);
30| fprintf('总流量为%6.3f\n',Q);
31| %求解第三问
32| Q = 1.2;Z = 37.5;
33| n0 = 960;nmin = 768;
34| Ha = Z0 + S3 * Q^2;
35| Q1 = sqrt((Hx1 - Ha + Z)/(Sx1 + S1));
36| Q2 = Q - Q1;
37| n = sqrt((Q2.^2 * (Sx2 + S2) - Z + Ha)/Hx2 * n0^2);
38| if n < nmin
39|        n = nmin;
40|        %此时情况转化为第一种情况
41|        Ha = fsolve(@(Ha)Z0 + S3 * (sqrt((Hx1 - Ha + Z)/(Sx1 + S1)) + sqrt
           (((n/n0)^2 * Hx2 - Ha + Z)/(Sx2 + S2))).^2 - Ha,Ha);
42|        Q1 = sqrt((Hx1 - Ha + Z)/(Sx1 + S1));
43|        Q2 = sqrt(((n/n0)^2 * Hx2 - Ha + Z)/(Sx2 + S2));
44| end
45|        H1 = Hx1 - Sx1 * Q1.^2;
46|        H2 = Hx2 - Sx2 * Q2.^2;
47|        Q = Q1 + Q2;
48| fprintf('第(3)题计算结果为:');
49| fprintf('\n 调速水泵转速为%.0f,流量为%6.3f,扬程为%6.3f\n',n,Q2,H2);
50| fprintf('定速水泵转速流量为%6.3f,扬程为%6.3f\n',Q1,H1);
51| fprintf('总流量为%6.3f\n',Q);
```

Octave MATLAB

运行结果如下：

```
Octave MATLAB 命令窗口
〉 C3_9_2
第(2)题计算结果为:
调速水泵转速为 841,流量为 0.562,扬程为 40.631
定速水泵转速流量为 0.838,扬程为 32.573
总流量为 1.400
Optimization terminated:first-order optimality is less than options. TolFun.
第(3)题计算结果为:
调速水泵转速为 768,流量为 0.503,扬程为 41.943
定速水泵转速流量为 0.939,扬程为 28.849
总流量为 1.441
〉
```

3.4 管 网 平 差

3.4.1 解 环 方 程

【例 3-6】 各已知条件如图 3-8 所示，试求各管段流量及流速。

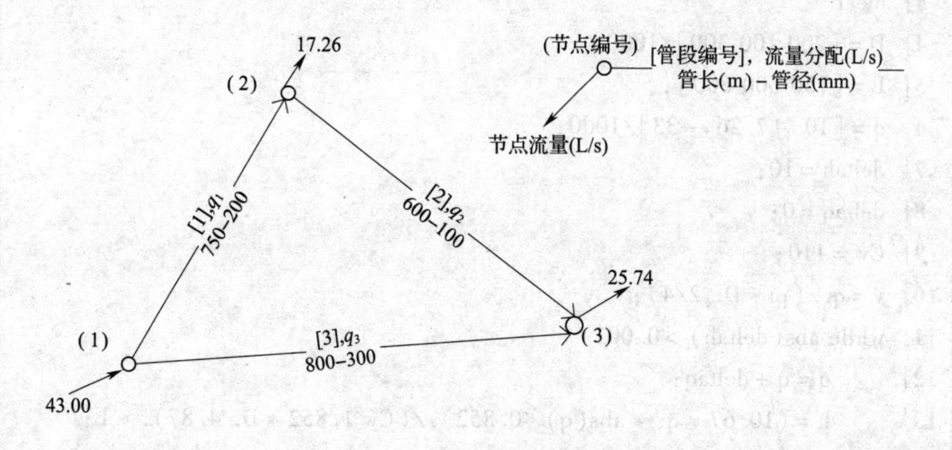

图 3-8 单环管网计算

【解】 管网的水力计算主要有解环方程和解节点方程两种方法，其中，解环方程的主导思想是在满足连续性方程的前提下，逐步修正管段流量减小闭合差，从而最后满足能量方程。解环方程的步骤如图 3-9 所示。

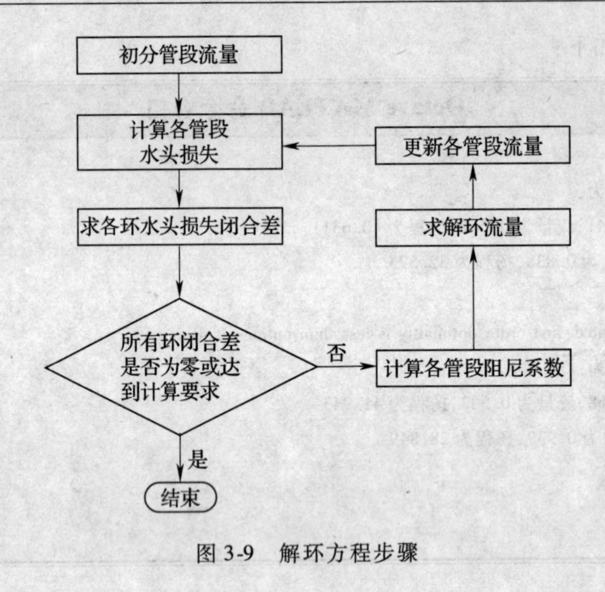

图 3-9 解环方程步骤

因此，根据图 3-9 的解题步骤以及图 3-8 的已知条件，编写如下代码进行求解：

Octave MATLAB

```
1| % C3_10. m
2|
3| clear
4| D = [200 100 300]/1000;
5| L = [750 600 800];
6| q = [10 -7.26 -33]/1000;
7| deltah = 10;
8| deltaq = 0;
9| Cw = 110;
10| v = q./(pi * D.^2/4);
11| while abs(deltah) > 0.001
12|     q = q + deltaq;
13|     h = (10.67 * q. * abs(q).^0.852)./(Cw^1.852 * D.^4.87). * L;
14|     Z = 1.852 * (10.67 * L./(Cw^1.852 * D.^4.87)). * abs(q).^0.852;
15|     deltah = sum(h);
16|     deltaq = -sum(h)/sum(Z);
17| end
18| fprintf('管段编号:');
```

```
19| fprintf('[%d]\t',1:length(D));
20| fprintf('\n管段流量(L/s):');
21| fprintf('%.2f\t',q*1000);
22| fprintf('\n管段流速(m/s):');
23| fprintf('%.2f\t',v);
```

Octave MATLAB

运行结果如下：

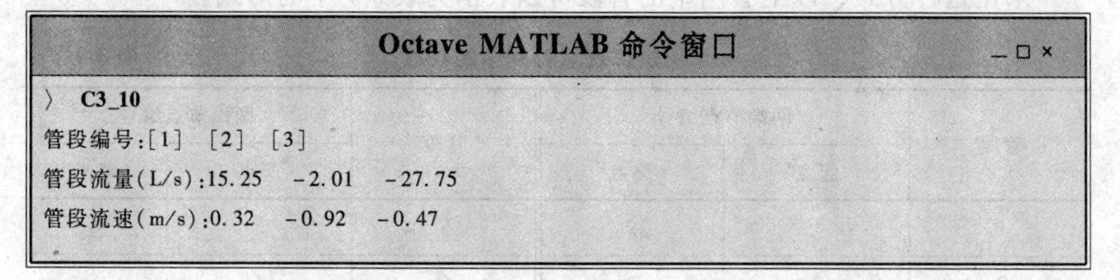

Octave MATLAB 命令窗口

```
> C3_10
管段编号:[1]  [2]  [3]
管段流量(L/s):15.25   -2.01   -27.75
管段流速(m/s):0.32   -0.92   -0.47
```

【例 3-7】 某多环给水管网如图 3-10 所示，节点流量、管段长度、管段直径、初分配管段流量数据也标注于图中，节点地面标高见表 3-6，节点（6）为定压节点，已知其节点水头为 $H_6=41.50\text{m}$，采用海曾－威廉（Hazen－Williams）公式计算水头损失，$C_w=110$，试进行管网水力分析，最大允许水头闭合差 $e_h=0.001\text{m}$，求各管段流量、流速、压降，以及各节点水头和自由水压。

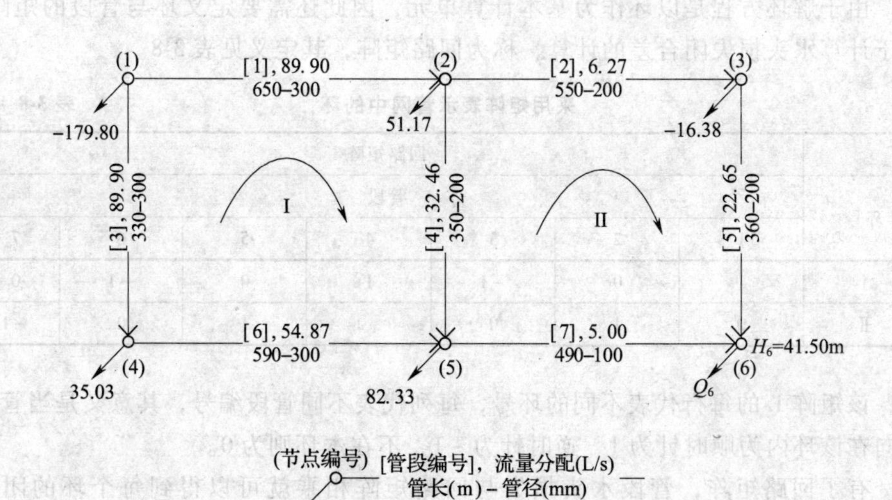

图 3-10 多环管网水力分析

节点地面标高 表 3-6

节点编号	1	2	3	4	5	6
地面标高（m）	18.80	19.10	22.00	18.30	17.30	17.50

【解】 本题为多环方程，需要定义管段与节点之间的相互关系，一般采用以下方式定义管段：

管段 = [起点，终点]

采用这种方式，以上管网中的管段可以表示为表3-7中的形式。

采用矩阵表示管网中的管段 表 3-7

管段	两端节点编号		管段	两端节点编号	
	起点	终点		起点	终点
1	1	2	5	3	6
2	2	3	6	4	5
3	1	4	7	5	6
4	2	5			

用矩阵表示如下：

C = [1 2; 2 3; 1 4; 2 5; 3 6; 4 5; 5 6];

由于解环方程是以环作为基本计算单元，因此还需要定义环与管段的矩阵，用于计算水头损失闭合差的计算，称为回路矩阵，其定义见表3-8。

采用矩阵表示管网中的环 表 3-8

环号	回路矩阵						
	管段						
	1	2	3	4	5	6	7
Ⅰ	1	0	-1	1	0	-1	0
Ⅱ	0	1	0	-1	1	0	-1

该矩阵L的每行代表不同的环号，每列代表不同管段编号，其意义是当管段方向在该环内为顺时针为1，逆时针为-1，不在本环则为0。

有了回路矩阵，管段水头损失与回路矩阵相乘就可以得到每个环的闭合差：即L（1,:）*h为第一个环的闭合差，其中L（1,:）为行向量，h为列向量。

按照以上思路编写代码如下：

Octave MATLAB

```
1| % C3_11. m
2| % 通过解环方程求解
3| clear all;
4| clc
5| % 以下为基本数据
6| eh =0. 001;% 最大允许闭合差
7| Cw =110;% 粗糙系数
8| n =1. 852;
9| count =0;
10| pipes =[1   2;2   3;1   4;2   5;3   6;4   5;5   6];
11| loops =[1   0   -1   1   0   -1   0   ;
12|             0   1   0   -1   1   0   -1];% 回路矩阵
13| L =[650   550   330   350   360   590   490]';% 管长度矩阵
14| D =[300   200   300   200   200   300   100]'/1000;% 管径矩阵
15| q =[89. 9 6. 27 89. 9 32. 46 22. 65 54. 87 5]'/1000;% 初始流量矩阵
16| s =10. 67. /((Cw. ^1. 852) * D. ^4. 87). * L;
17| Area = pi/4 * D. ^2;% 截面积
18| % 以下开始进行平差
19| % 1. 设置环的闭合差初值为一个较大的值,保证能够进入下面的循环。
20| % 此处,loop_h =100 > eh =0. 001,所以能够进入循环。
21| loop_h =100;
22| % 2. 只要闭合差大于规定值就一直进行迭代运算
23| while( max( abs( loop_h) ) > eh)
24|     % 2. 1   计算所有管段的水头损失 h 和阻尼系数 z
25|     h =s. * q. * abs( q). ^( n -1);
26|     z =n * s. * abs( q). ^( n -1);
27|     % 2. 2   计算所有环的闭合差和环内管段的阻尼系数之和
28|     for i =1:length( loops( :,1) )
29|         loop_h( i,1) = loops( i,:) * h;
30|         loop_z( i,1) = abs( loops( i,:) ) * z;
31|     end
32|     % 2. 3 求解每个环的环流量
33|     deltaq = -loop_h. /loop_z;
34|     % 2. 4 由于回路矩阵是以环为行,管段为列,即环 * 管,为方便计算各管段
```

```
35|         % 调整流量与环流量的关系,对回路矩阵进行转秩,以管段为行,环为列
36|         % 即管 * 环
37|         pipeinLoops = loops';
38|         pipeCount = length(pipes(:,1));% 在 pipes 中,行数即为管段数。
39|         for i = 1:pipeCount
40|             % 2.5 计算每个管段的调整流量:[管段数 * 环数] * [环数]
41|             pipe_deltaq(i,1) = pipeinLoops(i,:) * deltaq;
42|         end
43|         % 2.6 修正每个管段流量
44|         q = q + pipe_deltaq;
45|     end
46|     v = q./Area;
47|     fprintf('\n --------------管段数据--------------\n');
48|     fprintf('%s\t%s\t%s\t%s\n','编号','流量(L/s)',' 流速(m/s)',' 压降
        (m)');
49|     for i = 1:length(L)
50|         fprintf('[%d]\t%8.2f\t%8.2f\t%8.2f\n',i,q(i)*1000,v(i),h(i));
51|     end
```

Octave MATLAB

通过以上代码运行结果如下:

Octave MATLAB 命令窗口

```
> C3_11
--------------管段数据--------------
编号 流量(L/s) 流速(m/s) 压降(m)
[1]  80.97   1.15   3.85
[2]  8.83    0.28   0.39
[3]  98.83   1.40   2.82
[4]  20.98   0.67   1.22
[5]  25.21   0.80   1.77
[6]  63.80   0.90   2.25
[7]    2.44  0.31   0.93
>
```

有了管段的数据，那么如何通过管段数据来求解节点的数据呢？

在比较复杂的系统中通常采用图论中的衔接矩阵来表达管网的节点和管段的拓扑属性，本例题中，衔接矩阵见表3-9。

采用衔接矩阵表示管段和节点的相互关系　　表 3-9

		管段编号						
		1	2	3	4	5	6	7
节点编号	1	1	0	1	0	0	0	0
	2	-1	1	0	1	0	0	0
	3	0	-1	0	0	1	0	0
	4	0	0	-1	0	0	1	0
	5	0	0	0	-1	0	-1	-1
	6	0	0	0	0	-1	0	1

在该矩阵中，每一列为管网系统的对应的管段，若节点为该管段的起点，那么在矩阵中赋值为 1，若节点为该管段的终点，那么在矩阵中赋值为 -1，其他与该管段不相关的节点为0。例如管段 4 对应的数据为 A（:，4），其起点为节点 2，那么 A（2，4）=1；终点节点为 5，那么 A（5，4）= -1；即

A（起点编号，管段编号）=1

A（终点编号，管段编号）= -1；

那么，衔接矩阵可用以下代码实现：

Octave MATLAB

```
1| pipeCount = length( pipes( : ,1) ) ;
2| nodeCount = length( nodeElevation) ;
3| A = zeros( nodeCount,pipeCount) ;
4| forpipeIndex = 1 :pipeCount
5|     startNodeIndex = pipes( pipeIndex,1) ;
6|     endNodeIndex = pipes( pipeIndex,2) ;
7|     A( startNodeIndex,pipeIndex) = 1 ;
8|     A( endNodeIndex,pipeIndex) = - 1 ;
9| end
```

Octave MATLAB

恒定流方程组可用下式表达

$$\begin{cases} A\overline{q} + \overline{Q} = \overline{0} \\ A^T\overline{H} = \overline{h} \end{cases} \tag{3-16}$$

式中　A——衔接矩阵；

q——管段流量的列向量；

Q——节点流量的列向量；

H——节点水头的列向量；

h——管段水头损失的列向量。

在以上代码的基础，编写代码如下：

Octave MATLAB

```
53| % 以上代码与 C3_11.m 相同,本文件名为:C3_12.m
54| % 以下为节点的已知数据
55| nodeElevation = [18.80 19.10 22.00 18.30 17.30 17.50];% 地面标高
56| fixHeadNodeIndex = 6;   % 定压节点编号
57| H0 = 41.5;              % 定压节点水头
58| nodeCount = length(nodeElevation);% 节点数量
59|
60| % 以下为通过衔接矩阵由管段数据求得节点数据
61| % 1.求衔接矩阵
62| A = zeros(nodeCount,pipeCount);
63| forpipeIndex = 1:pipeCount
64|     startNodeIndex = pipes(pipeIndex,1);
65|     endNodeIndex = pipes(pipeIndex,2);
66|     A(startNodeIndex,pipeIndex) = 1;
67|     A(endNodeIndex,pipeIndex) = -1;
68| end
69| % 2.通过公式由管段水头损失 h 计算节点水头 H:A'H = h =》H = A'\h;
70| H = A'\h;% 列向量
71| H = H';      % 将列向量改为行向量,便于后面计算
72| deltaH = H0 - H(fixHeadNodeIndex);
73| H = H + deltaH;
74| nodePressure = H - nodeElevation;
75| Q = -A * q;
76| fprintf('\n--------------------节点数据--------------------\n');
77| fprintf('% s\t% s\t% s\t% s\n','编号','流量(L/s)','水头(m)','水压(m)');
78| for i = 1:length(nodeElevation)
79|     fprintf('[% d]\t% 8.2f\t% 8.2f\t% 8.2f\n',i,Q(i) * 1000,H(i),node-
    Pressure(i));
80| end
```

Octave MATLAB

得到结果如下：

```
Octave MATLAB 命令窗口
〉 C3_12
---------------管段数据---------------
编号 流量(L/s)  流速(m/s) 压降(m)
[1]   80.97     1.15     3.85
[2]   8.83     0.28     0.39
[3]   98.83     1.40     2.82
[4]   20.98     0.67     1.22
[5]   25.21     0.80     1.77
[6]   63.80     0.90     2.25
[7]    2.44     0.31     0.93
Warning:Rank deficient,rank = 5,   tol = 2.6921e - 015.
> In C3_12 at 70
--------节点数据--------
编号  流量(L/s)  水头(m)  水压(m)
[1] -179.80   47.50   28.70
[2]   51.17   43.65   24.55
[3]   -16.38   43.27   21.27
[4]   35.03   44.68   26.38
[5]   82.33   42.43   25.13
[6]   27.65   41.50   24.00
〉
```

ஐ说明ௐ

在运行过程中系统会提示如下信息

Warning：Rank deficient，rank = 5， tol = 2.6921e - 015

表明，在求解节点水头方程中，秩为 5，只能求解五个节点水头，但在求解过程中，我们将六个水头（定压点，水头已知）均作为未知数代入方程，因此方程求解的实际是一个水头的相对关系，其中第一个解为 0。因此我们将定压节点加上一个值 deltaH 调整到设定值，相应的其他水头按此进行同样的调整。因此，3-12.m 文件中 72 - 73 行代码如下：

```
deltaH = H0 - H (fixHeadNodeIndex);
H = H + deltaH;
```

3.4.2 解节点方程

【例 3-8】 有一小型给水系统，由三座不同高度的水塔向唯一的用户供水。

各水塔高度、各管段长度及管径如图3-11所示。当用户用水量为50.0L/s时，节点（4）的水头为多少？各管段的供水量为多少？

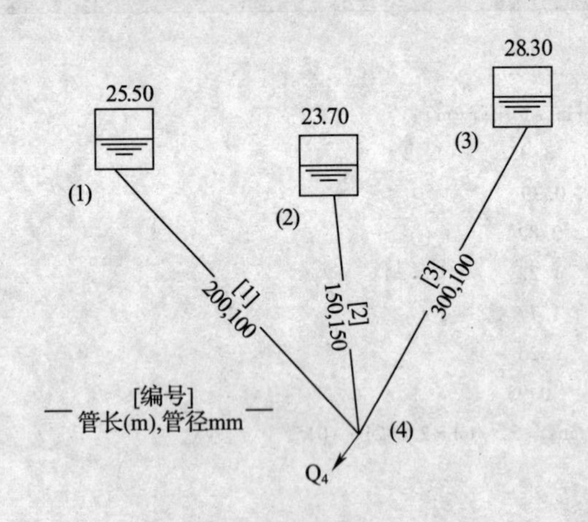

图3-11　单个节点压力的求解

【解】　该类问题可用解节点方程的方法进行求解。解节点方程与解环方程相反，是在先满足能量方程的基础之上再设法满足流量连续性方程，其步骤如下：

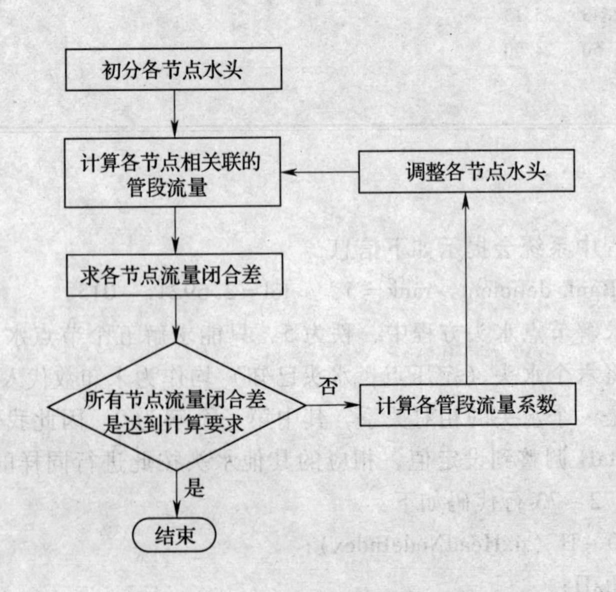

图3-12　解节点方程步骤

根据图3-12的步骤以及图3-11的已知条件，编写如下代码进行求解：

ꕤ Octave MATLAB ꕤ

```
1| % C3_13.m
2|
3| clear all
4| clc
5| D=[100 150 100]/1000;
6| L=[200 150 300];
7| H=[25.5 23.7 28.3];
8| H4=20;
9| Cw=100;
10| s=10.67*L./(Cw^1.852*D.^4.87);
11| deltaQ=100;
12| while abs(deltaQ)>0.01/1000
13|     h=H4-H;
14|     q=sign(h).*(abs(h./s)).^(1/1.852);
15|     Q=50/1000;
16|     deltaQ=sum(q)+Q;
17|     n=1.852;
18|     c=1./(n*s.*abs(q).^0.852);
19|     deltaH=-deltaQ/sum(c);
20|     H4=H4+deltaH;
21| end
22| fprintf('节点(4)的水头为:%0.2fm\n',H4);
23| fprintf('管段编号');
24| fprintf('\t[%d]',1:length(D))
25| fprintf('\n管段流量(L/s)');
26| fprintf('\t%.2f',q*1000);
```

ꕤ Octave MATLAB ꕤ

得到结果如下：

Octave MATLAB 命令窗口

```
> C3_13
节点(4)的水头为:18.90m
管段编号        [1]   [2]   [3]
管段流量(L/s) -10.35  -29.57  -10.07
>
```

【例3-9】 某给水管网如图3-10所示，节点流量、管段长度、管段直径、初分配管段流量数据也标注于图中，节点地面标高见表3-6，节点（6）为定压节点，已知其节点水头为 $H_6 = 41.50$m，采用海曾－威廉公式计算水头损失，$C_w = 110$，最大允许流量闭合差 $e_q = 0.01$L/s，求各管段流量、流速、压降，以及各节点水头和自由水压。

【解】 对于管网中的每个节点（编号为 i），首先找到与之相连的管段，并找到该管段的另外一个节点，其代码如下：

[pipeIndex，outIn] = find（pipes = = i）

在本代码中 pipeIndex 为 find 函数返回符合条件的行，outIn 为 find 函数返回的列，其中列为1时，表示为起点，即流量离开该节点方向，流量为正；若列为2时，表示为终点，即流量流入该节点，流量为负值。

pipes = ［1 2；2 3；1 4；2 5；3 6；4 5；5 6］；

[pipeIndex，outIn] = find（pipes = = 2）

返回结果及其意义见表3-10。

find（pipes = =2）返回结果及其意义　　表3-10

pipeIndex	outIn	说　明
2	1	节点2为管段2（pipeIndex）的起点，流量流出该节点
4	1	节点2为管段4（pipeIndex）的起点，流量流出该节点
1	2	节点2为管段1（pipeIndex）的终点，流量流入该节点

找到管段编号后，就可以确定这些管段的另外节点，根据 outIn 返回值，若返回为1，则另外一个节点为2，若返回为2，则另外一个节点为1，那么可用3－outIn来寻找另外一个节点的编号，代码如下：

```
&% Octave MATLAB &%
1| otherNodeCol = 3 - outIn;
2| for j = 1:length(pipeIndex)
3|     otherNodeIndex(j) = pipes(pipeIndex(j),otherNode(ol(j)));
4| end
5|
&% Octave MATLAB &%
```

这样一来，就可以采用单节点类似的方法对节点流量进行计算，按照以上思路编写代码如下：

Octave MATLAB

```
1| % C3_14.m
2|
3| clear all;
4| clc;
5| % 以下为已知条件
6| pipes =[1  2;2  3;1  4;2  5;3  6;4  5;5  6];
7| L =[650  550  330  350  360  590  490]';% 管长度矩阵
8| D =[300  200  300  200  200  300  100]'/1000;% 管径矩阵
9| Q =[ -179.8  51.17  -16.38  35.03  82.33  27.65]/1000;
10| nodeElevation =[18.80  19.10  22.00  18.30  17.30  17.50];
11| fixedNodeIndex =6;
12| H0 =41.5;
13| nodeCount = length(Q);
14| % 1. 在固定节点水头的基础上,随机生成各节点水头
15| H = H0 + rand(1,nodeCount);
16| H(fixedNodeIndex) = H0;
17| Cw =110;n =1.852;
18| s =10.67/Cw^1.852 * L./D.^4.87;
19| % 2.1 假设节点需要调整闭合差为 deltaQ =100 > 计算误差 0.01e -3,以保
    证进入循环
20| deltaQ =100;
21| % 2.2 通过调整节点水头,直到所有节点流量闭合差小于 0.01L/s.
22| while max(abs(deltaQ)) >0.01e -3
23|     % 2.2.1 对每个节点进行水头的调整,看节点流量闭合差是否 <0.01
24|     for i =1:nodeCount
25|         if i = =fixedNodeIndex
26|             continue;   % 定压节点不做计算,进入下一个循环
27|         end
28|         % 2.2.2 查找与该节点相关联的管段,流量是流入还是流出
29|         [pipeIndex,outIn] = find(pipes = =i);
30|         % 2.2.3 查找相关联管段的另外一个节点
31|         otherNodeCol =3 - outIn;
32|         otherNodeIndex =[];
33|         for j =1:length(pipeIndex)
```

```
34|           otherNodeIndex(j) = pipes(pipeIndex(j),otherNodeCol(j));
35|           end
36|           % 2.2.4 计算水头损失
37|           h = H(i) - H(otherNodeIndex)';
38|           % 2.2.5 计算该管段的流量
39|           q = sign(h). * (abs(h./s(pipeIndex))).^(1/1.852);
40|           % 2.2.6 计算节点流量闭合差
41|       deltaQ(i) = sum(q) + Q(i);
42|           % 2.2.7 通过流量系数计算该节点需要调整的水头
43|           c = 1./(n * s(pipeIndex). * abs(q).^0.852);
44|           deltaH = - deltaQ(i)/sum(c);
45|           % 2.2.8 调整节点水头
46|           H(i) = H(i) + deltaH;
47|       end
48| end
49| nodePressure = H - nodeElevation;
50| fprintf('\n ---------------节点数据---------------\n');
51| fprintf('% s\t% s\t% s\t% s\n','编号','流量(L/s)','水头(m)','水压(m)');
52| for i = 1:length(nodeElevation)
53|     fprintf('[% d]\t% 8.2f\t% 8.2f\t% 8.2f\n',i,Q(i) * 1000,H(i),node-
    Pressure(i));
54| end
```

Octave MATLAB

运算结果如下：

Octave MATLAB 命令窗口

```
> C3_14
---------------节点数据---------------
编号 流量(L/s) 水头(m) 水压(m)
[1] -179.80   47.50   28.70
[2]   51.17   43.65   24.55
[3]  -16.38   43.27   21.27
[4]   35.03   44.67   26.37
[5]   82.33   42.43   25.13
[6]   27.65   41.50   24.00
>
```

求得节点数据之后，同样可以采用恒定流方程组通过衔接矩阵的方式求得管段的数据代码如下（省略与以上相同部分）：

☙ Octave MATLAB ❧

```
55| % 以上与 C3_14.m 相同,本文件为 C3_15.m
56| pipeCount = length(pipes(:,1));
57| A = zeros(nodeCount,pipeCount);
58| forpipeIndex = 1:pipeCount
59|     startNodeIndex = pipes(pipeIndex,1);
60|     endNodeIndex = pipes(pipeIndex,2);
61|     A(startNodeIndex,pipeIndex) = 1;
62|     A(endNodeIndex,pipeIndex) = -1;
63| end
64| h = A' * H';
65| q = sign(h).*(abs(h./s)).^(1/1.852);
66| Area = pi/4 * D.^2;
67| v = q./Area;
68| fprintf('\n ------------------管段数据------------------\n');
69| fprintf('%s\t%s\t%s\t%s\n','编号','流量(L/s)','流速(m/s)','压降(m)');
70| for i = 1:pipeCount
71|   fprintf('[%d]\t%8.2f\t%8.2f\t%8.2f\n',i,q(i)*1000,v(i),h(i));
72| end
```

☙ Octave MATLAB ❧

运行结果如下：

Octave MATLAB 命令窗口

```
> C3_15
---------------节点数据---------------
编号 流量(L/s)  水头(m)  水压(m)
[1]  -179.80    47.50    28.70
[2]    51.17    43.65    24.55
[3]   -16.38    43.27    21.27
[4]   35.03     44.67    26.37
[5]   82.33     42.43    25.13
[6]   27.65     41.50    24.00
```

```
----------------管段数据----------------
编号 流量(L/s) 流速(m/s) 压降(m)
[1]   80.97    1.15    3.85
[2]    8.82    0.28    0.39
[3]   98.82    1.40    2.82
[4]   20.98    0.67    1.22
[5]   25.20    0.80    1.77
[6]   63.79    0.90    2.24
[7]    2.44    0.31    0.93
〉
```

3.4.3 绘制等水压线

【例3-10】 已知各节点坐标和水压见表3-11，试绘制等水压线。

节点坐标　　表3-11

节点编号	1	2	3	4	5	6
x	10	650	1200	0	590	1080
y	350	280	360	10	0	20
水压（m）	28.70	30.55	28.27	24.37	25.13	24.00

【解】 等水压线即等值线，也称等高线，主要有两种绘制方法，即网格法和三角网法。三角网法是直接利用原始离散点建立数字高程模型，是目前常用的绘制等高线的方法。

将 xy 平面进行三角网格化，所形成的三角形互不相交，这种三角形称之为泰森（Thiessen）三角形，如图3-13所示。

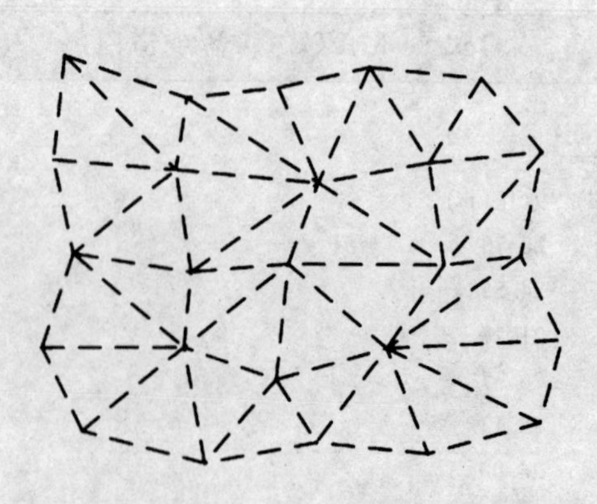

图3-13 采用三角形网格化平面

对于泰森（Thiessen）三角形的每个边，通过判断

$$(z_i - z_c) \times (z_j - z_c) < 0 \tag{3-17}$$

以确定等高线通过该边，若满足上述条件，则通过插值的方法（图 3-14）确定对于值 Z_c所对应的平面坐标（x_c，y_c）。

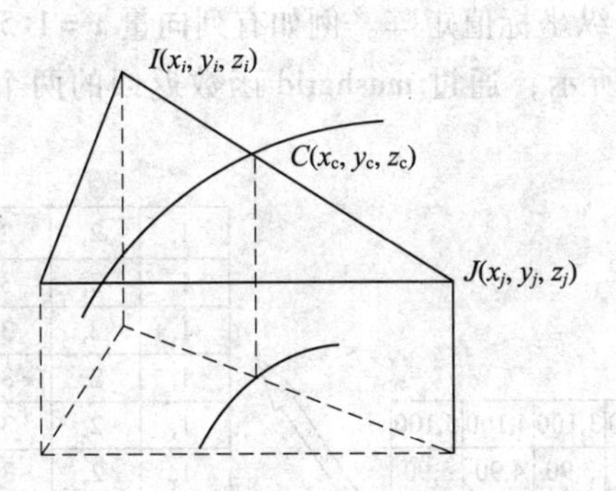

图 3-14 绘制等高线的插值原理

$$\begin{aligned} x_c &= x_i + \frac{x_j - x_i}{z_j - z_i}(z_c - z_i) \\ y_c &= y_i + \frac{y_j - y_i}{z_j - z_i}(z_c - z_i) \end{aligned} \tag{3-18}$$

通过这样的方法，即可绘制出等高线如图 3-15 所示。

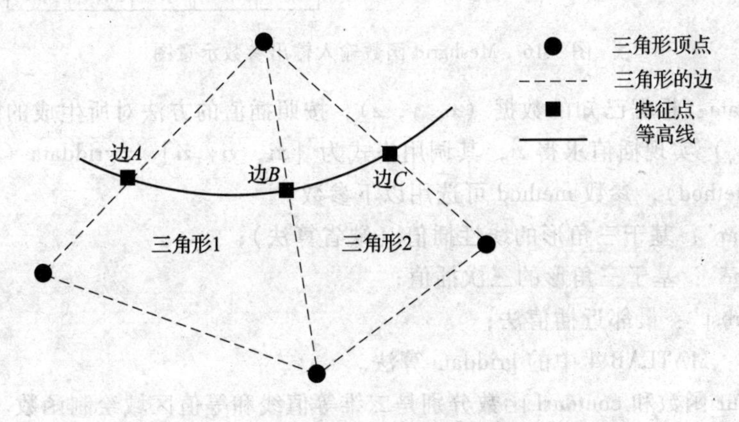

图 3-15 绘制等高线原理

由上面的步骤我们不难看出，绘制等高线并不是直接利用原始数据，而是在原始数据的基础上构造出特征点，利用这些特征点连接成曲线。

在 MATLAB 或 Octave 中，绘制等值线的步骤包括，采用 meshgrid 在平面上生成网格，然后根据已知点的数据，按照插值的方法计算出网格中各点的值，最后采用 contour 函数绘制等值线。下面依次介绍各函数的用法。

meshgrid：在平面上生成网格矩阵（亦称为格子布），其调用格式为［X，Y］=meshgrid（x，y），输入向量 x 为 xy 平面上矩形定义域的矩形分割线在 x 轴的值，向量 y 为 xy 平面上矩形定义域的矩形分割线在 y 轴的值。输出向量 X 为 xy 平面上矩形定义域的矩形分割点的横坐标值矩阵，输出向量 Y 为 xy 平面上矩形定义域的矩形分割点的纵坐标值矩阵。例如有列向量 $x=1:5$；$y=100:(-10):50$；其网格如图3-16左图所示，通过 meshgrid 函数返回的两个点矩阵如图3-16右图所示。

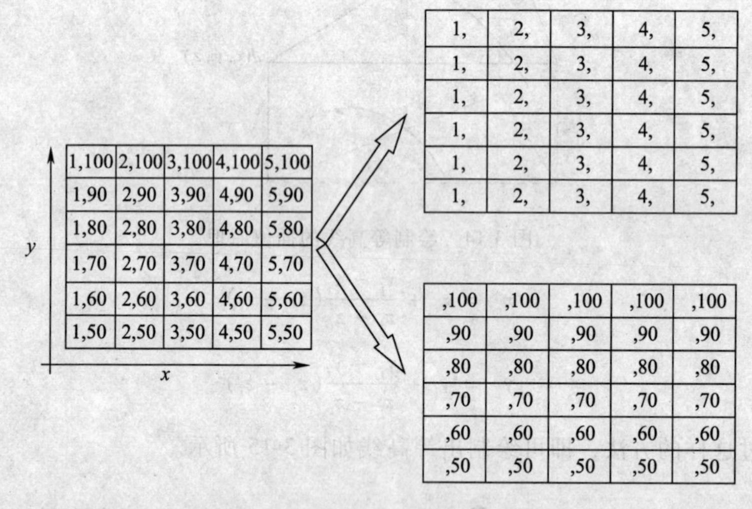

图3-16　Meshgrid 函数输入输出参数示意图

griddata：根据已知的数据（x，y，z），按照插值的方法对所生成的网格中的点（x_i，y_i）实现插值求得 z_i，其调用格式为［xi，yi，zi］=griddata（x，y，z，xi，yi，method），参数 method 可选用以下参数：

'linear'：基于三角形的线性插值（缺省算法）；

'cubic'：基于三角形的三次插值；

'nearest'：最邻近插值法；

'v4'：MATLAB 4 中的 griddata 算法。

contour 函数和 contourf 函数分别是二维等值线和等值区域绘制函数。

在本例中编写代码如下：

Octave MATLAB

```
1| % C3_16.m
2|
3| clear all
4| clc
```

```
5| nodeXY = [10 350;650 280;1200 360;0 10;590 0;1080 20];
6| nodePressure = [28.70 30.55 28.27 24.37 25.13 24.00];
7| x = nodeXY(:,1)';
8| y = nodeXY(:,2)';
9| z = nodePressure;
10|
11| %1.在xy平面上划分网格,先做坐标轴
12| xi0 = linspace(min(x) - 1,max(x) + 1,50);
13| yi0 = linspace(min(y) - 1,max(y) + 1,50);
14| %2.在构建平面上划分网格,生成格子
15| [xi,yi] = meshgrid(xi0,yi0);
16| %3.通过插值的方法在网格上的交点上填充数据
17| [xi,yi,zi] = griddata(x,y,z,xi,yi);
18| %4.利用构造的数据绘制等高线图
19| [C,h] =    contour(xi,yi,zi,6);
20| %5.在等值线上标注
21| clabel(C);
22| colorbar;
23| %6.绘制管网图
24| hold on
25| plot(x,y,'ro')
26| pipes = [1  2;2  3;1  4;2  5;3  6;4  5;5  6];
27| pipeCount = length(pipes(:,1));
28| for i = 1:pipeCount
29|     startPoint = nodeXY(pipes(i,1),:);
30|     endPoint = nodeXY(pipes(i,2),:);
31|     x = [startPoint(1) endPoint(1)];
32|     y = [startPoint(2) endPoint(2)];
33|     hold on
34|     plot(x,y,'r')
35| end
36| hold off
```

Octave MATLAB

运行结果如图 3-17 所示。

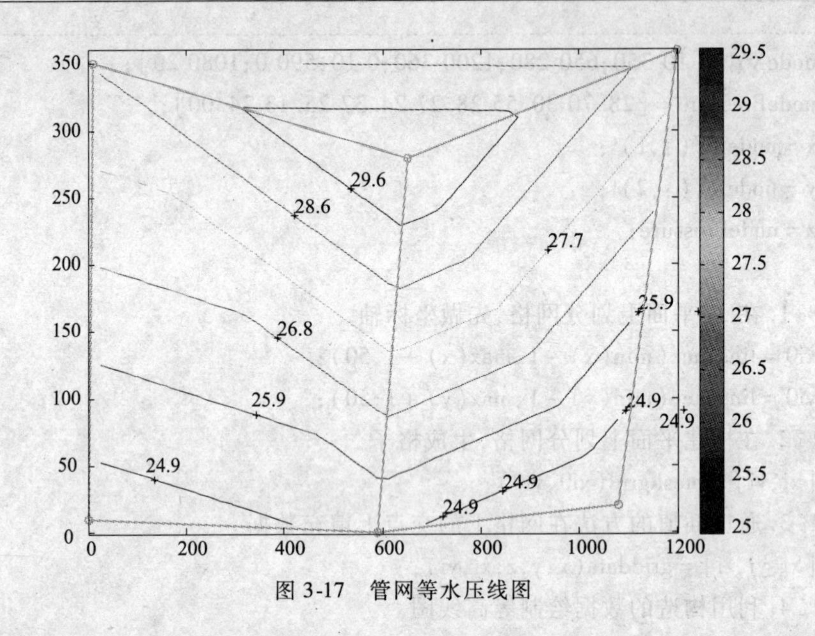

图 3-17　管网等水压线图

3.4.4　与 Excel 实现数据的输入与输出

【例 3-11】　若 3.4.2 节中【例 3-9】给定的数据都在 Excel 文件 NetWorkData.xls 中的节点和管段两个表中（图 3-18），其余各条件都相同，试求各管段流量、流速、压降，以及各节点水头和自由水压，并将结果写入 NetWorkData.xls 中的表格结果中。

【解】　Excel 作为一个流行的数据处理软件，很多实验或工程数据都是记录保存在 Excel 表格中。Excel 功能强大，容易使用，能够完成简单的计算工作，但对于复杂的计算较难处理。在管网计算过程中，对于较大的管网由于输入数据较多，采用 MATLAB 或 Octave 常规的方法输入数据较为繁琐，且不直观，容易出错。因此一般先采用在 Excel 表格中输入数据，然后采用 MATLAB 或 Octave 直接从表格中读入数据并进行计算以充分发挥两者的优势。MATLAB 和 Octave（Octave－Forge）提供的 xlsread 和 xlswrite 接口函数进行读和写，见表 3-12。

读写 Excel 表格的函数说明　　**表 3-12**

函数名称	xlsread，xlswrite
调用格式	[numeric，txt] ＝xlsread（file [，sheet] [，range]） [success，message] ＝xlswrite（file，array [，sheet] [，range]）
参数说明	输入参数： file：读入（写入）文件名，默认为当前工作目录下的扩展名为 xls 的文件 sheet：可选参数，为文件 file 中的表格名，也可以是序数，默认第一个表格为 1

续表

参数说明	range：可选参数，表格 sheet 中读取（写入）的范围，以字符串表示，如 ‘A2：B4’，大小写不敏感，默认从 A1 开始读取（写入） array：要写入表格的 m×n 的矩阵 输出参数： numeric：从 Excel 文件中读入的数值矩阵 txt：从 Excel 文件中读入的字符串 success：为逻辑变量，若写入成功则为 1，否则为 0 message：包含出错信息的结构

注意：以上两个函数只有在 Excel COM 服务启动时才能使用。

在本例题中，表格设计如图 3-18 所示。

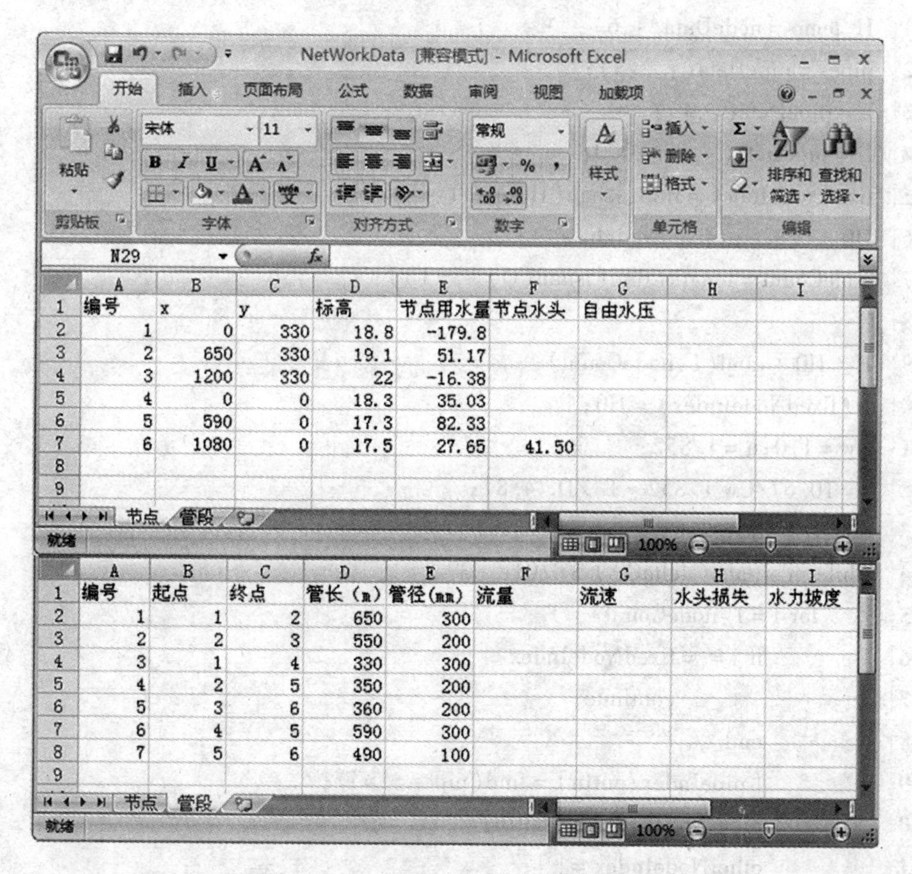

	A	B	C	D	E	F	G	H	I
1	编号	x	y	标高	节点用水量	节点水头	自由水压		
2	1	0	330	18.8	-179.8				
3	2	650	330	19.1	51.17				
4	3	1200	330	22	-16.38				
5	4	0	0	18.3	35.03				
6	5	590	0	17.3	82.33				
7	6	1080	0	17.5	27.65	41.50			

	A	B	C	D	E	F	G	H	I
1	编号	起点	终点	管长（m）	管径(mm)	流量	流速	水头损失	水力坡度
2	1	1	2	650	300				
3	2	2	3	550	200				
4	3	1	4	330	300				
5	4	2	5	350	200				
6	5	3	6	360	200				
7	6	4	5	590	300				
8	7	5	6	490	100				

图 3-18 Excel 输入管网计算原始数据

在 3.4.2 节的基础上编写如下代码：

Octave MATLAB

```
1| % C3_17.m
2|
3| clear all;
4| clc;
5|
6| fileName = 'NetWorkData';
7| nodeData = xlsread(fileName,'节点','A2:G7');
8| pipeData = xlsread(fileName,'管段','A2:E8');
9| Q = nodeData(:,5)'/1000;
10| nodeElevation = nodeData(:,4)';
11| H_temp = nodeData(:,6);
12| pipes = pipeData(:,2:3);
13| L = pipeData(:,4);
14| D = pipeData(:,5)/1000;
15| fixedNodeIndex = find(isnan(H_temp) ~ = 1);
16| H0 = H_temp(fixedNodeIndex);
17| nodeCount = length(find(isnan(Q) ~ = 1));
18|
19| H = H0 + rand(1,nodeCount);
20| H(fixedNodeIndex) = H0;
21| Cw = 110;n = 1.852;
22| s = 10.67/Cw^1.852 * L./D.^4.87;
23| deltaQ = 100;
24| while max(abs(deltaQ)) >0.01e -3
25|     for i = 1:nodeCount
26|         if i = = fixedNodeIndex
27|             continue;
28|         end
29|         [pipeIndex,outIn] = find(pipes = = i);
30|         otherNodeCol = 3 - outIn;
31|         otherNodeIndex = [];
32|         for j = 1:length(pipeIndex)
33|             otherNodeIndex(j) = pipes(pipeIndex(j),otherNodeCol(j));
```

```
34|             end
35|             h = H(i) - H(otherNodeIndex)';
36|             q = sign(h). * (abs(h./s(pipeIndex))).^(1/1.852);
37|             deltaQ(i) = sum(q) + Q(i);
38|.            c = 1./(n * s(pipeIndex). * abs(q).^0.852);
39|             deltaH = - deltaQ(i)/sum(c);
40|             H(i) = H(i) + deltaH;
41|         end
42| end
43| nodePressure = H - nodeElevation;
44| % 节点数据
45| head1 = {'编号','流量(L/s)','水头(m)','水压(m)'};
46| data1  = [1:length(nodeElevation);Q. * 1000;H;nodePressure]';
47| xlswrite(fileName,head1,'节点','I1:L1');% 用表名作为参数
48| xlswrite(fileName,data1,1,'i2:L7');% 用表序数作为参数,大小写不敏感
49| % 管段数据
50| pipeCount = length(pipes(:,1));
51| A = zeros(nodeCount,pipeCount);
52| forpipeIndex = 1:pipeCount
53|         startNodeIndex = pipes(pipeIndex,1);
54|         endNodeIndex = pipes(pipeIndex,2);
55|         A(startNodeIndex,pipeIndex) = 1;
56|         A(endNodeIndex,pipeIndex) = -1;
57| end
58| h = A' * H';
59| q = sign(h). * (abs(h./s)).^(1/1.852);
60| Area = pi/4 * D.^2;
61| v = q./Area;
62|. head2 = {'编号','流量(L/s)','流速(m/s)','压降(m)'};
63| data2 = [(1:pipeCount)'   q * 1000   v   h];
64| xlswrite(fileName,head2,'管段','K1:N1');% 用表名作为参数
65| xlswrite(fileName,data2,2,'K2:n7');% 用表序数作为参数,大小写不敏感
```

ꨄ Octave MATLAB ꨄ

代码运行后，就可以在同一表格中写入计算的结果，如图 3-19 所示。

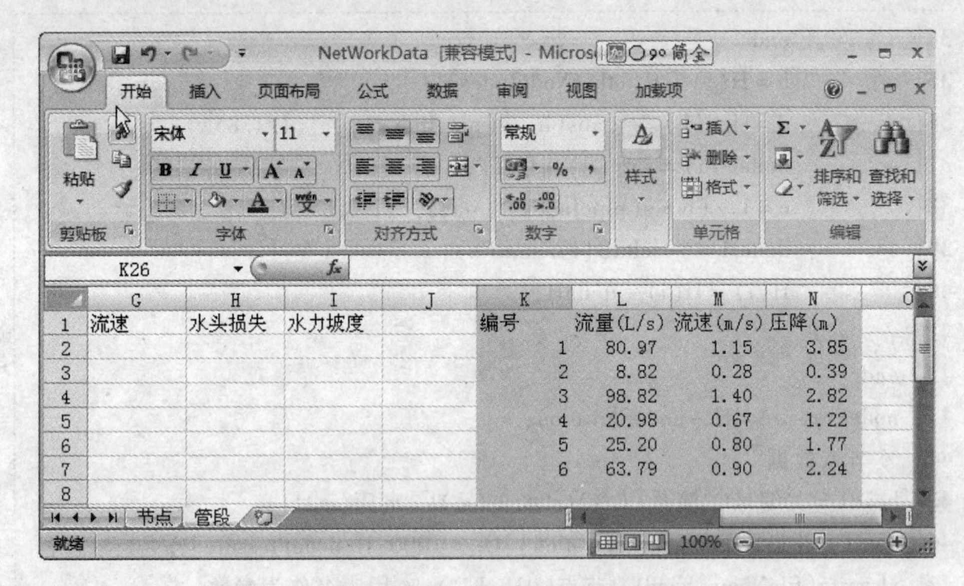

	C	H	I	J	K	L	M	N
1	流速	水头损失	水力坡度		编号	流量(L/s)	流速(m/s)	压降(m)
2					1	80.97	1.15	3.85
3					2	8.82	0.28	0.39
4					3	98.82	1.40	2.82
5					4	20.98	0.67	1.22
6					5	25.20	0.80	1.77
7					6	63.79	0.90	2.24
8								

图3-19 计算结果保存至Excel文件

3.5 排水管网计算

3.5.1 非满流圆管水力特性

在排水工程中，雨水管道按无压满流计算，而污水管道一般的都是按无压流进行设计计算。在设计流量下，污水在管道中的水深 h 和管道直径 D 的比值称为充满度。当 $h/D<1$ 称为非满流，当 $h/D=1$ 时称为满流。非满流的水流具有自由表面，其过水断面如图3-20所示。

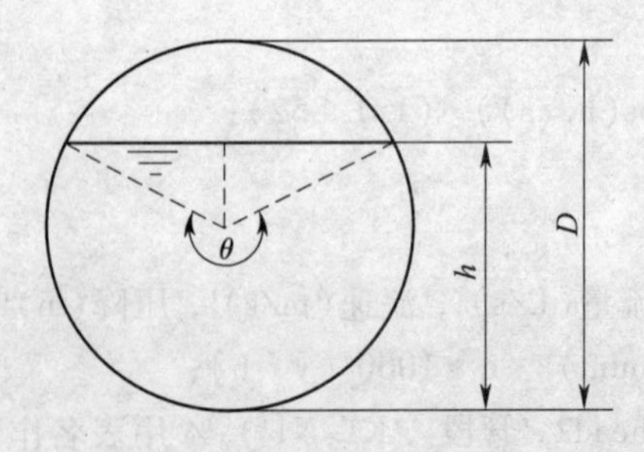

图3-20 非满流过水断面

其各水力要素计算公式如下：

过水断面面积：

$$A = \frac{(\theta - \sin\theta)D^2}{8} \tag{3-19}$$

湿周：

$$\chi = \frac{\theta D}{2} \tag{3-20}$$

水力半径：

$$R = \frac{A}{\chi} = \frac{(\theta - \sin\theta)D}{4\theta} \tag{3-21}$$

断面平均流速：

$$v = C\sqrt{Ri} = \frac{1}{n}R^{2/3}i^{1/2} \tag{3-22}$$

流量：

$$Q = Av \tag{3-23}$$

充满度：

$$h/D = (D/2 - D/2 \times \cos(\pi - \theta/2))/D = \sin^2\frac{\theta}{4} \tag{3-24}$$

式中 D——管道直径，m；

θ——充满角；

h——圆管中水深，m；

i——水力坡度；

n——管壁粗糙系数；

C——谢才系数。

对于较长无压圆管，直径不变的顺直段水流状态和水力特征均与明渠均匀流相同，即水力坡度、水面坡度和管道底坡三个坡度相同，水流方向摩擦阻力和重力分量大小相等方向相反。另外，无压圆管过水断面上平均流速和流量在达到满流前都会达到其最大值，即其水力最优情形并不在满流时发生。

当底坡 i、管壁粗糙系数 n、管径 D 一定时，流量 Q、断面平均流速 v 仅为充满角 θ 的系数，当水力最优时管道所通过的流量为最大流量，因此，用 Q 对 θ 进行求导，有

$$\frac{dQ}{d\theta} = \frac{dAv}{d\theta} \tag{3-25}$$

将上式（3-19）和式（3-21）代入式（3-25），得到

$$\frac{dQ}{d\theta} = \frac{dAR^{2/3}}{d\theta} = \frac{d}{d\theta}\left[\frac{(\theta - \sin\theta)^{5/3}}{\theta^{2/3}}\right] = 0 \tag{3-26}$$

微分后整理得到：

$$1 - \frac{5\cos(\theta)}{3} + \frac{2\sin(\theta)}{3\theta} = 0 \tag{3-27}$$

求解此式得到的 θ 即为最优过水断面时的最优充满角。采用非线性求解方法（见2.2非线性方程求解内容）可求得最优充满角，然后根据上述系列公式可以求得该工况下，充满度、流量、流速与满流之间的关系：

Octave MATLAB

```
1| % C3_18.m
2|
3| clear;
4| clc;
5|
6| theta_max = fsolve(inline('1 - 5/3 * cos(x) + 2/3 * sin(x)/x'),pi);
7| hd_max = (sin(theta_max/4)).^2;
8| Q_r_max = ((theta_max - sin(theta_max)).^(5/3))./(2 * pi * theta_max.^
   (2/3));
9| v_r_max = (1 - sin(theta_max)./theta_max).^(2/3);
10|
11| fprintf('水力最优充满角是% f°\n',theta_max * 360/(2 * pi));
12| fprintf('流量最大时的充满度为% f\n',hd_max);
13| fprintf('流量最大时是满流时的% f 倍\n',Q_r_max);
14| fprintf('流量最大时的平均流速是满流时的% f 倍\n',v_r_max);
```

Octave MATLAB

运行后结果如下：

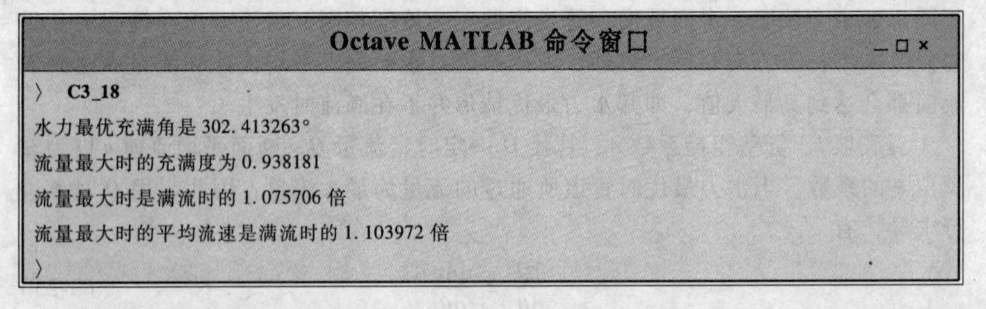

【例3-12】 绘出无压圆管水力特性曲线。

【解】 设 Q_0、v_0、C_0、R_0、A_0 分别为满流时的流量、速度、谢才系数、水力半径和过水断面，则：

$$\frac{Q}{Q_0}=\frac{Av}{A_0v_0}=\frac{AR^{2/3}}{A_0R_0^{2/3}}=\frac{(\theta-\sin\theta)^{5/3}}{2\pi\theta^{2/3}} \tag{3-28}$$

同样，对于速度，我们可以用上述方法得到：

$$\frac{v}{v_0}=\frac{R^{2/3}}{R_0^{2/3}}=\left(1-\frac{\sin\theta}{\theta}\right)^{2/3} \tag{3-29}$$

过水断面：

$$\frac{A}{A_0}=\frac{(\theta-\sin\theta)}{2\pi} \tag{3-30}$$

水力半径：

$$\frac{R}{R_0}=\left(1-\frac{\sin\theta}{\theta}\right) \tag{3-31}$$

湿周：

$$\frac{\chi}{\chi_0}=\frac{\theta}{2\pi} \tag{3-32}$$

根据上面推导出的公式依次迭代 theta 从 0 到 2π 即可绘出图形，编写代码如下：

Octave MATLAB

```
1| % C3_19.m,绘制水力特性曲线
2|
3| clear;
4| clc;
5|
6| theta = eps:0.1:2 * pi;
7| hd = (sin(theta/4)).^2;
8|
9| Q_r = ((theta - sin(theta)).^(5/3))./(2 * pi * theta.^(2/3));
10| v_r = (1 - sin(theta)./theta).^(2/3);
11| A_r = (theta - sin(theta))./(2 * pi);
12| R_r = 1 - sin(theta)./theta;
13| chi_r = theta./(2 * pi);
14|
15| plot(Q_r,hd,v_r,hd,':',A_r,hd,'-.',R_r,hd,'--',chi_r,hd,'>');
16| grid on;
17|
18| title('无压圆管水力特性曲线');
19| ylabel('h/D');
20| legend('Q/Q_0','v/v_0','A/A_0','R/R_0','\chi/\chi_0',4);
```

Octave MATLAB

运行结果如图 3-21 所示。

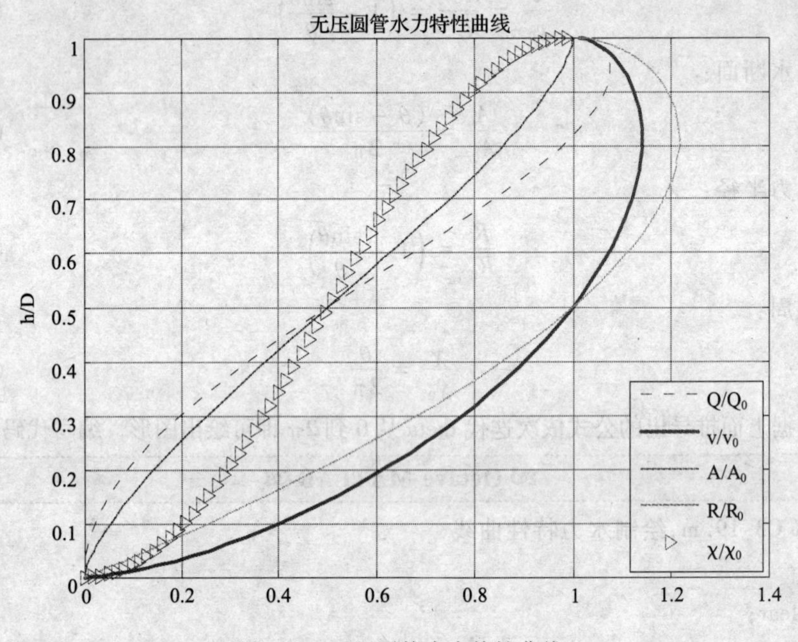

图 3-21　无压圆管水力特性曲线

说明

1）代码第 6 行，由于 θ 要用作分母，因此不能取 0，此处我们取 eps（eps 的含义见表 2-3）。

2）代码第 15 行，关于绘图相关参数的用法见表 2-5。

3.5.2　非满流水力计算

水力计算涉及以下几个参数：水力坡度 i、流量 Q、流速 v、充满度 h/D 以及管径 D，指定其中的三个量并可求得其他两个量。分以下几种情况进行分析：

（1）已知流量 Q、管径 D 和水力坡度 i，求充满度 h/D 和流速 v。

这种情况在第 2 章非线性方程求解中有详细的说明，此处为了方便调用写成函数的形式。如下：

Octave MATLAB

```
1| function [hd v] = hd_v(Q,i,D,nm)
2| % hd_v.m
3| % 已知流量,坡度和管径,求流速和充满度
4| % 调用格式为:[hd v] = hd_v(Q,i,D,nm)
5| hd = fsolve(@(hd)get_v_h2d(hd,Q,i,D,nm),0.5);
```

```
 6| A = D^2/4 * acos(1 - 2 * hd) - D^2/2 * (1 - 2 * hd) * sqrt(hd * (1 - hd));
 7| v = Q/A;
 8|
 9| function f = get_v_h2d(hd,Q,i,D,nm)
10| A = D^2/4 * acos(1 - 2 * hd) - D^2/2 * (1 - 2 * hd) * sqrt(hd * (1 - hd));
11| R = D/4 - D * (1 - 2 * hd) * sqrt(hd * (1 - hd))/(2 * acos(1 - 2 * hd));
12| f = Q/A - 1/nm * R^(2/3) * i^(1/2);
```

Octave MATLAB

【例 3-13】 已知某污水管道设计流量为 $q=100.00\text{L/s}$，根据地形条件可以选用的水力坡度为 $i=7‰$，初拟采用管径 $D=400\text{mm}$ 的钢筋混凝土管，粗糙系数为 $n_m=0.014$，求其充满度和流速。

在 MATLAB 或 Octave 窗口输入如下代码：

Octave MATLAB 命令窗口

```
> [hd v] = hd_v(100/1000,7/1000,400/1000,0.014)
hd =
    0.5688
v =
    1.3551
>
```

(2) 已知流量 Q、管径 D 和流速 v，求充满度 h/D 和水力坡度 i。

为了方便调用写成函数的形式。如下：

Octave MATLAB

```
 1| function [hd i] = hd_i(Q,v,D,nm)
 2| % hd_i.m
 3| % 已知流量,流速和管径,求坡度和充满度
 4| % 调用格式为:[hd i] = hd_i(Q,i,D,nm)
 5| hd = fsolve(@(hd)get_h2d(hd,Q,v,D),0.5);
 6| i = fsolve(@(i)get_i(hd,D,v,i,nm),0.0005);
 7|
 8| function f = get_h2d(hd,Q,v,D)
 9| A = D^2/4 * acos(1 - 2 * hd) - D^2/2 * (1 - 2 * hd) * sqrt(hd * (1 - hd));
10| f = Q/v - A;
11|
```

```
12| function h = get_i(hd,D,v,i,nm)
13| R = D/4 - D * (1 - 2 * hd) * sqrt(hd * (1 - hd))/(2 * acos(1 - 2 * hd));
14| h = v - 1/nm * R^(2/3) * i^(1/2);
```

Octave MATLAB

【例 3-14】 已知某污水管道设计流量为 $q = 100.00\text{L/s}$，由于管道铺设的地形平坦，为了尽量降低水力坡度，减少管道埋深，拟采用较大管径 $D = 600\text{mm}$ 的钢筋混凝土管，粗糙系数 $n_m = 0.014$，流速采用最小值 $v = 0.6\text{m/s}$，求其充满度 h/D 和水力坡度 I。

在 MATLAB 或 Octave 窗口输入如下代码：

Octave MATLAB 命令窗口

```
> [hd i] = hd_i(100/1000,0.6,600/1000,0.014)
hd =
    0.5705
i =
    7.9749e-004
>
```

（3）已知流量 q、管径 D 和充满度 h/D，求水力坡度 I 和流速 v。

为了方便调用写成函数的形式。如下：

Octave MATLAB

```
 1| function [i v] = i_v(Q,D,hd,nm)
 2| % hd_i.m
 3| % 已知流量,管径和充满度,求坡度和流速
 4| % 调用格式为:[i v] = i_v(Q,D,hd,nm),      (h/d 表示为 hd)
 5| i = fsolve(@(i)get_i(Q,D,hd,i,nm),0.0005);
 6| R = D/4 - D * (1 - 2 * hd) * sqrt(hd * (1 - hd))/(2 * acos(1 - 2 * hd));
 7| v = 1/nm * R^(2/3) * i^(1/2);
 8|
 9| function f = get_i(Q,D,hd,i,nm)
10| A = D^2/4 * acos(1 - 2 * hd) - D^2/2 * (1 - 2 * hd) * sqrt(hd * (1 - hd));
11| R = D/4 - D * (1 - 2 * hd) * sqrt(hd * (1 - hd))/(2 * acos(1 - 2 * hd));
12| f = Q - 1/nm * A * R^(2/3) * i^(1/2);
```

Octave MATLAB

【例 3-15】 已知某污水管道设计流量为 $q=100.00$L/s，由于管道铺设的地形平坦，为了尽量降低水力坡度，减少管道埋深，拟采用较大管径 $D=500$mm 的钢筋混凝土管，粗糙系数 $n_m=0.014$，充满度采用规范规定的最大值 $h/D=70\%$，求其水力坡度 i 和流速 v。

在 MATLAB 或 Octave 窗口输入如下代码：

Octave MATLAB 命令窗口

```
> [i v] = i_v(100/1000,500/1000,70/100,0.014)
i =
    0.0012
v =
    0.6812
>
```

(4) 已知流量 q、水力坡度 i 和充满度 h/D，求管径 D 和流速 v。

为了方便调用写成函数的形式。如下：

Octave MATLAB

```
1| function [D v] = D_v(Q,i,hd,nm)
2| % 已知流量,坡度和充满度,求管径和流速
3| % 调用格式为:[D v] = D_v(Q,i,hd,nm),    (h/d 表示为 hd)
4| D = fsolve(@(D)get_D(Q,D,hd,i,nm),0.5);
5| R = D/4 - D * (1 - 2 * hd) * sqrt(hd * (1 - hd))/(2 * acos(1 - 2 * hd));
6| v = 1/nm * R^(2/3) * i^(1/2);
7|
8| function f = get_D(Q,D,hd,i,nm)
9| A = D^2/4 * acos(1 - 2 * hd) - D^2/2 * (1 - 2 * hd) * sqrt(hd * (1 - hd));
10| R = D/4 - D * (1 - 2 * hd) * sqrt(hd * (1 - hd))/(2 * acos(1 - 2 * hd));
11| f = Q - 1/nm * A * R^(2/3) * i^(1/2);
```

Octave MATLAB

【例 3-16】 已知某污水管道设计流量为 $q=100.00$L/s，根据地形条件可采用的水力坡度为 $i=7‰$，拟采用的最大充满度 $h/D=0.65$，采用钢筋混凝土排水管 $n_m=0.014$，求最小设计管径 D 和流速 v。

在 MATLAB 或 Octave 窗口输入如下代码：

Octave MATLAB 命令窗口

```
> [D v] = D_v(100/1000,7/1000,0.65,0.014)
D =

   0.3708

v =

   1.3457

>
```

（5）已知管径 D、充满度 h/D 和水力坡度 i，求流量 q 和流速 v。

为了方便调用写成函数的形式。如下：

Octave MATLAB

```
1| function [Q v] = Q_v(D,hd,i,nm)
2| %已知管径,坡度和充满度,求流量和流速
3| %调用格式为:[Q v] = Q_v(D,hd,I,nm),    (h/d 表示为 hd)
4| Q = fsolve(@(Q)get_Q(Q,D,hd,i,nm),0.1);
5| R = D/4 - D * (1 - 2 * hd) * sqrt(hd * (1 - hd))/(2 * acos(1 - 2 * hd));
6| v = 1/nm * R^(2/3) * i^(1/2);
7|
8| function f = get_Q(Q,D,hd,i,nm)
9| A = D^2/4 * acos(1 - 2 * hd) - D^2/2 * (1 - 2 * hd) * sqrt(hd * (1 - hd));
10| R = D/4 - D * (1 - 2 * hd) * sqrt(hd * (1 - hd))/(2 * acos(1 - 2 * hd));
11| f = Q - 1/nm * A * R^(2/3) * i^(1/2);
```

Octave MATLAB

【例 3-17】 经设计，某污水管采用直径 $D=400$mm 钢筋混凝土排水管，$n_m=0.014$，根据地形条件采用水力坡度 $i=6‰$，求在规范规定的最大充满度 $h/D=0.65$ 下，该管可以通过的最大流量 q 和相应的流速 v。

在 MATLAB 或 Octave 窗口输入如下代码：

Octave MATLAB 命令窗口

```
> [Q v] = Q_v(400/1000,0.65,6/1000,0.014)
Q =

   0.1133

v =

   1.3104

>
```

（6）已知管径 D、水力坡度 i 和流速 v，求流量 q 和充满度 h/D。

为了方便调用写成函数的形式。如下：

Octave MATLAB

```
1| function [Q hd] = Q_hd(D,i,v,nm)
2| %已知管径,坡度和流速,求流量和充满度
3| %调用格式为:[Q hd] = Q_hd(D,i,v,nm)     (h/d 表示为 hd)
4| hd = fsolve(@(hd)get_hd(D,hd,i,v,nm),0.5);
5| R = D/4 - D*(1 - 2*hd)*sqrt(hd*(1 - hd))/(2*acos(1 - 2*hd));
6| A = D^2/4*acos(1 - 2*hd) - D^2/2*(1 - 2*hd)*sqrt(hd*(1 - hd));
7| Q = 1/nm*A*R^(2/3)*i^(1/2);
8|
9| function f = get_hd(D,hd,i,v,nm)
10| R = D/4 - D*(1 - 2*hd)*sqrt(hd*(1 - hd))/(2*acos(1 - 2*hd));
11| f = v - 1/nm*R^(2/3)*i^(1/2);
```

Octave MATLAB

【例 3-18】 经设计，某污水管采用直径 $D = 600$mm 钢筋混凝土排水管，$n_m = 0.014$，根据地形条件采用水力坡度 $i = 0.8‰$，求在规范规定的最小流速 $v = 0.6$m/s 下，该管可以通过的最大流量 q 和相应的充满度 h/D。

在 MATLAB 或 Octave 窗口输入如下代码：

Octave MATLAB 命令窗口

```
> [Q hd] = Q_hd(600/1000,0.8/1000,0.6,0.014)
Q =
   0.0995
hd =
   0.5680
>
```

3.5.3 非满流水力计算图的制作

【例 3-19】 绘制管径 D 为 400mm、粗糙系数 n_m 为 0.014 的水力计算图。

【解】 在传统的设计方法中，每个相应粗糙系数条件下的管径对应一张水力计算图，该图横坐标为流量，为对数坐标，纵坐标为坡度，图中有充满度和流速两簇曲线。根据前两节对非满流圆管的水力特性及计算公式的分析，可编写以下代码绘制出水力计算图，程序的注释中给出了详细的步骤和说明。

Octave MATLAB

```
1| % C3_20.m,绘制非满流水力计算图
2|
3| clear;
4| clc;
5|
6| D = 400/1000;
7| n = 0.014;
8|
9| q = logspace(1,2.2,400);% 流量从 10 - 158L/s,采用对数均分
10| Q = q * 1e - 3;
11| % 打开网格模式,并将图形绘制改为“添加模式 hold on”
12| grid on
13| hold on
14| % 绘制坐标轴和标题
15| xlabel('流量/(L/s)');
16| ylabel('坡度');
17| axis([q(1) q(end)0.8 8]);
18| Xtick = [10:10:100 150];
19| Ytick = [0.0008:0.0001:0.001 0.002:0.001:0.008];
20| set(gca,'xscale','log','xtick',Xtick) ;
21| set(gca,'yscale','log','ytick',Ytick * 1000,'yticklabel',num2str(Ytick')) ;
22| % 1.绘制流速曲线簇
23| options = optimset('Display','off');% 关闭 fsolve 找到零点的信息
24|    offset = 0;
25| for v = 0.4:0.05:1.4
26| q_max = pi * D^2/4 * v * 1000;
27| q_index = find(q < = q_max);
28|
29| I = zeros(1,length(q_index));
30| A = zeros(1,length(q_index));
31| hd = zeros(1,length(q_index));
32| R = zeros(1,length(q_index));
33|
```

```
34| A = Q(q_index)/v;
35| hd = fsolve(@(x)(A - D^2./4 * acos(1 - 2 * x) + D^2./2 * (1 - 2 * x). *
    sqrt(x. * (1 - x))),[hd + 0.5],options);
36| R = D/4 - D * (1 - 2 * hd). * sqrt(hd. * (1 - hd))./(2 * acos(1 - 2 * hd));
37| I = (v * n./(R.^(2/3))).^2;
38|   % 在一定的流速下,绘制流量与坡度的关系
39| plot(q(q_index),I * 1000,'r');
40|     % 绘制标签
41|     offset = offset + 17;
42|     x = q(offset);
43|     y = I(offset) * 1000;
44|     text(x,y,sprintf('%.2f',v),'Rotation', -30,'BackgroundColor','r','Col-
    or','w');
45| end
46| % 2. 绘制充满度曲线簇
47| offset = 0;
48| for hd = 0.25:0.05:0.95
49|     A = D^2/4 * acos(1 - 2 * hd) - D^2/2 * (1 - 2 * hd) * sqrt(hd * (1 -
    hd));
50|     R = D/4 - D * (1 - 2 * hd) * sqrt(hd * (1 - hd))/(2 * acos(1 - 2 *
    hd));
51|     v = Q./A;
52|     i = (n./(R^(2/3)) * v).^2;
53|     I = i * 1000;
54|     % 绘制某个充满度条件下,流量与坡度关系
55|     plot(q,I,'b')
56|     % 绘制标签
57|     yInFigure = find(I < 8);
58|     yIndex = max(yInFigure);
59|     if(q(yIndex) = = q(end))
60|   offset = offset + 10;
61|       x = q(end - offset);
62|       y = I(end - offset);
63|     else
```

```
64|        x = q(yIndex);
65|        y = 8 +0.3;
66|    end
67|    text(x,y,sprintf('%.2f',hd),'Rotation',59,'BackgroundColor','b','Col-
       or','w');
68| end
69|
70| % 绘制图例
71| text(110,1.6,'图例')
72| text(110,1.45,'充满度 h/D','BackgroundColor','b','Color','w')
73| text(110,1.3,'流速(m/s)','BackgroundColor','r','Color','w');
74| hold off
```

ꕥ Octave MATLAB ꕥ

运行上面的代码，得到水力计算图如图 3-22 所示。

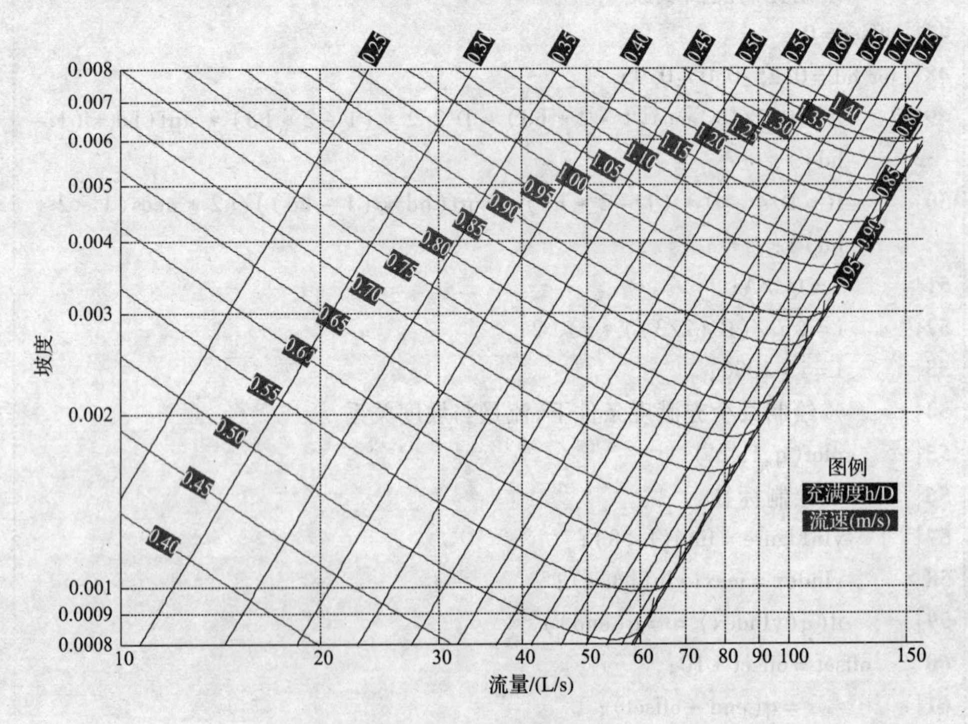

图 3-22　水力计算图

此图管径为 400mm，$n_{m}=0.014$，若需绘制其他情况的水力计算图，只需要修改第 6、7 行代码即可。

ꕥ说明ꕤ

1）logspace（start，end［，n］）用于生成区间［start，end］的 n 个点，包含起点和终点，即将［start，end］分成 $n-1$ 等分，各点值对应于10的 start + 0 ×（start - end）/（n - 1）次方、start + 1 ×（start - end）/（n - 1）次、…、start + n - 1 ×（start - end）/（n - 1）次方，默认 n 为50。与此函数相似的函数有 linspace（start，end［，n］）用于线性生成区间［start，end］的 n 个点，即将［start，end］线性分成 $n-1$ 等分，默认 n 为100。

2）在本例中通过 set 函数（用法见表2-8的相关内容）设置坐标轴的 xscale，yscale 为 log 来实现双对数坐标。

3.5.4 污水管网系统中流量与管径关系图

【例3-20】 绘制 $n_m = 0.014$ 时的污水管径选择图。

【解】 污水管径选择图是在已知污水流量和坡度的情况下选择一个合适的管径。根据水力计算的基本公式，流量、坡度、管径、流速和充满度等参数之间的关系，只要知道其中任意三个变量就能求另外两个变量，而管径选择图中只提供了两个变量（流量和坡度），同时选择的管径要满足规范的要求，因此要根据规范提供的信息才能绘出管径选择图。规范规定各管径污水管道的最大设计充满度见表3-13。

最大设计充满度 **表3-13**

管径 D（mm）	最大设计充满度 h/D	管径 D（mm）	最大设计充满度 h/D
200～300	0.55	500～900	0.70
350～450	0.65	≥1000	0.75

同时规定在设计充满度下的最小流速不小于0.6m/s。因此，管径选择图包括两个部分：第一部分为当流量小于某一值 q_{min} 时，其管径均为200mm，q_{min} 为管径为200mm在最大充满度0.55、最小流速0.6m/s条件下的流量。因此该区域只有一条曲线，为整个曲线簇包络线的一部分。曲线的第二部分为各管径流量在最大充满度条件下，满足流速大于或等于0.6m/s最低流速要求的（q，i）点。第二部分的底部相互连接构成包络线的另一部分。具体代码和叙述如下：

ꕥ Octave MATLAB ꕤ

```
1| % C3_21.m
2|
3| function C3_21
4| clear all;
```

```
 5| % 设置图形坐标轴、坐标格式等
 6| figure();
 7| grid on
 8| axis([1 10000 0 15]);
 9| xlabel('流量 q/(L/s)');
10| ylabel('坡度 I/(1/1000)');
11| title('污水管道直径选择图(nm=0.014)');
12| set(gca,'xscale','log','xTickLabel',[10.^(0:4)]);
13| set(gca,'yTick',[0:15]);
14| %1.计算不计算管径的流量的d200
15| v=0.6;
16| D=200/1000;
17| hd=0.55;
18| nm=0.014;
19| R=D/4-D*(1-2*hd)*sqrt(hd*(1-hd))/(2*acos(1-2*hd));
20| I=(v*nm/R^(2/3))^2;
21| A=D^2/4*acos(1-2*hd)-D^2/2*(1-2*hd)*sqrt(hd*(1-hd));
22| qmin=A*v;
23| %2.不计算管径流量范围内选取管径为200,流速为0.6时Q-I,该数据为
    包络线的一部分
24| q=linspace(1/1000,qmin,100);
25| for i=1:length(q)
26| [hd(i)I(i)]=hd_i(q(i),v,D,nm);
27| end
28| IndexInFigure=find(I<=15/1000);
29| Q_small=q(IndexInFigure);
30| I_small=I(IndexInFigure);
31|
32| %3.绘制各管径在流速为0.6条件下的Q_I图
33| hold on
34| D=[200 250 300 350 400 450 500 600 700 800 900 1000 1100 1200 1350
    1500 1650 1800];
35| pipeCount=length(D);
36| I=0:0.00001:0.015;
37| Q_start=zeros(1,pipeCount);
```

```
38| I_start = zeros(1,pipeCount);
39| for i = 1:pipeCount
40|     % 3.1 设置不同管径的最大充满度,见表 3-13
41| if D(i) < =300
42|     hd =0.55;
43| elseif D(i) < =450
44|     hd =0.65;
45| elseif D(i) < =900
46|     hd =0.7;
47| else
48|     hd =0.75;
49| end
50|     % 3.2 设置某一管径在不同坡度下的流量和流速,利用非满流计算公式
        进行求解
51|     Q = [];
52|     v = [];
53|     [Q v] = Q_v(D(i)/1000,hd,I,nm);
54|     % 3.3 筛选该管径下流速大于 0.6 的 Q_I 进行绘制
55|     IndexInFigure = find(v > =0.6);
56|     hold on
57|     plot(Q(IndexInFigure) * 1000,I(IndexInFigure) * 1000);
58|     % 3.4 保存第一个点,作为包络线的一部分
59|     Q_start(i) = Q(IndexInFigure(1));
60|     I_start(i) = I(IndexInFigure(1));
61|     % 3.5 在图形可见数据中心绘制管径标签
62|     centerIndex = round(mean(IndexInFigure));
63|     x = Q(centerIndex) * 1000;
64|     y = I(centerIndex) * 1000;
65|     text(x,y,sprintf('% d',D(i)),'VerticalAlignment','Bottom','Rotation',
        80,...
66|         'FontSize',11,'FontWeight','bold');
67| end
68| % 4  组织包络线数据,并绘制包络线
69| qInFigure = [Q_small Q_start];
70| IInFigure = [I_small I_start];
```

```
71| plot(qInFigure * 1000,IInFigure * 1000,'r - ');
72|
73| hold off
74|
75| % 以下为非线性求解非满流情况下的流量和流速,其中 I 可以为向量
76| function [ Q v ] = Q_v(D,hd,i,nm)
77| % 已知管径,坡度和充满度,求流量和流速
78| % 调用格式为:[ Q v ] = Q_v(D,hd,I,nm),      (h/d 表示为 hd)
79| % 若 i 可为矩阵,则 Q,v 返回值也为矩阵
80| Q = fsolve(@ (Q) get_Q(Q,D,hd,i,nm),0.1 * ones(1,length(i)));
81| R = D/4 - D * (1 - 2 * hd) * sqrt(hd * (1 - hd))/(2 * acos(1 - 2 * hd));
82| v = 1/nm * R^(2/3) * i.^(1/2);
83|
84| function f = get_Q(Q,D,hd,i,nm)
85| A = D^2/4 * acos(1 - 2 * hd) - D^2/2 * (1 - 2 * hd) * sqrt(hd * (1 - hd));
86| R = D/4 - D * (1 - 2 * hd) * sqrt(hd * (1 - hd))/(2 * acos(1 - 2 * hd));
87| f = Q - 1/nm * A * R^(2/3) * i.^(1/2);
```

Octave MATLAB

运行上面的代码，结果如图 3-23 所示。

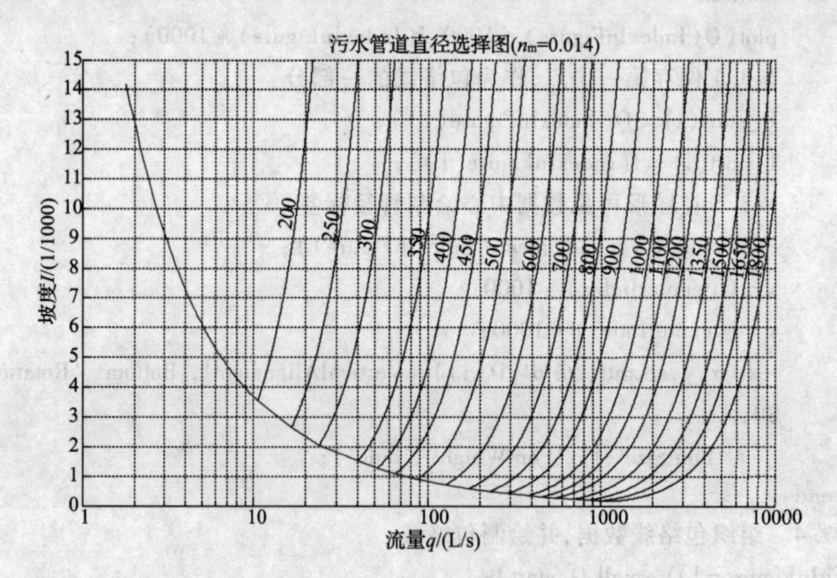

图 3-23 污水管径选择图

3.5.5 雨水管网设计流量的计算与折减系数

【例 3-21】 某雨水管网平面布置如图 3-24 所示，各汇水面积及进入管渠点如图 3-24 所示，已知重现期为 1 年，暴雨强度公式采用

$$i = \frac{20.154}{(t + 18.768)^{0.784}}(\mathrm{mm/min}) \tag{3-33}$$

径流系数 $\psi = 0.6$，地面集水时间 $t_1 = 10\mathrm{min}$，各管段管长（m）和流速（m/s）见表 3-14。

各管段管长及流速 **表 3-14**

管段编号	1－2	2－3	4－3	3－5
管长 L（m）	120	130	200	200
流速 v（m/s）	1.00	1.20	0.85	1.20

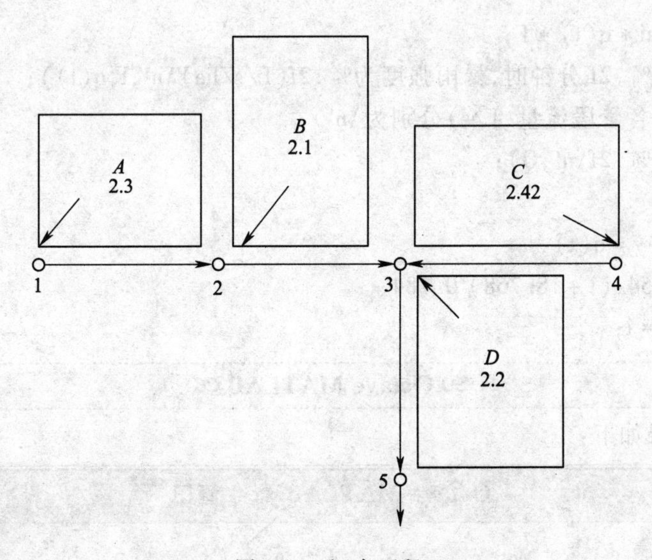

图 3-24 汇水面积

试计算，

1）10min 时，各管段的流量；

2）当 A 区最远点的流量到达节点 2 时，管段 1－2 和 2－3 的流量；

3）各管段的设计流量。

【解】 一般城市雨水管渠的汇水面积较小（即小流域），管渠的设计流量可按以下公式计算

$$Q = \psi q F \tag{3-34}$$

式中 Q——计算汇水面积的设计最大径流量，L/s；

q——雨峰时段内平均设计暴雨强度，(L/s) /hm^2；

ψ——径流系数；

F——汇水面积，hm^2。

在本例中，由于地面集水时间为10min，因此各集水区域最远点刚好到达各管段进水口，此时，各管段均尚未接纳上游水量。编写代码如下：

Octave MATLAB

```
% C3_22_1.m
% 计算 10 分钟时各管段水量

function C3_22_1()
F = [2.3 2.1 2.42 2.2];
pusai = 0.6;
t = 10;
Q = pusai * q(t) * F;
fprintf('%.2f 分钟时,暴雨强度为%.2f(L/s/ha)\n',t,q(t));
fprintf('各管段流量(L/s)分别为\n');
fprintf('%.2f\n',Q);

function y = q(t)
i = 20.154/(t + 18.768)^0.784;
y = 167 * i;
```

Octave MATLAB

运行结果如下：

Octave MATLAB 命令窗口

```
> C3_22_1
10.00 分钟时,暴雨强度为 241.71(L/s/ha)
各管段流量(L/s)分别为
333.56
304.55
350.96
319.06
>
```

A 区最远点到达节点 2 的时间包括两个部分：最远点到达节点 1 的时间 t_1 和管道内从 1－2 的流行时间 t_2，即

$$t = t_1 + t_2 = t_1 + \frac{L_{1-2}}{v_{1-2}} = 10 + \frac{120}{1.00 \times 60} = 12(\text{min})$$

此时，各区的暴雨强度为对应 12min 的暴雨强度。

节点 2 的流量包括两个部分，一是 *A* 区汇流的雨水，二是 *B* 区汇流的雨水。根据以上思路编写代码如下：

Octave MATLAB

```
1| % C3_22_2.m
2| % 计算 A 区最远点到达节点 2 时管段 1-2,2-3 水量
3| function C3_22_2()
4| F = [2.3 2.1 2.42 2.2];
5| pusai = 0.6;
6| t1 = 10;
7| L12 = 120; v12 = 1.00;
8| t2 = L12/v12/60;
9| t = t1 + t2;
10| Q12 = pusai * q(t) * F(1);
11| Q23 = pusai * q(t) * (F(1) + F(2));
12| fprintf('%.2fmin 时,暴雨强度为%.2f(L/s/ha)\n',t,q(t));
13| fprintf('管段 1-2,2-3 流量(L/s)分别为%.2f\t,%.2f\n',Q12,Q23);
14| function y = q(t)
15| i = 20.154/(t + 18.768)^0.784;
16| y = 167 * i;
```

Octave MATLAB

运行结果如下：

Octave MATLAB 命令窗口

```
> C3_22_2
12.00min 时,暴雨强度为 229.30(L/s/ha)
管段 1-2,2-3 流量(L/s)分别为 316.44,605.36
>
```

由此可以看出，12min 时，暴雨强度为 229.30（L/s/ha）；管段 1-2、2-3 流量（L/s）分别为 316.44、605.36。而且，各节点的最大流量为上游所有区域全部汇流时的流量。

表面上看，各管段1－2、2－3的设计流量似乎应该取各管段对应流量的最大值，即1－2、2－3的设计流量分别为333.56L/s（10分钟对应的流量）、605.36L/s（12分钟对应的流量）。而实际设计过程却不是这样的。实际设计过程中，对于管段2－3的设计，考虑雨水在管段1－2内的流行时间要乘以一个大于1的系数m，称之为折减系数。以下分析引入折减系数的必要性：

假定1－2管段为333.56L/s时，假定流速取1.0m/s，雨水管网按满流设计，其管径可通过下式计算

$$D = \sqrt{\frac{4Q}{\pi v}} \tag{3-35}$$

并通过公式可得到对应的水力坡度

$$v = \frac{1}{n_m} R^{\frac{2}{3}} I^{\frac{1}{2}} \tag{3-36}$$

编写代码如下：

Octave MATLAB

```
 1| % C3_22_3.m
 2| % 根据流量计算雨水管网的管径
 3| function [D v I] = C3_22_3(nm,Q,v)
 4| D = sqrt(4 * Q/pi/v);
 5| Flag = 0;
 6| while(Flag = =0)
 7|     msg = frintf('计算管径为% .2f(m),请输入设计管径(m)\n',D);
 8|     D = input(msg);
 9|     v = 4 * Q/(pi * D^2);% 根据新的管径重新计算流速
10|     R = D/4;
11|     I = (nm * v/R^(2/3))^2;
12|     % I = 10.29 * nm^2 * Q^2/D^5.333 或者直接采用曼宁公式求解
13|     fprintf('管径为% .0f(mm),流速为% .2f(m/s),坡度为% .2f(‰)\n',
        D * 1000,v,I * 1000);
14|     Flag = input('是否重新选择管径？\n 输入0,重新计算,输入其他数字,
        结束计算\n');
15| end
```

Octave MATLAB

在命令窗口输入以下代码：

Octave MATLAB 命令窗口

```
〉 [D v I] = C3_22_3(0.014,333.56/1000,1.00)
计算管径为0.65(m),请输入设计管径(m)
0.6
管径为600(mm),流速为1.18(m/s),坡度为3.42(‰)
是否重新选择管径?
输入0,重新计算,输入其他数字,结束计算
2
D =
    0.6000
v =
    1.1797
I =
    0.0034
〉
```

因此取管段1－2的设计管径为0.6m，那么在12min时该管段流量为316.44L/s时，由于流量减小可能为非满流，那么其充满度为多少呢？

此时为流量、管径和坡度已知，求充满度和流量的情况，属于3.5.2节非满流水力计算的第（1）种情况。可直接调用已经建立的函数，在命令窗口输入命令如下：

Octave MATLAB 命令窗口

```
〉 [hd v] = hd_v(316.44/1000,3.42/1000,600/1000,0.014)
Optimization terminated:first - order optimality is less than options. TolFun.
hd =
    0.7773
v =
    1.3419
〉
```

运算结果表明，当流量降低时，管道为非满流，且流速增大。造成这种现象的原因在于，在一定管径条件下，在满流设计时为了获得较大的输水能力（设计流量）采用了较大的设计坡度，但这一坡度在非满流时，流量较小时的流速会变大（在一定坡度下最大流量和最大流速不发生在满流，见3.5.1节的分析结果）。

那么在设计下游管道时，该如何处理这一情况呢？倘若按照污水管网设计中的下游的流速大于上游的流速这一原则，来计算雨水管网的管径，在命令窗口输入命令如下：

Octave MATLAB 命令窗口

```
〉 [D v I] = C3_22_3(0.014,605.36/1000,1.20)
计算管径为0.80(m),请输入设计管径(m)
0.8
管径为800(mm),流速为1.20(m/s),坡度为2.43(‰)
是否重新选择管径?
输入0,重新计算,输入其他数字,结束计算
1
D =
    0.8000
v =
    1.2043
I =
0.0024
〉
```

得到管段2-3的设计管径为800mm，显然该管段最大流量发生在12min，随后水量减小，管段2-3的充满度也会降低。考察一下管段1-2和2-3充满度和流速随时间的变化情况（管段2-3应该在12min后才收集*A*、*B*所有汇水面积上流量，在本例中忽略）。编写代码如下：

Octave MATLAB

```
1| % C3_22_4.m
2| % 充满度和流速随着时间的变化
3| function C3_22_4()
4| F = [2.3 2.1 2.42 2.2];
5| pusai = 0.6;
6| t = 9:30;
7| Q12 = pusai * q(t) * F(1);
8| Q23 = pusai * q(t) * (F(1) + F(2));
9| % plot(t',[Q12',Q23']);
10| pipe12_hd = zeros(1,length(t));
11| pipe12_v = zeros(1,length(t));
12| pipe23_hd = zeros(1,length(t));
13| pipe23_v = zeros(1,length(t));
14| for i = 1:length(t)
```

```
15|  [pipe12_hd(i) pipe12_v(i)] = hd_v(Q12(i)/1000,3.42/1000,0.6,
     0.014);
16|  [pipe23_hd(i) pipe23_v(i)] = hd_v(Q23(i)/1000,2.43/1000,0.6,0.014);
17| end
18| subplot(1,2,1);
19| title('流速变化');
20| % plot(t',[pipe12_v'pipe23_v']);
21| plot(t',pipe12_v','-',t',pipe23_v',':');
22| xlabel('降雨历时(min)');
23| ylabel('流速(m/s)');
24| legend('管段1-2','管段2-3');
25|
26| subplot(1,2,2);
27| title('充满度变化');
28| % plot(t',[pipe12_hd'pipe23_hd']);
29| plot(t',pipe12_hd','-', t',pipe23_hd',':');
30| xlabel('降雨历时(min)');
31| ylabel('充满度h/D');
32| legend('管段1-2','管段2-3');
33| function y = q(t)
34| i = 20.154./(t+18.768).^0.784;
35| y = 167 * i;
36| function [hd v] = hd_v(Q,i,D,nm)
37| % hd_v.m
38| % 已知流量,坡度和管径,求流速和充满度
39| % 调用格式为:[hd v] = hd_v(Q,i,D,nm)
40| hd = fsolve(@(hd)get_v_h2d(hd,Q,i,D,nm),0.5);
41| A = D^2/4 * acos(1-2 * hd) - D^2/2 * (1-2 * hd) * sqrt(hd * (1-hd));
42| v = Q/A;
43| function f = get_v_h2d(hd,Q,i,D,nm)
44| A = D^2/4 * acos(1-2 * hd) - D^2/2 * (1-2 * hd) * sqrt(hd * (1-hd));
45| R = D/4 - D * (1-2 * hd) * sqrt(hd * (1-hd))/(2 * acos(1-2 * hd));
46| f = Q/A - 1/nm * R^(2/3) * i^(1/2);
```

ꕥ Octave MATLAB ꕥ

运行结果如图3-25所示，从图中可以看出，充满度在随后的时间里迅速下降，表明管段2－3的管径可以设计得小一些，以便利用管段1－2的非满流空间。那么如何才能使得管段2－3的管径在合理的范围内更小呢？注意到，随着管段1－2非满流的出现以及流量随着降雨历时的延长而下降，导致其流速下降，因此节点1的流量流入节点2的实际所需要时间要比计算时间要长得多，即计算流行时间与实际流行时间不符。因此计算管段1－2的管内流行时间可以适当加大，从而降低了管段2－3的设计暴雨强度。如前所述，通常的做法是在管段流行时间上乘以一个系数 m，称之为折减系数。由以上分析可以看出，折减系数的物理意义在于对流速进行了合理的折减。另外，倘若下游管段在短期内因管径适当放小而导致排水不畅，由于上游有一定的空间可以暂存一部分水量，雨水并不会溢出管道。从这个角度来说，采用折减系数，缩小下游管径也是合理的，因此折减系数也称为容积利用系数。

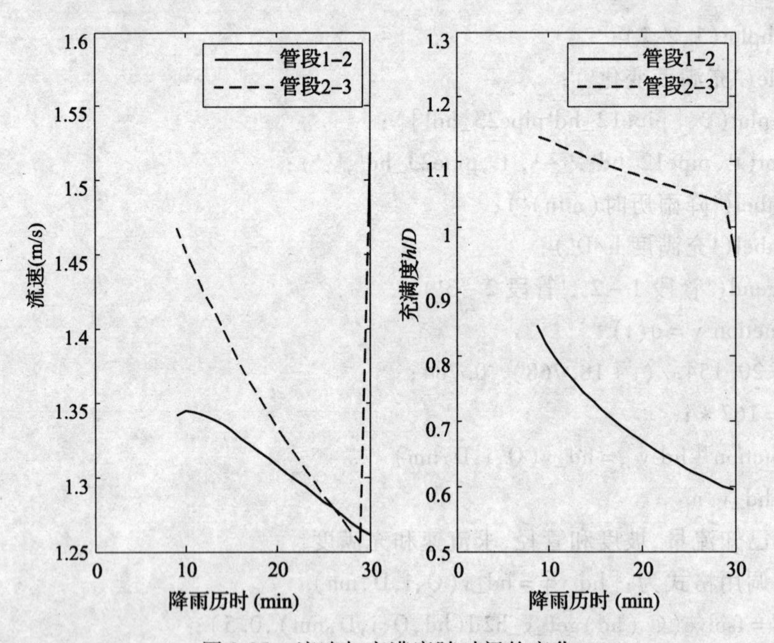

图3-25　流速与充满度随时间的变化

为此，编写采用折减系数后对设计管径或坡度的影响。

Octave MATLAB

```
1| % 考虑折减系数后,计算管段 2 - 3 的管径
2| function [D v I] = C3_22_5()
3| F = [2.3 2.1 2.42 2.2];
4| pusai = 0.6;
```

```
 5| t1 =10;
 6| L12 =120;v12 =1.00;
 7| t2 =L12/v12/60;
 8| m =2;
 9| t =t1 +m * t2;
10| Q23 =pusai * q(t) * (F(1) +F(2));
11| nm =0.014;
12| v =1.2;
13| [D v I] =C3_22_3(nm,Q23/1000,v);
14| function y =q(t)
15| i =20.154./(t +18.768).^0.784;
16| y =167 * i;
```

Octave MATLAB

在命令窗口运行如下：

Octave MATLAB 命令窗口

```
〉 [D v I] =C3_22_5 ()
计算管径为0.78(m),请输入设计管径(m)
0.8
管径为800(mm),流速为1.15(m/s),坡度为2.20(‰)
是否重新选择管径?
输入0,重新计算,输入其他数字,结束计算
9
D =
    0.8000
v =
    1.1463
I =
    0.0022
〉
```

由此可以看出，计算提示的管径有一定的缩小，由于缩小的幅度不够，我们仍然选用800mm管径，得到坡度降低为2.2‰。

回到本例题中，A 区最远点到达节点2的实际时间为 $t = t_1 + m \times t_2$，因此各管段均采用该降雨历时条件下的暴雨强度，求管段1－2、2－3的此时的流量，代码如下：

Octave MATLAB

```
1| % 计算管段 1-2,2-3 的流量
2| function [Q12 Q23 ] = C3_22_6()
3| F = [2.3 2.1 2.42 2.2];
4| pusai = 0.6;
5| t1 = 10;
6| L12 = 120; v12 = 1.00;
7| t2 = L12/v12/60;
8| m = 2;
9| t = t1 + m * t2;
10| Q12 = pusai * q(t) * F(1);
11| Q23 = pusai * q(t) * (F(1) + F(2));
12| function y = q(t)
13| i = 20.154./(t + 18.768).^0.784;
14| y = 167 * i;
```

Octave MATLAB

在命令窗口运行如下：

Octave MATLAB 命令窗口

```
> [Q12 Q23] = C3_22_6()
Q12 =
  301.1924
Q23 =
  576.1942
>
```

通过以上分析不难看出，各管段最大流量发生在汇水面积上最远处到达集水点的时间所对应的暴雨强度。根据以上思路，编写如下代码，以确定各管段的设计流量。

Octave MATLAB

```
1| % 计算各管段的设计的流量
2| function [Q12 Q23 Q43 Q35] = C3_23()
3| F = [2.3 2.1 2.42 2.2];
4| pusai = 0.6;
5| t1 = 10;
```

```
 6| t12 = t1;
 7| Q12 = pusai * q(t12) * F(1);
 8| L12 = 120;v12 = 1.00;
 9| t2 = L12/v12/60;
10| m = 2;
11| t23 = t1 + m * t2;
12| Q23 = pusai * q(t23) * (F(1) + F(2));
13| t43 = t1;
14| Q43 = pusai * q(t43) * F(3);
15| L23 = 130;v23 = 1.2;
16| t13 = t1 + m * (L12/v12/60 + L23/v23/60);% 求 1 - 3 节点的总汇水时间
17| L43 = 200;v43 = 0.85;
18| t43 = t1 + m * (L43/v43/60);% 求 4 - 3 节点的总汇水时间
19| t35 = max(t43,t13);% 取最远点的汇水时间
20| Q35 = pusai * q(t35) * (F(1) + F(2) + F(3) + F(4));
21| function y = q(t)
22| i = 20.154./(t + 18.768).^0.784;
23| y = 167 * i;
```

Octave MATLAB

在命令窗口运行如下：

Octave MATLAB 命令窗口

```
〉 [Q12 Q23 Q43 Q35] = C3_23()
Q12 =
  333.5582
Q23 =
  576.1942
Q43 =
  350.9612
Q35 =
  1.0828e + 003
〉
```

习　题

1. 某池面积 A 为 $100m^2$，假设进水流量突然由 $1m^3/min$ 增加至 $2m^3/min$，且液位在流量变化之前均在堰上 0.05m，试比较分析采用三角堰和矩形堰的动力学特性（出水流量与时间

的关系）。

已知堰的流量随时间的变化关系可用下式表达：

$$A\frac{\mathrm{d}h}{\mathrm{d}t} = q_{in} - k - \alpha h^{\beta}$$

式中 A——池子面积，m^2；

h——堰上水头，m；

k、α、β——常数，取决于堰的形状和数目。

在本例中，取值如下：

三角堰：α、β 分别为 20 和 1.0；

矩形堰：α、β 分别为 89 和 1.5。

2. 柯尔勃洛克－怀特（Colebrook－White）水头损失计算公式适用于各种紊流，是适用性和计算精度最高的公式之一。其公式为

$$\frac{1}{\sqrt{\lambda}} = -2\lg\left(\frac{\varepsilon/D}{3.7} + \frac{2.51}{Re\sqrt{\lambda}}\right)$$

式中 ε——管壁当量粗糙度，mm；

D——管径，mm；

λ——延程阻力系数，也称达西摩擦因子；

Re——雷诺数。

试根据以上公式绘制穆迪（Moody）图，如图 3-26 所示。

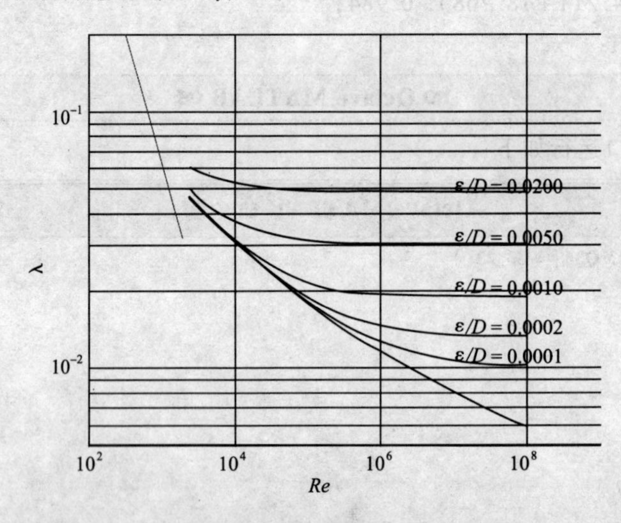

图 3-26 穆迪图

3. 根据 3.4 节的内容，编制一个完整的管网水力计算程序，要求包含以下功能：

（1）从 Excel 读入数据，并将结果输出到 Excel 文件中；

（2）完成管网事故和消防校核任务；

（3）绘制等水压线；

（4）统计不同流速区间的管段数，并以不同的颜色表示。

第4章　水质工程学与反应工程学

水质工程学与反应工程学是实践性很强的学科，在设计或研究过程中主要以物理模型试验为主，因此一般的水处理工程均需要不断地通过试验以确定最终的工程方案中相关参数。随着人们对水处理过程中相关机理认识的逐步提高，建立的数学模型也越来越能够准确地对水处理过程进行预测，因此数值试验也日益成为水工艺设计与运行中的重要手段。针对这一趋势，本章的内容涉及水分析化学、曝气过程中的传质过程、河流中污染物的扩散、生化反应器中的污染物去除模型、沉淀池中的固液分离模型以及通过示踪实验分析反应器的水力特性等常见工程技术问题。通过本章的学习，读者能够很快掌握水处理过程模拟所需的基本方法，并将这些方法应用到实际的工程中。

4.1　酸碱平衡中有关组分浓度的计算

【例4-1】　试绘制不同pH对H_2CO_3溶液中H_2CO_3、HCO_3^-和CO_3^{2-}分布的影响，已知$pK_{a1}=6.38$，$pK_{a2}=10.25$。

【解】　溶液中某酸碱组分平衡浓度占总浓度的分数称为分布分数，常用δ_i表示，i表示该型体含可电离的质子数。在多元酸中假定$K_{a0}=1$，那么δ_i（$i=0$，1，2，3，…，n）可用以下通式表达：

$$\delta_i=\frac{\prod_{j=0}^{i}K_{aj}[H^+]^{n-i}}{\sum_{k=0}^{n}\left(\prod_{j=0}^{k}K_{aj}[H^+]^{n-i}\right)} \tag{4-1}$$

需要注意的是，在MATLAB和Octave中由于数组是从1开始，所以可用以下代码实现以上公式：

Octave MATLAB

```
1| % delta. m
2| % 求酸碱组分的分布分数
3| function delta_i = delta(K,CH)
4| n = length(K);
5| c = zeros(1,n +1);
```

```
 6| K = [1 K];
 7| for i = 1:n + 1
 8|    c(i) = prod(K(1:i)) * CH^(n - (i - 1));
 9| end
10| delta_i = c./sum(c);
11|
```

ꕤ Octave MATLAB ꕤ

在以上函数中，输入参数 K 为从 1 到 n 的电离常数，C_H 为氢离子浓度，prod 为连乘函数。

根据以上思路，编写代码如下：

ꕤ Octave MATLAB ꕤ

```
 1| % C4_1.m
 2|
 3| clear
 4| clc
 5|
 6| pKa = [6.38 10.25];
 7| Ka = 10.^(-pKa);
 8| y = [];
 9| for pH = 2:0.01:13
10|    CH = 10^(-pH);
11|    y = [y;delta(Ka,CH)];
12| end
13| pH = 2:0.01:13;
14| % plot(pH,y)
15| plot(pH',y(:,1),'-',pH',y(:,2),':',pH',y(:,3),'-.')
16| xlabel('pH');ylabel('\delta_i');
17| legend('\delta(H_{2}CO_{3})','\delta(HCO_3^-)','\delta(CO_3^{2-})','Location','East');
18| grid off
```

ꕤ Octave MATLAB ꕤ

运行后得到结果如图 4-1 所示。

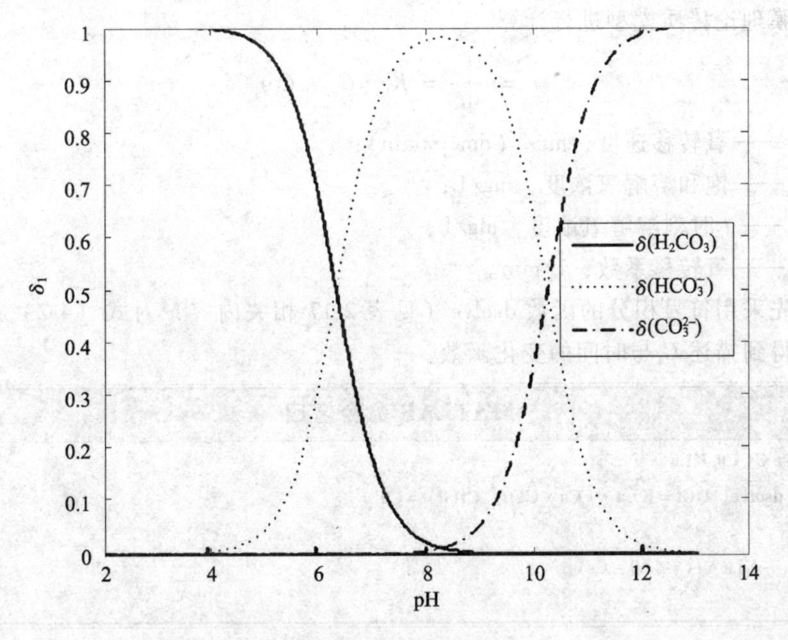

图 4-1 浓度分布

说明

本例采用 Latex 的方法对特殊的格式进行表示，具体用法见表 3-3 相关内容。

4.2 氧的传递与曝气

4.2.1 氧转移系数

【例 4-2】 利用表 4-1 中实验数据确定 K_{La}（温度为 15℃）。

不同时刻 DO 浓度 **表 4-1**

时间（min）	4	7	10	13	16	19	22
DO 浓度（mg/L）	0.8	1.8	3.3	4.5	5.5	5.2	7.3

【解】 氧转移系数 K_{La}是计算氧转移速率的基本参数，也是评价曝气装置好坏的重要参数。在实际应用中，K_{La}是通过实验的方法测定的。ASCE（《Measurement of Oxygen Transfer in Clean Water》，1992）详细描述了该参数的标准测试方法，这里只做简单的叙述。首先往水中加入亚硫酸钠和作为催化剂的钴以去除溶解氧，然后进行曝气，曝气期间按一定的时间间隔在不同点测定 DO 浓度，最

后按双膜理论传质模型进行计算。

$$r = \frac{dC_t}{dt} = K_{La}(C_s - C_t) \tag{4-2}$$

式中 r——氧转移速度，mg/（dm^2·min）；

C_s——饱和溶解氧浓度，mg/L；

C_t——t时刻溶解氧浓度，mg/L；

K_{La}——氧转移系数，1/min。

首先采用符号积分的函数 dsolve（见表2-17相关内容）对式（4-2）进行积分，以得到描述C_t与时间的变化函数。

MATLAB 命令窗口

```
〉syms Ct Cs C0 KLa
〉  Ct = dsolve('DCt = KLa * (Cs - Ct)','Ct(0) = C0')
Ct =
Cs + exp( - KLa * t) * (C0 - Cs)
〉
```

即为

$$\frac{C_s - C_t}{C_s - C_0} = e^{-(K_{La})t} \tag{4-3}$$

式中 C_0——水中溶解氧的初始浓度，mg/L。

本题实际上属于非线性函数参数拟合问题，具体做法可参考【例2-3】相关内容。在本例中采用传统的方法进行求解，即将非线性方程转化为线性方程。首先将式（4-3）改写成对数形式：

$$\lg(C_s - C_t) = \lg(C_s - C_0) - \frac{(K_{La})t}{2.3} \tag{4-4}$$

经过以上变换，K_{La}实际上已转化为线性方程的参数，lg（$C_s - C_t$）与t为直线关系，其斜率为$-K_{La}/2.3$。编写代码如下：

Octave MATLAB

```
1| % C4_2.m ,求氧转移系数
2|
3| clear ;
4| clc ;
5|
6| Cs = 10.07 ;
7| Ct = [0.8 1.8 3.3 4.5 5.5 5.2 7.3] ;
```

```
 8| t = [4 7 10 13 16 19 22] ;
 9| y = Cs - Ct ;
10|
11| p = polyfit(t,log10(y),1);% p 为拟合直线的系数向量,直线为 p(1) * t +
    p(2)
12|
13| xout = 4:0.1:22;
14| yout = 10.^polyval(p,xout);
15|
16| semilogy(t,y,'o',xout,yout);% 用半对数坐标绘制
17|
18| xlabel('时间/min');
19| ylabel('C_s - C_t');
20| axis([0 25 1 10]);
21| grid on ;
22|
23| KLa = p(1) * (-2.3) * 60 ;
24| disp(['KLa = ',num2str(KLa)]);
```

ॐ Octave MATLAB ঔ

将上面的代码保存为 M 文件，在命令窗口输入：

Octave MATLAB 命令窗口

```
〉 C4_2
KLa = 3.6216
〉
```

得到图形结果如图 4-2 所示。

ॐ说明ঔ

1）本例题用到了半对数坐标，采用的函数为 semilogy，该函数的调用形式有：

① semilogy（Y），以向量 *Y* 的索引（或下标，如 Y（1）中的 1）为横坐标，*Y* 为纵坐标，*Y* 轴为对数刻度（以 10 为底，而不是以 e 为底的自然对数）值绘制出的图形。

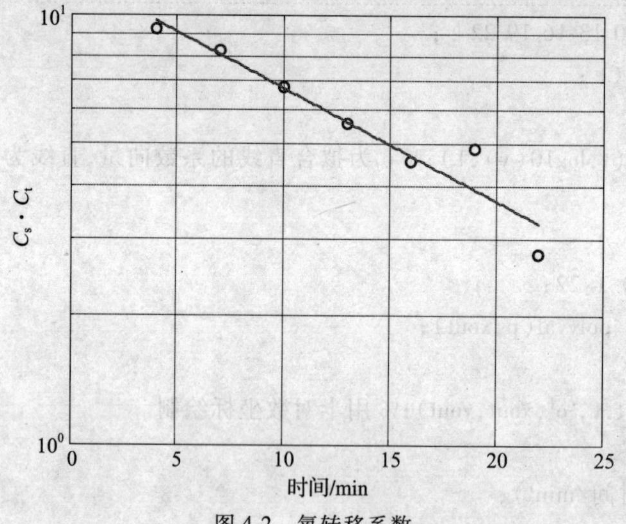

图 4-2　氧转移系数

② semilogy（X，Y，[［‘属性’］，属性值］，…），以给出的向量 X 为横坐标，Y 为纵坐标，Y 轴为对数刻度绘制的图形，［［‘属性’］，属性值］为可选项，可以有多对。

③ semilogy（X1，Y1，X2，Y2，[［‘属性’］，属性值］，…），在一个坐标系中同时绘制两条半对数曲线，其意义同上。

④ h = semilogy（……），h 用于保存图形句柄，如果绘制多条曲线则返回值 h 为向量，h 向量中每个值对应一条曲线的句柄。

2）半对数坐标还可以通过设置坐标轴格式 scale 为 log 来实现，见【例3-19】的说明。

4.2.2　氧的传递

【例 4-3】　假定在一个 5L 的完全混合曝气池中，饱和溶解氧浓度 $S_{O,sat}$ 为 10mg/L，溶解氧的浓度为 3mg/L，进水和出水都为 1L/h，进水中溶解氧的浓度为 0.2mg/L，前 3 个小时空气流量为 3L/h，之后 9 小时为 5L/h，其他时间为 9L/h。绘出空气流量变化与出水 DO 的响应曲线。

【解】　在活性污泥法中，经常要利用曝气设备向废水中输送氧气，以便微生物利用 DO 以降解废水中的有机物。曝气实际上是一个传质的过程，即氧由气相主体转移到水的表面，然后再由水的表面转移到液相主体。在废水处理中，由于强烈的紊动作用，一般认为气液接触处气相中的氧处于饱和状态。其中氧转移系数的求解已在 4.2.1 中论及，在很多情况下 K_{La} 可认为与空气流量有关，可用下式近似计算：

$$K_{La} = K_a q_a \tag{4-5}$$

在一个完全混合反应器中，反应器中溶解氧的质量平衡可以简单的描述为：

积累量 = 流入量 - 流出量 + 增加的吸收量

结合公式（4-2），以上关系可用符号表示为：

$$\frac{d(VS_O)}{dt} = q_{in}S_{O,in} - q_{out}S_{O,out} + K_a q_a (S_{O,sat} - S_O)V \tag{4-6}$$

假定反应器容积不随时间变化，则上式可化简为：

$$\frac{d(S_O)}{dt} = \frac{q_{in}}{V}(S_{O,in} - S_{O,out}) + K_a q_a (S_{O,sat} - S_O) \tag{4-7}$$

因此在本题中实际上就是对式（4-7）的微分方程进行求解。

首先将式（4-7）写成函数文件，如下：

Octave MATLAB

```
1| % react. m
2| %溶解氧与流量随时间的变化关系
3| function dxdt = react(t,x)
4| Ka =2;
5| So_sat =10;
6| So_in =0. 2 ;
7| V =1 ;
8| qin =5 ;
9| %设置不同时间空气输入量
10| if t < 0. 125,
11|       qa =1;
12| elseif t < 0. 5,
13|       qa =5;
14| else
15|       qa =9;
16| end;
17| dxdt = qin/V * (So_in - x) + Ka * qa * (So_sat - x);
```

Octave MATLAB

然后调用 ode 系列函数进行求解，并绘制计算结果。

Octave MATLAB

```
1| % C4_3. m ,出水 DO 响应
2| clear ;
3| clc ;
```

```
 4| So = 3;% 初始浓度
 5| qa = [ ] ;
 6| % 用龙格库塔四阶五级算法求积分
 7| [ t,So_out ] = ode45( 'react',[0 1],So );
 8| % 每个时间点对应的空气流量
 9| for i = 1:length(t')
10|     if t(i) < 0.125,
11|         qa(i) =1;
12|     elseif t(i) < 0.5,
13|         qa(i) =5;
14|     else
15|         qa(i) =9;
16|     end;
17| end ;
18| % 用双 Y 轴坐标绘出空气流量和对应出水 DO 的响应
19| xtick =0:2:24 ;
20| [hax H1 H2] = plotyy( 24 * t,qa,24 * t,So_out ,'plot');% 用 plot 函数
    绘图
21| set(get(gca,'Title'),'String','DO 响应曲线','color','r');
22| set(get(gca,'Xlabel'),'String','时间(h)');
23|
24| set(H1,'linestyle','--');
25| set(hax(1),'Xlim',[0 24],'Xtick',xtick);% 设置 X 坐标的范围和刻度
26| set(hax(1),'Ylim',[-10 10]);% 设置左半轴的长度
27| set(get(hax(1),'Ylabel'),'String','空气流量(m^3/h)');
28| legend(H1,'空气流量',2);
29|
30| set(hax(2),'Xlim',[0 24],'Xtick',xtick);
31| set(hax(2),'Ylim',[0 20]);
32| set(get(hax(2),'Ylabel'),'String','出水 DO(mg/L)');
33| legend(H2,'DO',4);
```

Octave MATLAB

运行后，绘出的图形如图 4-3 所示。

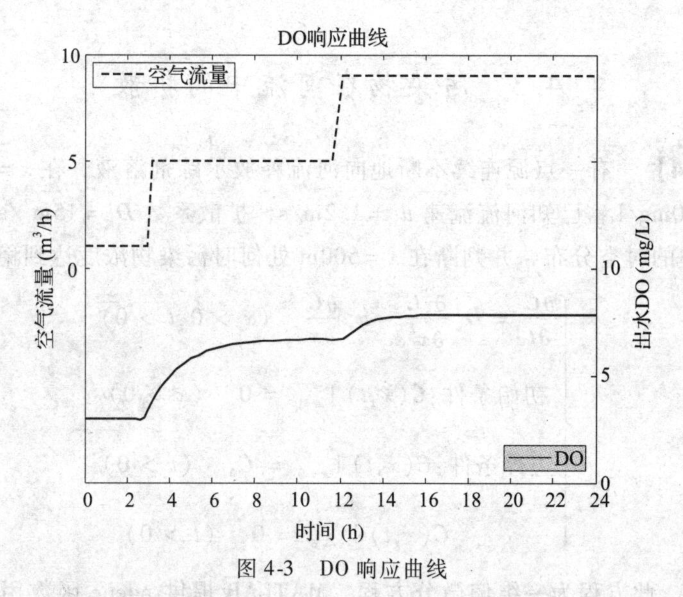

图 4-3 DO 响应曲线

说明

1）在本例中采用 plotyy 函数绘制双 Y 轴图形，两个 Y 轴可以是量纲不同、级数不同，也可以是类型不同（如一个普通坐标，一个对数坐标）。其具体调用的格式如下：

① [AX, H1, H2] = plotyy（x1，y1，x2，y2 [，FUNCTION1] [，FUNCTION2]）对于上面的函数，方括号 [ ] 中的内容表示可选项。

② 如果不指定函数的话，则调用形式为：plotyy（x1，y1，x2，y2），表示用 plot 函数将（x1，y1）绘于左半轴，（x2，y2）绘于右半轴。

③ 如果指定一个函数 FUNCTION1，则不用默认的 plot 函数而用指定的函数 FUNCTION1 绘图；如果指定了两个函数，则用 FUNCTION1 绘（x1，y1）于左半轴，FUNCTION2 绘（x2，y2）于右半轴，FUNCTION 1 和 FUNCTION2 可以一样，也可以不一样。能作为绘图的函数有很多，典型的有 plot，semilogx，semilogy，loglog 等，凡是能以 h = function（x，y）这种形式出现的绘图函数都可以。可选的函数可以以两种形式作为 plotyy 的参数，一种是字符串，即以单引号的形式，如 plotyy（x1，y1，x2，y2，'plot'），另一种是以@开头的函数句柄，如 plotyy（x1，y1，x2，y2，@plot），这在很多需要函数作为参数的函数里面是通用的。

2）如果要对图形进行进一步控制的话，就需要用到 plotyy 的返回句柄。两个坐标轴的句柄存放在返回值 AX 里面，AX（1）存放的是左边 Y 轴的句柄，AX（2）存放的是右边 Y 轴的句柄，有了句柄我们就能设置坐标轴的属性（见【例 2-1】），如上面用到的坐标轴范围、刻度，当然还有其他如标题、字体、颜色等。H1 和 H2 返回两个图形对象的句柄，可以设置线形、线宽等。

4.3 污染物在河流中的扩散

【例4-4】 有一点源连续不断地向河流释放示踪剂溶液，在 $x=0$ 处形成初始浓度为30mg/L，已知河流流速 $u_x=1.2\text{m/s}$，扩散系数 $D_x=15\text{m}^2/\text{s}$，求该污染物在河流中的时空分布，并判断在 $x=500\text{m}$ 处何时污染物浓度达到稳态。

$$\begin{cases}\dfrac{\partial C}{\partial t}=D_x\dfrac{\partial^2 C}{\partial x^2}-u_x\dfrac{\partial C}{\partial x} \quad (x>0,t>0)\\ \text{初始条件}:C(x,t)\mid_{t=0}=0 \quad (x>0)\\ \text{边界条件}:C(x,t)\mid_{x=0}=C_0 \quad (t>0)\\ \qquad C(x,t)\mid_{x\to\infty}=0 \quad (t>0)\end{cases} \tag{4-8}$$

【解】 此方程为一维偏微分方程，MATLAB 提供 pdepe 函数用来求解如下形式的一维偏微分方程：

$$H\left(x,t,C,\frac{\partial C}{\partial x}\right)\frac{\partial C}{\partial t}=x^{-m}\frac{\partial}{\partial x}\left(x^m F\left(x,t,C,\frac{\partial C}{\partial x}\right)\right)+S\left(x,t,C,\frac{\partial C}{\partial x}\right)$$

pdepe 函数的基本用法为：

sol = pdepe（m，mypdefun，mypdric，mypdebc，xmesh，tspan）

（1）返回值 sol 是一个三维数组，sol（：，：，i）表示 C（i）的解，也就是说 C（k）对应 x（i）和 t（j）时的解就为 sol（i，j，k），通过 sol，可以使用 pdeval 函数直接计算某个点的函数值。输入参数 m 必须是0、1或2，分别对应平板形、柱形和球形。而 pdefun 函数用来描述偏微分方程，其基本形式为：

［H，F，S］= mypdefun（x，t，C，$DcDx$）

（2）mypdefun 为一个自定义函数的名称，x、t 为一维空间自变量和时间自变量，都是标量，C 为状态变量，$DcDx$ 为 C 对 x 的偏微分，C 和 $DcDx$ 都是向量，这样由给出的条件可以求出 H、F、S 三个列向量。

（3）icfun 函数返回初始条件，其形式为：

C0 = mypdeic（x）

（4）bcfun 函数返回边界条件的 p 和 q，其形式为：

［pl，ql，pr，qr］= mypdebc（xl，ul，xr，ur，t）

返回值 p 和 q 满足 p（x，t，C）+ q（x，t）* F（x，t，C，Dc/Dx）=0。其中 ul 是左边界 xl = a 的近似解；ur 是右边界条件 xr = b 的近似解；pl 和 ql 是对应于 p 和 q 在 xl 的值；pr 和 qr 对应于 p 和 q 在 xr 的值。

（5）xmesh 对应于一维空间上的点［x0 x1 …xn］，其中 x0 为左边界，xn 为右边界。

(6) tspan 为时间向量。

根据上面的函数使用方法及初始条件，可以依次写出三个函数：

```
function [H F S] = mypdefun(x,t,C,DcDx)
Dx = 15;
H = 1/Dx;
F = DcDx;
ux = 1.2;
S = -ux * DcDx/Dx;
function C0 = mypdeic(x)
C0 = 0;
function [pl ql,pr,qr] = mypdebc(xl,ul,xr,ur,t)
ql = 0;
qr = 0;
pl = ul - 30;
pr = ur;
```

综合上面的三个函数，写出求解此问题的代码如下：

MATLAB

```
1| function C4_4
2| %1. 求解方程
3| m = 0;
4| x = 0:20:520;
5| t = 0:10:1200;
6| sol = pdepe(m,@mypdefun,@mypdeic,@mypdebc,x,t);
7| c = sol(:,:,1);
8| %2. 采用三位绘图绘制结果
9| figure(1)
10| % mesh(x,t,c)
11| surf(x,t,c);
12| % shading interp
13| colorbar ;
14| xlabel('位置 X(m)');
15| ylabel('时间 t(s)');
16| zlabel('浓度 C(mg/L)');
17| title('浓度随时间与位置的变化');
```

```
18| %3. 求500米处稳态时间
19| figure(2)
20| index_500 = find(x = =500);
21| c500 = c( :,index_500);
22| plot(t,c500);
23| grid on
24| cmax = max(c500);
25| time_index = find(abs(c500 - cmax) <0.05);
26| length(time_index);
27| tmax = t(time_index(1));
28| steadytime = sprintf('\n 达到稳态的时间约为%.0fs',tmax);
29| ylabel('浓度 C(mg/L)');
30| xlabel('时间 t(s)');
31| title(['500m 处浓度随时间的变化',steadytime]);
32| hold on
33| plot([tmax,tmax],[0,cmax],'r - -');
34| hold off
35|
36| function [H F S] = mypdefun(x,t,C,DcDx)
37| Dx = 15;
38| H =1/Dx;
39| F = DcDx;
40| ux =1.2;
41| S = -ux * DcDx/Dx;
42|
43| function C0 = mypdeic(x)
44| C0 =0;
45|
46| function [pl ql,pr,qr] = mypdebc(xl,ul,xr,ur,t)
47| ql =0;
48| qr =0;
49| pl = ul -30;
50| pr = ur;
```

MATLAB

运行后得到的图形如图 4-4、图 4-5 所示。

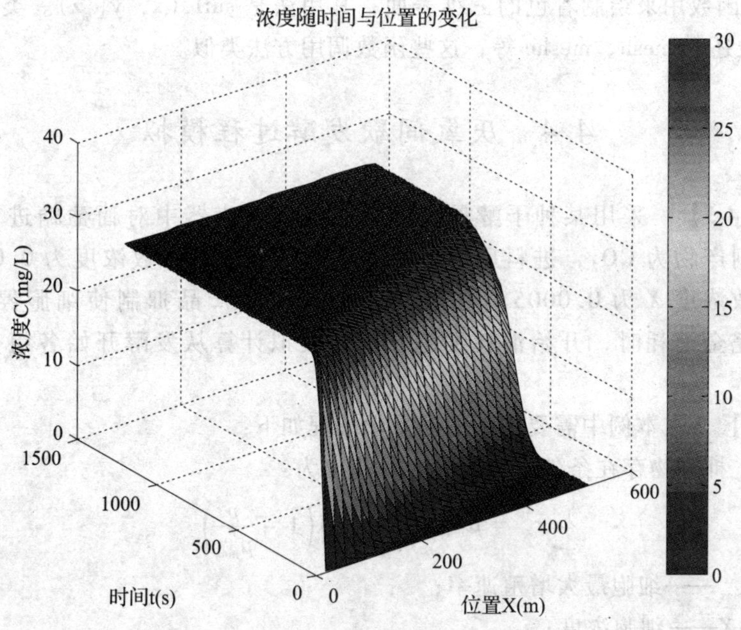

图 4-4　污染物浓度随时间与位置的变化

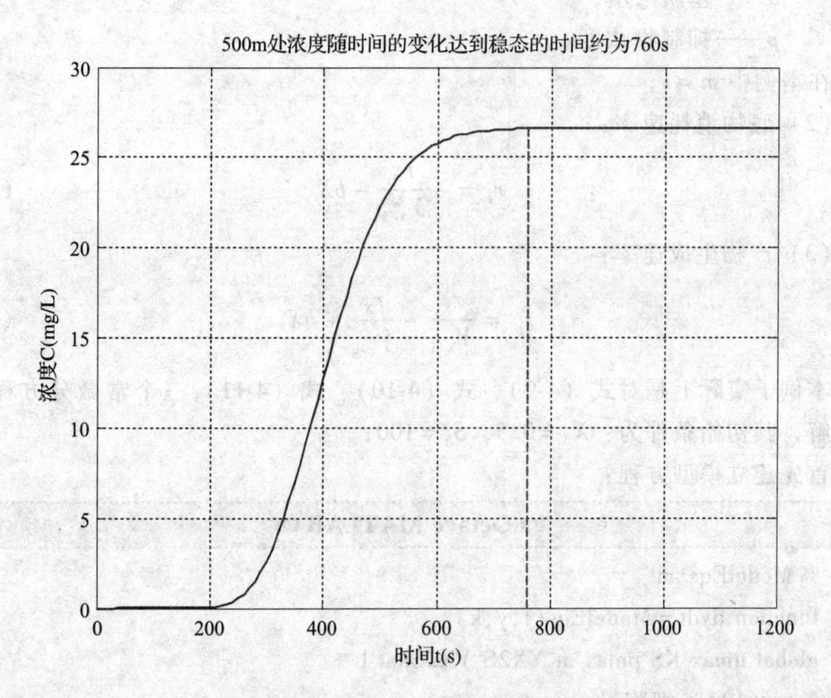

图 4-5　污染物在河流中的扩散

➿说明☙

surf 函数用来绘制着色的三维表面，其用法是 surf（x，y，z）。类似的三维绘图函数还有 mesh、meshc 等，这些函数调用方法类似。

4.4 厌氧间歇发酵过程模拟

【例 4-5】 采用某种干酵母在厌氧序批式反应器中对葡萄糖进行乙醇发酵，其副产物为 CO_2，进料后反应器内葡萄糖 S 质量分数浓度为 0.04，酵母质量分数浓度 X 为 0.0005。在 14% 乙醇时由于产品抑制使细胞停止生长。当底物完全消耗时，开始消耗细胞质。试模拟计算从发酵开始各组分的浓度变化。

【解】 在本例中需要用到的动力学方程如下：

（1）抑制物存在条件下细胞的生长速率为：

$$r_X = \mu_{max} X\left(\frac{S}{K_s + S}\right)\left(1 - \frac{p}{p_{max}}\right)^m \tag{4-9}$$

式中 μ_{max}——细胞最大增殖速率；

X——细胞浓度；

S——基质浓度；

p——抑制物浓度。

在本例中 $m = 1$；

（2）底物消耗速率：

$$r_s = -\frac{r_X}{Y_{X/S}} - bX \tag{4-10}$$

（3）产物生成速率：

$$r_p = \frac{r_X}{Y_{X/S}} - \frac{r_X}{\hat{Y}_{X/S}} + bX \tag{4-11}$$

本例子实际上是对式（4-9）、式（4-10）、式（4-11）三个常微分方程组联立求解，其初始条件为：$X_0 = 0.5$，$S_0 = 100$；

首先建立模型方程：

➿ Octave MATLAB ☙

```
1| % ModelEqs. m
2| function dydt = ModelEqs(t,y,k)
3| global umax KS pmax m YX2S YX2Shat b
4| X = y(1);% 细胞量
```

```
 5| S = y(2);% 基质量
 6| p = y(3);% 产物量
 7| rx = umax * X * S/(KS + S) * (1 - p/pmax)^m;
 8| rs = - rx/YX2S - b * X;
 9| rp = rx/YX2S - rx/YX2Shat + b * X;
10| dydt = [rx;rs;rp];
```

Octave MATLAB

说明

1）在模型文件中 dydt 返回值为列向量，每个方程为一行。

2）在本模型文件中采用 global 声明模型中的参数为全局变量，即在任何地方均可改变该值，也可以在任何地方调用。

然后，编写代码对以上模型（微分方程组）求解：

Octave MATLAB

```
 1| % C4_5.m
 2| % 对微分方程组进行求解
 3| clear all;
 4| clc;
 5| global umax KS pmax m YX2S YX2Shat b
 6| umax = 0.5; pmax = 0.109; KS = 0.001; m = 1; YX2Shat = 2; YX2S = 1; b =
    0.008;
 7| X0 = 0.5/1000;S0 = 0.04;p0 = 0;
 8| tspan = [0 15];
 9| y0 = [X0 S0 p0];
10| [t y] = ode45(@ModelEqs,tspan,y0);
11| plot(t',y(:,1),'-',t',y(:,2),'--',t',y(:,3),':');
12| xlabel('反应时间(h)');
13| ylabel('质量分数');
14| legend('活细胞','葡萄糖','乙醇');
15|
```

Octave MATLAB

运行结果如图 4-6 所示。

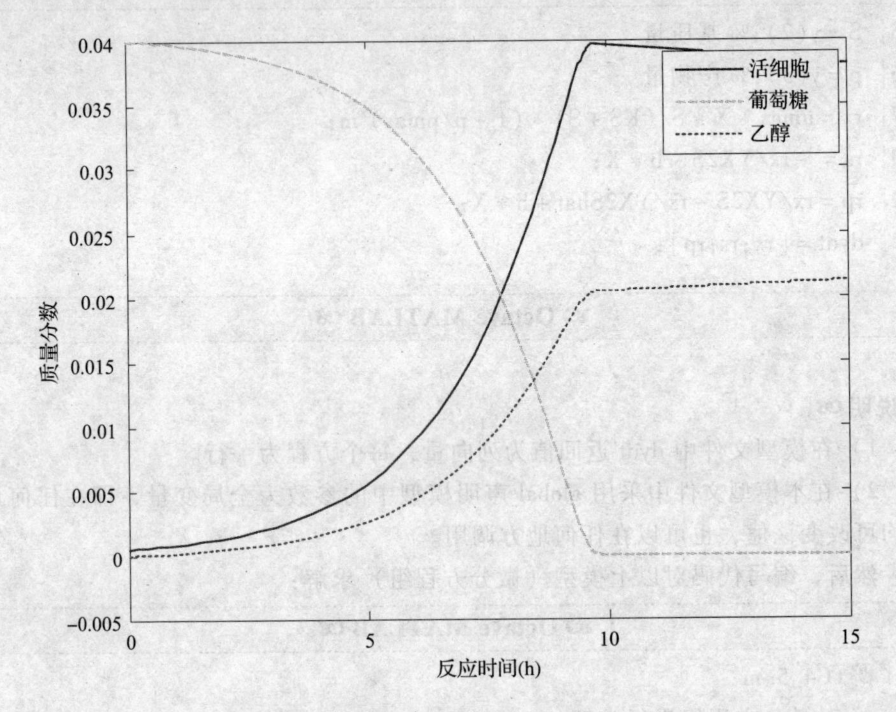

图4-6 发酵时各组分浓度变化曲线

4.5 完全混合反应器有机物去除过程模拟

4.5.1 过程动力学和化学计量学矩阵

假定某一污水生物处理系统只考虑异养菌生物量 X_B 和溶解性有机物 S_S。微生物代谢活动包括两个方面，一是微生物生长，需要利用有机物和溶解氧合成生物体，二是微生物的衰减，利用溶解氧消耗微生物体。以微生物生长为例，采用Monod方程表示如下：

$$\gamma_H = \underbrace{\mu_H\left(\frac{S_S}{K_S + S_S}\right)X_H}_{\text{生长过程}} - \underbrace{b_H X_H}_{\text{衰减过程}} \tag{4-12}$$

对于有机物而言，有

$$\gamma_S = -\frac{1}{\gamma_H}\mu_H\underbrace{\left(\frac{S_S}{K_S + S_S}\right)X_H}_{\text{生长过程}} + \underbrace{(1 - f_P)b_H X_H}_{\text{衰减过程}} \tag{4-13}$$

以上两方程可用矩阵的形式表示，见表4-2。

化学计量学矩阵 表 4-2

组分 i / 过程 j	微生物量 $i=1$ X_H M（COD）/L^3	有机物量 $i=2$ S_S M（COD）/L^3	$i=\cdots$	过程速率 ρ_j
异养菌生长 $j=1$	1	$-\frac{1}{Y_H}$		$\mu_H\left(\frac{S_S}{K_S+S_S}\right)X_H$
异养菌衰亡 $j=2$	-1	$1-f_P$		$b_H X_H$
$j=\cdots$				
观察到的转化速率	$r_i=\sum v_{ij}\rho_j$			

r_i表示组分 i 的总反应速率，因为每个组分 i（$i=1$，2，……）在不同的过程 j（$j=1$，2，……）中都是在同时变化的，有的过程会生成组分 i，有的过程会消耗组分 i（矩阵中过程 j 组分 i 的系数为正表示该过程生成组分 i，为负则消耗组分 i），其和才为总反应速率，或称为净反应速率。每个过程和组分采用以上矩阵表达方式来描述数学模型，使得模型结构简单，速率表达清晰，化学计量关系准确。更重要的是，模型扩展非常容易。例如，当考虑溶解氧时，矩阵可写成表 4-3 的形式。

化学计量学矩阵的扩展（溶解氧） 表 4-3

组分 i / 过程 j	微生物量 $i=1$ X_H M（COD）/L^3	有机物量 $i=2$ S_S M（COD）/L^3	溶解氧 $i=3$ S_O M（COD）/L^3	过程速率 ρ_j
异养菌生长 $j=1$	1	$-\frac{1}{Y_H}$	$\frac{Y_H-1}{Y_H}$	$\mu_H\left(\frac{S_S}{K_S+S_S}\right)\left(\frac{S_O}{K_{OH}+S_O}\right)X_H$
异养菌衰亡 $j=2$	-1	$1-f_P$		$b_H X_H$
$j=\cdots$				
观察到的转化速率	$r_i=\sum v_{ij}\rho_j$			

溶解氧在生长时被消耗（$Y_H-1<0$），同时过程速率采用双 Monod 方程的表达方式。

目前活性污泥模型就是采用这样的矩阵形式进行描述的，以活性污泥 1 号模型（ASM1）为例，该模型采用了 Dold 等人 1980 年提出的死亡－再生（Death－regeneration）理论对单级活性污泥系统的碳氧化、硝化和反硝化三种主要生物学过程中的相关速率进行了定量描述。它采用了矩阵结构的表达方式，将污水中的组分依据生物反应特性划分为 13 项，并将微生物的增长、衰减及水解等过程从呼吸过程中电子受体的角度划分为 8 个过程，对每一个过程的速率描述采用多重 Monod 模式。其矩阵见表 4-4。

ASM1 模型速率表达式矩阵 表 4-4

j	组分→ i / 工艺过程↓	1 S_I	2 S_S	3 X_I	4 X_S	5 $X_{B'H}$	6 $X_{B'A}$	7 X_P	8 S_{NO}	9 S_{NH}	10 S_{ND}	11 X_{ND}	12 S_{ALK}	13 S_O	工艺过程速率 $\rho_j(ML^{-3}T^{-1})$
1	异养菌的好氧生长		$-\frac{1}{Y_H}$			1				$-i_{XB}$			$-\frac{i_{XB}}{14}$	$1-\frac{1}{Y_H}$	$\mu_H\left(\frac{S_S}{K_S+S_S}\right)\left(\frac{S_O}{K_{O,H}+S_O}\right)X_{B,H}$
2	异养菌的缺氧生长		$-\frac{1}{Y_H}$			1			$\frac{Y_H-1}{2.86Y_H}$	$-i_{XB}$			$\frac{1-Y_H}{14\cdot 2.86Y_H}$ $-\frac{i_{XB}}{14}$		$\mu_H\left(\frac{S_S}{K_S+S_S}\right)\left(\frac{K_{O,H}}{K_{O,H}+S_O}\right)\left(\frac{S_{NO}}{K_{NO}+S_{NO}}\right)\eta_B X_{B,H}$
3	自养菌的好氧生长						1		$\frac{1}{Y_A}$	$-i_{XB}-\frac{1}{Y_A}$			$\frac{-i_{XB}}{14}-\frac{1}{7Y_A}$	$1-\frac{4.57}{Y_A}$	$\mu_A\left(\frac{S_{NH}}{K_{NH}+S_{NH}}\right)\left(\frac{S_O}{K_{O,A}+S_O}\right)X_{B,A}$
4	异养菌的衰减				$1-f_P$	-1		f_P				$i_{XB}-f_P\cdot i_{XP}$			$b_H\cdot X_{B,H}$
5	自养菌的衰减				$1-f_P$		-1	f_P				$i_{XB}-f_P\cdot i_{XB}$			$b_A\cdot X_{B,A}$
6	可溶性有机氮的氨化									1	-1		$\frac{1}{14}$		$k_a\cdot S_{ND}\cdot X_{B,H}$
7	网捕性有机物的水解		1		-1										$k_a\frac{X_S/X_{B,H}}{K_X+(X_S/X_{B'H})}\left[\left(\frac{S_O}{K_{O'H}+S_O}\right)+\eta_H\left(\frac{K_{O'H}}{K_{O,H}+S_O}\right)\left(\frac{S_{NO}}{K_{NO}+S_{NO}}\right)\right]X_{B,H}$

续表

组分→ i j 工艺过程↓	1 S_I	2 S_S	3 X_I	4 X_S	5 $X_{B'H}$	6 $X_{B'A}$	7 X_P	8 S_{NO}	9 S_{NH}	10 S_{ND}	11 X_{ND}	12 S_{ALK}	13 S_O	工艺过程速率 $\rho_j(ML^{-3}T^{-1})$
8 网捕性有机氮的水解										1	-1			$\rho_7(X_{ND}/X_S)$
观察到的转换速率 $(ML^{-3}T^1)$	$r_i=\sum v_{ij}-\rho_j$													
化学计量参数： 异养菌的产率系数：γ_H 自养菌的产率系数：γ_A 微生物衰减的颗粒态产物比例系数：f_P N在生物量COD中的比例：i_{XB} 衰减的颗粒态产物中的N/C(COD)：i_{XP}	溶解态惰性有机物[M(COD)L^{-3}]	快速生物降解基质[M(COD)L^{-3}]	颗粒态惰性有机物[M(COD)L^{-3}]	慢速生物降解基质[M(COD)L^{-3}]	异养菌生物量[M(COD)L^{-3}]	自养菌生物量[M(COD)L^{-3}]	微生物衰减的颗粒态产物[M(COD)L^{-3}]	硝酸盐与亚硝酸盐氮[M(COD)L^{-3}](NO_3^--N+NO_2^--N)	氨氮[M(N)L^{-3}](NH_4^+-N+NH_3-N)	溶解态可生物降解有机氮[M(N)L^{-3}]	颗粒态可生物降解有机氮[M(N)L^{-3}]	碱度(摩尔单位)(HCO_3^-)	氧[M(COD)L^{-3}]	动力学参数： 异养菌的生长与衰落： $\mu_H K_S K_{O,H} K_{NO} b_H$ 自养菌的生长与衰减： $\mu_A K_{NH} K_{O,A} b_A$ 异养菌缺氧生长的校正因子：η_g 氨化作用：k_a 水解作用：$k_h K_K$ 缺氧水解的校正因子：η_h

4.5.2 有机物去除过程的模拟

【例4-6】 已知某完全混合微生物污水处理反应器，其进水量为5L/d，进水中溶解氧浓度为1mg/L，进水中异养菌浓度为110mg/L，在前5h，进水中溶解性有机物为400mg/L，反应器有效容积为5L，5～10h期间，进水中溶解性有机物浓度为400mg/L。反应器有效容积为20L，此后，进水中有机物浓度为300mg/L，反应器有效容积保持为20L。反应器的初始条件和相关参数见表4-5、表4-6。

反应器初始条件 **表4-5**

体积 V (L)	溶解性有机物 S_s (mg/L)	溶解氧 So (mg/L)	微生物浓度 X_H (mg/L)
1.4	20.5	2.92	378.8

反应相关参数 **表4-6**

符号	描　述	单　位
S_{o-} sat	饱和溶解氧	g O_2/m^3
Ka	传质系数	m^{-3}
Y_H	异养菌产率系数	g（细胞 COD）/氧化 COD
f_P	生物体中可转化为颗粒性产物的比例	量纲为1
μ_H	异养菌的最大比增长速率系数	d^{-1}
K_S	异养菌半饱和系数	g COD/m^3
K_{OH}	异养菌的氧半饱和系数	g O_2/m^3
b_H	异养菌的衰减系数	d^{-1}

试绘制出反应器的出水水质随时间的变化关系图。

【解】 根据表4-3可以得到微生物量 X_H 和有机物SS的变化速率 r_H 和 r_S，然后根据物料平衡“一进一出一反应”的原理写出下面的物料平衡方程：

$$\frac{d(VX_H)}{dt} = q_{in}X_{H,in} - q_{out}X_{H,out} + r_H V$$

$$\Rightarrow \frac{dX_H}{dt} = \frac{q_{in}X_{H,in} - q_{out}X_{H,out}}{V} + r_H \tag{4-14}$$

同理可以得到：

$$\frac{dS_s}{dt} = \frac{q_{in}S_{s,in} - q_{out}S_{s,out}}{V} + r_s \tag{4-15}$$

$$\frac{dS_o}{dt} = \frac{q_{in}S_{o,in} - q_{out}S_{o,out}}{V} + r_o + K_{La}(S_{o,sat} - S_o) \tag{4-16}$$

以上三式即为对有机物去除过程模拟的基本模型，编程代码如下：

ꕤ Octave MATLAB ꕤ

```
 1| % Carbon_Removal_Model.m
 2| % 有机物去除过程模拟的基本模型
 3| function dxdt = Carbon_Removal_Model(t,x )
 4| global p
 5| muh = p(1);Ks = p(2);Koh = p(3);Yh = p(4);
 6| bh = p(5);fp = p(6);Ka = p(7);So_sat = p(8);
 7| V = x(1);Xh = x(2);Ss = x(3);So = x(4);
 8| y = Carbon_Reactor_Output(t,x);
 9| v_in = y(1);Ss_in = y(2);So_in = y(3);Xh_in = y(4);
10| v_out = y(5);Ss_out = y(6);So_out = y(7);Xh_out = y(8);
11| v_aeration = y(9);
12| % 生长过程速率方程
13| p_growth = muh * (Ss/(Ks + Ss)) * (So/(Koh + So)) * Xh;
14| % 衰减过程速率
15| p_decay = bh * Xh;
16| rh = p_growth - p_decay;
17| rs = -1/Yh * p_growth + (1 - fp) * p_decay;
18| ro = (Yh - 1)/Yh * p_growth;
19| % 体积变化
20| dvdt = v_in - v_out;
21| % 生物量变化
22| dXhdt = (v_in * Xh_in - v_out * Xh_out)/V + rh;
23| % 有机物浓度变化
24| dSsdt = (v_in * Ss_in - v_out * Ss_out)/V  + rs;
25| % 溶解氧浓度变化
26| dSodt = (v_in * So_in - v_out * So_out)/V  + ro + Ka * v_aeration * (So_sat -
    So);
27| % 返回值为列向量
28| dxdt = [dvdt;dXhdt;dSsdt;dSodt];
```

ꕤ Octave MATLAB ꕤ

模型只是给出了系统内状态变量的变化关系，一旦系统的状态给出（反应器内 XH，SS，SO，V），根据每一个输入条件（进水水质与水量）就可以找到唯一的输出，为此，还需要编写状态变量与输入输出条件的函数，如下：

Octave MATLAB

```
1| % Carbon_Reactor_Output. m
2| % 每个时刻状态变量与输入输出量的关系
3|
4| function y = Carbon_Reactor_Output(t,x)
5| global p
6| % x = [ 1 = V 2 = Xh 3 = Sn 4 = So ];
7| % y = [ 1 = v_in 2 = Ss_in 3 = So_in 4 = Xh_in
8| %         5 = v_out 6 = Ss_out 7 = So_out 8 = Xh_out
9| %         9 = v_a ];
10| % p = [ 1 = muhat 2 = Ks 3 = Koh 4 = Yh 5 = bh 6 = fp
11| %         7 = KLa 8 = So_sat ];
12| % ----------------------------------------------------------
13|   [ row,col ] = size( x );
14|   if col = = 1,
15|     x = x';
16|     row = 1;
17|   end;
18|   y = zeros( row,9 );
19|   for i = 1:row,
20|     % influent conditions
21|     y(i,1) = 5;% v_in 进水量
22|     y(i,3) = 1;% So_in 进水 DO 溶度
23|     y(i,4) = 110;% Xh_in 进水生物量
24|     if t(i) < 5/24,
25|       y(i,2) = 400;% Ss_in 进水有机物浓度
26|       y(i,9) = 5;% v_a 曝气量
27|     elseif t(i) < 10/24,
28|       y(i,2) = 400;% Ss_in 进水有机物浓度
29|       y(i,9) = 20;% v_a 曝气量
30|     else,
31|       y(i,2) = 300;% Ss_in 进水有机物浓度
32|       y(i,9) = 20;% v_a 曝气量
33|     end;
```

```
34|       % constant volume
35|       y(i,5) = y(i,1);% 出水量与进水量系统
36|       % 完全混合反应器,出水浓度与反应器内浓度相同
37|       y(i,6) = x(i,3);
38|       y(i,7) = x(i,4);
39|       y(i,8) = x(i,2);
40|    end;
```

Octave MATLAB

准备好以上函数后，就可以编写模拟程序进行数据的输入输出及数据的图形显示。代码如下：

Octave MATLAB

```
 1| function Carbon_Removal
 2| % Carbon_Removal. m
 3| % 进行数据的输入与输出,以图形的方式显示结果
 4| clear all
 5| clc
 6| muhat = 10;
 7| Ks = 20;
 8| Koh = 0. 2;
 9| Yh = 0. 67;
10| bh = 0. 4;
11| fp = 0. 1;
12| Ka = 14;
13| So_sat = 10;
14| %
15| global p
16| p = [ muhat Ks Koh Yh bh fp Ka So_sat ];
17| % initial states
18| V = 1. 4;
19| Ss = 20. 5;
20| So = 2. 92;
21| Xh = 348. 8;
22| %
23| xo = [ V Xh Ss So];
```

```
24| % 对状态变量进行积分
25| %  x = [ 1 = V 2 = Xb 3 = Sn 4 = So ];
26| [ t,x ] = ode45('Carbon_Removal_Model',[ 0 1 ],xo );
27| % 通过状态变量获得输出结果
28| y = Carbon_Reactor_Output( t,x );
29| %  y = [ 1 = v_in 2 = Ss_in 3 = So_in 4 = Xh_in
30| %            5 = v_out 6 = Ss_out 7 = So_out 8 = Xh_out
31| %            9 = v_a   ];
32| subplot(1,2,1)
33| [AX H1 H2] = plotyy( 24 * t,y( :,2),24 * t,y( :,9));
34| xlabel('时间(h)');
35| title('进水条件与曝气条件');
36| set(AX(1),'YLim',[0,405]);
37| set(AX(1),'YTickMode','auto');
38| set(get(AX(1),'YLabel'),'String','有机物浓度(mg/L)');
39|
40| set(AX(2),'YLim',[0,25]);
41| set(AX(2),'YTickMode','auto')
42| set(get(AX(2),'YLabel'),'String','曝气量(m^3/h)');
43| set(H1,'LineStyle',' -')
44| set(H2,'LineStyle',' - -')
45| legend(H1,'有机物',1);
46| legend(H2,'曝气量',4);
47|
48| % 以图形的方式获得结果,采用双坐标,左边为出水污泥浓度(亦即反应器
    内的污泥浓度)
49| %   右边为溶解氧溶度,出水有机物浓度
50| subplot(1,2,2)
51| [AX H1 H2] = plotyy( 24 * t,y( :,8),24 * t,y( :,[6 7]));
52| xlabel('时间(h)');
53| title('出水及反应器内的条件');
54| set(AX(1),'YLim',[0,405]);
55| set(AX(1),'YTickMode','auto');
56| set(get(AX(1),'YLabel'),'String','污泥浓度(mg/L)');
```

```
57|
58| set(AX(2),'YLim',[0,22]);
59| set(AX(2),'YTickMode','auto');
60|
61| set(get(AX(2),'YLabel'),'String','溶解氧浓度或有机物浓度(mg/L)');
62| set(H1,'LineStyle',':')
63| set(H2,'LineStyle','-')
64|
65| legend(H1,'污泥',1);
66| legend(H2,'有机物','溶解氧',4);
```

Octave MATLAB

运行结果如图 4-7 所示。

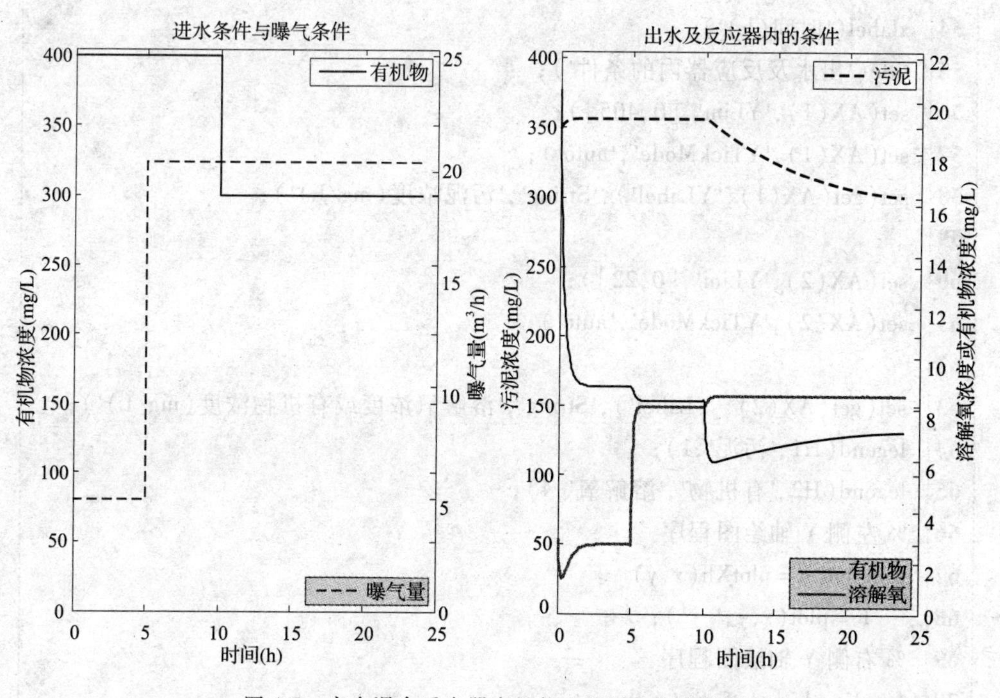

图 4-7 完全混合反应器有机物去除过程模拟结果

图 4-7 的右图的第二坐标轴上有机物和溶解氧两列数据，其线型一致，但颜色不同，若用黑白打印出来，难以区分。而在 plotyy 中，只能对每个坐标轴上的线型做统一设置（代码 43 - 44 行，左图；62 - 63 行，右图）。那么如何区分同

一坐标轴下不同数据系列的线型呢？用户可以在 plotyy 中指定自己的绘图程序（见【例 4-3】相关说明），见以下代码第 53 行。

Octave MATLAB

```
47| % 以上代码与 Carbon_Removal. m 中 1 - 46 行相同,本文件名为 Carbon_Removal_1. m,
48| % 第一行函数名为 Carbon_Removal_1
49| % 以图形的方式获得结果,采用双坐标,左边为出水污泥浓度(亦即反应器内的污泥浓度)
50| %   右边为溶解氧溶度,出水有机物浓度
51| subplot(1,2,2)
52| % 指定绘图程序
53| [AX H1 H2] = plotyy( 24 * t,y(:,8),24 * t,y(:,[6 7]),@ plotXh,@ plotSsSo);
54| xlabel('时间(h)');
55| title('出水及反应器内的条件');
56| set(AX(1),'YLim',[0,405]);
57| set(AX(1),'YTickMode','auto');
58| set(get(AX(1),'YLabel'),'String','污泥浓度(mg/L)');
59|
60| set(AX(2),'YLim',[0,22]);
61| set(AX(2),'YTickMode','auto');
62|
63| set(get(AX(2),'YLabel'),'String','溶解氧浓度或有机物浓度(mg/L)');
64| legend(H1,'污泥',1);
65| legend(H2,'有机物','溶解氧',4);
66| % 左侧 Y 轴绘图程序
67| function h = plotXh(x,y)
68|     h = plot(x,y,' -');
69| % 右侧 Y 轴绘图程序
70| function h = plotSsSo(x,y)
71| h = plot(x,y(:,1),'r:',x,y(:,2),' -.');
```

Octave MATLAB

得到结果如图 4-8 所示。

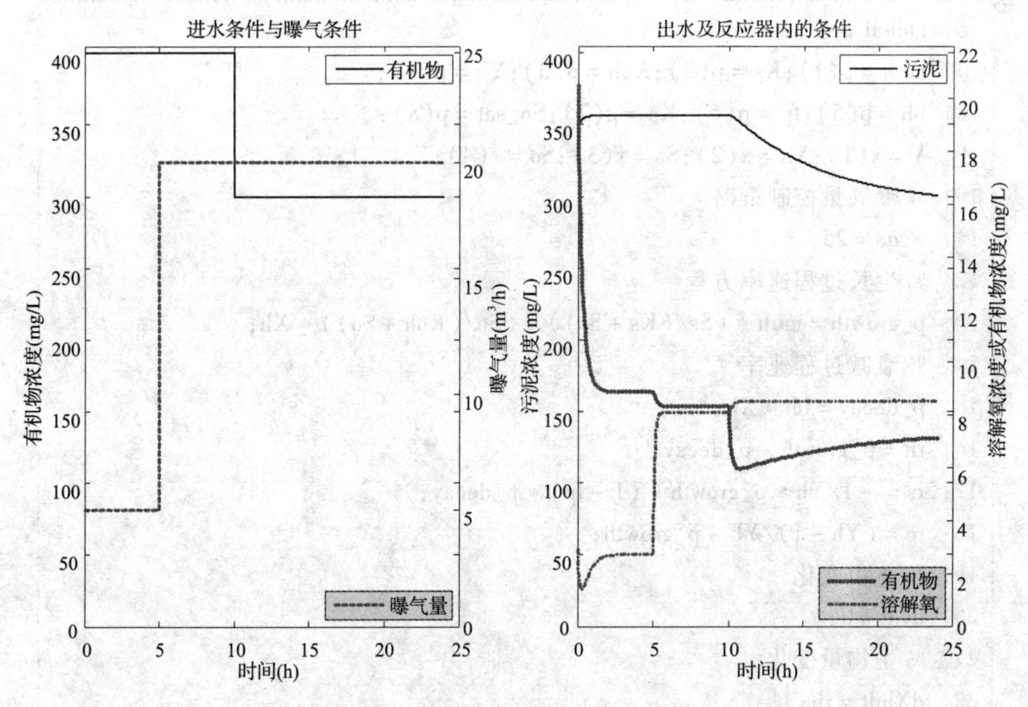

图 4-8　设置双 Y 轴图形中同一轴上数据系列的线型

4.6　序批式反应器（SBR）有机物去除过程的模拟

序批式反应器也称间歇式反应器，其特点在于在一个反应器内，在时间序列上依次完成进水、反应、沉淀、排水以及闲置等过程。在对这类反应器建模时，需要对每个阶段分别列出微分方程，然后将这些微分方程按照时间序列组合在一起，才能完成对整个 SBR 反应器的模拟。在本例中，仅仅完成 SBR 反应器好氧阶段的模拟，动力学模型采用【例 4-6】中相同的模型，假定曝气量恒定为 $20m^3/h$。

首先编写模型代码：

Octave MATLAB

```
1| % SBR_Model. m
2| % SBR 曝气阶段对有机物去除过程的模拟
3| % x = [ 1 = V 2 = Xh   3 = Ss 4 = So   ];
4| % p = [ muhat Ks Koh Yh bh fp Ka So_sat ];
5| functiondxdt = SBR_Model( t,x )
```

```
 6| global p
 7| muh = p(1);Ks = p(2);Koh = p(3);Yh = p(4);
 8| bh = p(5);fp = p(6);Ka = p(7);So_sat = p(8);
 9| V = x(1);Xh = x(2);Ss = x(3);So = x(4);
10| % 曝气量控制策略
11|    qa = 25;
12| % 生长过程速率方程
13| p_growth = muh * (Ss/(Ks + Ss)) * (So/(Koh + So)) * Xh;
14| % 衰减过程速率
15| p_decay = bh * Xh;
16| rh = p_growth - p_decay;
17| rs = -1/Yh * p_growth + (1 - fp) * p_decay;
18| ro = (Yh - 1)/Yh * p_growth;
19| % 体积变化
20| dvdt = 0;
21| % 生物量变化
22| dXhdt = rh;
23| % 有机物浓度变化
24| dSsdt = rs;
25| % 溶解氧浓度变化
26| dSodt = ro + Ka * qa * (So_sat - So);
27| dxdt = [dvdt;dXhdt;dSsdt;dSodt];
```

Octave MATLAB

然后对模型进行求解，并显示结果。

Octave MATLAB

```
 1| function SBR
 2| % SBR.m
 3| % 对模型进行求解,以图形的方式显示结果
 4| clear all
 5| clc
 6| muhat = 6.0;
 7| Ks = 20;
 8| Koh = 0.2;
 9| Yh = 0.6;
```

```
10| bh = 0.4;
11| fp = 0.1;
12| Ka = 14;
13| So_sat = 10;
14|
15| global p
16| p = [ muhat Ks Koh Yh bh fp Ka So_sat ];
17| % initial states
18| V = 12.5;
19| Ss = 75;
20| So = 3;
21| Xh = 850;
22| xo = [ V Xh Ss So];
23| % 对状态变量进行积分
24| % x = [ 1 = V 2 = Xh 3 = Ss 4 = So  ];
25| [ t,x ] = ode45('SBR_Model',[ 0 3/24],xo );
26| Xh = x( :,2);
27| Ss = x( :,3);
28| So = x( :,4);
29| [AX H1 H2] = plotyy( 24 * t,Xh,24 * t,[Ss,10 * So],@ plotXh,@ plotSs-
    So);
30| xlabel('时间(h)');
31| title('SBR 反应器中水质变化');
32| set(AX(1),'YLim',[800,900]);
33| set(AX(1),'YTickMode','auto');
34| set(get(AX(1),'YLabel'),'String','生物量(mg/L)');
35|
36| set(AX(2),'YLim',[0,110]);
37| set(AX(2),'YTickMode','auto')
38| set(get(AX(2),'YLabel'),'String','有机物或溶解氧浓度(mg/L)');
39| legend(H1,'生物量',1);
40| legend(H2,'有机物浓度','10 * DO',4);
41| % 左侧 Y 轴绘图程序
42| function h = plotXh(x,y)
```

```
43|     h = plot(x,y,'-');
44| % 右侧 Y 轴绘图程序
45| function h = plotSsSo(x,y)
46| h = plot(x,y(:,1),'r:',x,y(:,2),'--');
```

ഐ Octave MATLAB ര

运行结果如图 4-9 所示。

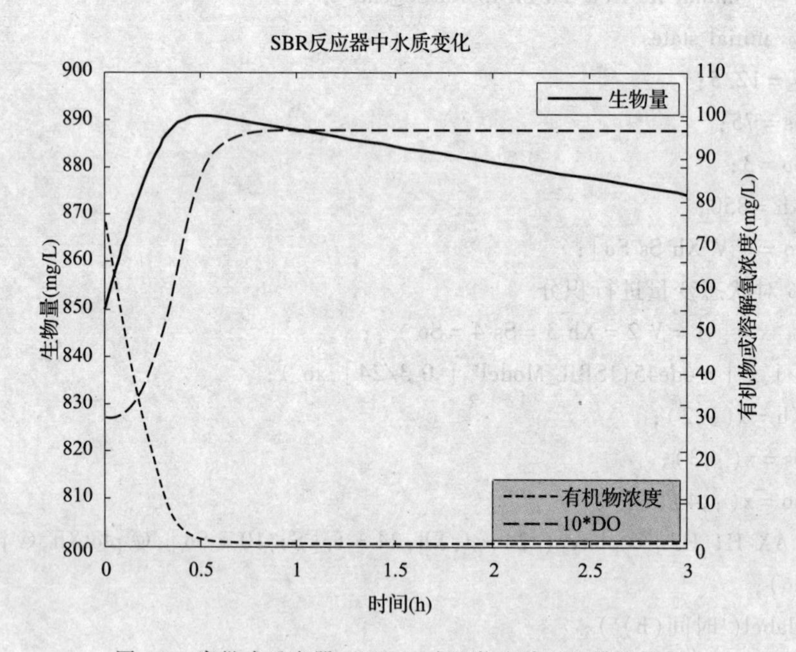

图 4-9　序批式反应器（SBR）有机物去除过程模拟结果

4.7　沉淀池固体通量模型

4.7.1　固体通量模型基本理论

沉淀池的设计和运行往往需要用到固体通量模型，所谓固体通量是指沉淀池内单位时间通过某一高度水平面内所有固体污泥的量。

$$SF = VC \tag{4-17}$$

式中　SF——固体通量，kg/（m^2·h）；

V——沉淀速度，m/h；

C——固体浓度，g/m^3。

在稳定运行的沉淀池中，固体通量是由两部分组成的：一是固体在重力作用下的沉降作用而导致的通量，称为沉降通量；二是由于沉淀池底部排泥引起的沉淀池固体和液体的整体下降而导致的通量，称为底流通量。沉降通量与固体的沉降速度及其浓度有关，可用下式来描述：

$$SF_g = V_i C_i \tag{4-18}$$

式中 SF_g——沉降通量，kg/（m^2·h）；

V_i——浓度为 C_i时的固体沉降速度，m/h；

C_i——固体浓度，g/m^3。

底流通量与污泥浓度和排泥速度有关，可用下式来描述：

$$SF_u = U_b C_i = \frac{Q_u}{A} C_i \tag{4-19}$$

式中 SF_u——底流通量，kg/（m^2·h）；

U_b——排泥造成的整体下沉速度，m/h；

C_i——固体浓度，g/m^3；

Q_u——底流流量，m^3/h；

A——截面面积，m^3/h。

因此，对于某个截面而言，其总的通量为：

$$SF_t = SF_g + SF_u = V_i C_i + U_b C_i \tag{4-20}$$

以某个截面为例，在沉淀开始的时候，固体浓度比较低，沉降速度与固体浓度关系不大。在沉淀初期，固体浓度逐渐增加，从而导致沉降通量增加。当固体浓度增加到使沉降速度减小直至为零的时候，沉降通量也为零了。显然，在这中间会出现一个沉降通量的最大值。理论上，沉降通量与浓度的关系如图 4-10 所示。

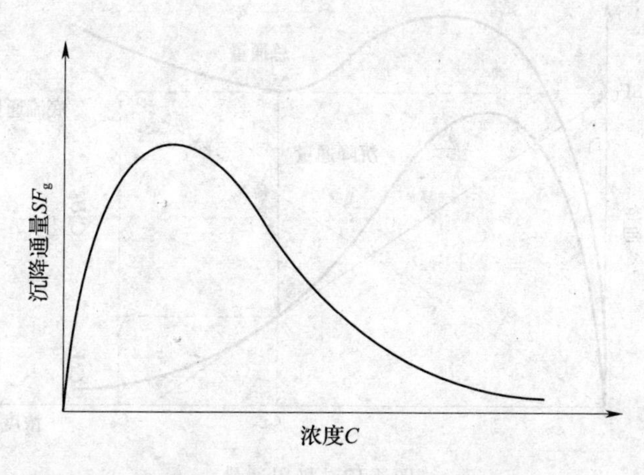

图 4-10 沉降通量与浓度的关系

见式（4-19），底流通量为固体浓度的线性函数，因此可用以底流速率为斜率的直线表示在某一排泥速度条件下的底流通量。将底流通量与沉淀通量曲线叠加可得到总通量，如图4-11所示。

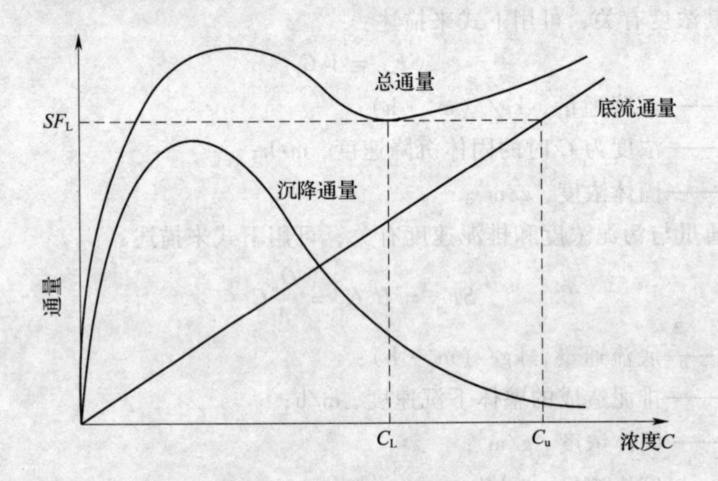

图4-11 各通量与浓度的关系

与总固体通量曲线极低点水平相切并与纵轴相交的线代表极限固体通量SF_L，相应的底流浓度为水平线与底流通量曲线的交点引垂线与水平轴的交点C_u。极低点引垂线与水平轴的交点C_L为临界浓度，当浓度大于或小于此值时固体通量都会增加。而当进水的固体通量大于极限固体通量时，固体将会沉积在沉淀池中，最终从池顶溢出。为了顺利排出固体，可以增加底流速率（即图4-12中直线斜率增大），但代价是会降低底流浓度。

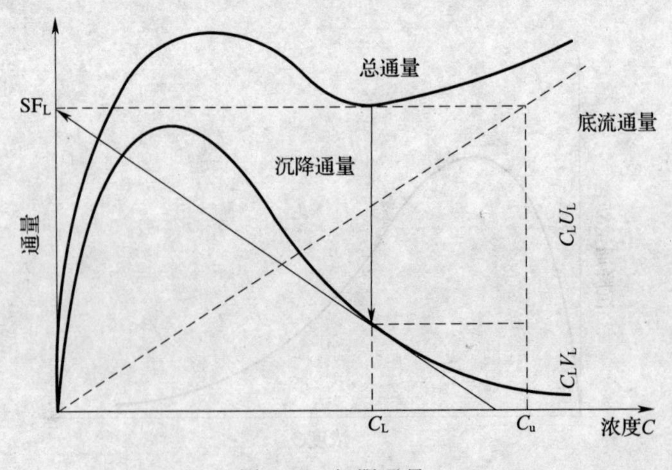

图4-12 极限通量

另一种求极限固体通量的办法是用式（4-20）总固体通量对 C_i 微分并令其为 0，即

$$\frac{\partial SF_{\mathrm{t}}}{\partial C_i} = V_i + U_{\mathrm{b}} = 0 \tag{4-21}$$

假设在极限固体通量时浓度为 C_{L}，则 $V_i = -U_{\mathrm{b}}$，过直线 C_{L} 与沉淀通量曲线的交点作一条切线，极限通量为其与纵轴的交点。它们的几何关系如图 4-12 所示。

4.7.2 沉淀池实验数据处理

【例 4-7】 某实验污水处理厂得到的污泥沉降数据见表 4-7，试求其最大固体浓度为多少。假设其沉淀池负荷为 $25m^3/(m^2 \cdot d)$，且回流率为 40%。

沉 降 数 据 **表 4-7**

固体浓度 C (mg/L)	2000	3000	4000	5000	6000	7000
沉降速率 V (m/h)	4.27	3.51	2.77	2.13	1.28	0.91
固体浓度 C (mg/L)	8000	9000	10000	15000	20000	30000
沉降速率 V (m/h)	0.67	0.49	0.37	0.15	0.07	0.027

【解】 在本题中，首先根据表中的数据我们可以得到沉降速率与浓度的关系，然后根据沉淀池负荷和回流比又可以确定底流速率 U_{b}，进而可以确定总固体通量，根据几何关系求出最大底流浓度。

编写如下代码：

Octave MATLAB

```
1| % C4_6.m ,固体通量计算
2| clear ;
3| clc ;
4|
5| MLSS = [ 2000 3000 4000 5000 6000 7000 8000 9000 10000 15000 20000
   30000 ] ;
6| v    = [ 4.27 3.51 2.77 2.13 1.28 0.91 0.67 0.49 0.37  0.15  0.07
   0.027 ] ;
7| % 1. 根据表中数据计算沉淀通量
```

```
 8| SFg = MLSS. * v ;% 沉淀通量
 9| % 2. 计算底流通量
10| % 2. 1 计算底流速率,由等式 A = (Q + 0. 4Q)/q = 0. 4Q/Ub,此处 q = 25
11| Ub = (25 * 0. 4/1. 4)/24 ;% 单位转化
12| SFu = MLSS * Ub ;% 底流通量
13| % 3. 通过插值确定其他点的通量,并计算总通量
14| x = 2000:10:30000 ;
15| yg = spline(MLSS,SFg,x);% 样条曲线插值,得到一系列沉淀通量值
16| yu = Ub * x ;% 与 x 对应的底流通量
17| yt = yu  +  yg ;% 与 x 对应的总通量
18| % 4. 查找总通量最小的点,确定极限通量和最大底流浓度
19| index = find(yt = = max(yt));% 极小值必然在极大值之后出现,因此先找到
    极大值
20| index = find(yt = = min(yt(index:end)));% 在极大值之后找极小值的索引
21| SFl = yt(index)/1000 ;% 极限固体通量
22| Cu = SFl/Ub  * 1000 ;% 最大底流固体浓度
23| % 5. 显示计算结果和图形
24| disp(['极限固体通量为 ',num2str(SFl),'kg/(m^2 · h)']);
25| disp(['最大底流固体浓度为 ',num2str(Cu),'g/m^3']);
26|
27| plot(MLSS,SFg,'ro',x,yu,x,yg,x,yt,[0 Cu],[SFl * 1000 SFl * 1000],':',
    [Cu Cu],[0 SFl * 1000],':');
28| xlabel('MLSS 浓度(g/m^3)');
29| ylabel('固体通量[kg/(m^2. h)]');
30| title('固体通量分析曲线');
31| legend('原始数据点','底流通量','重力通量','总通量');
```

Octave MATLAB

运行以上程序，得到结果如下：

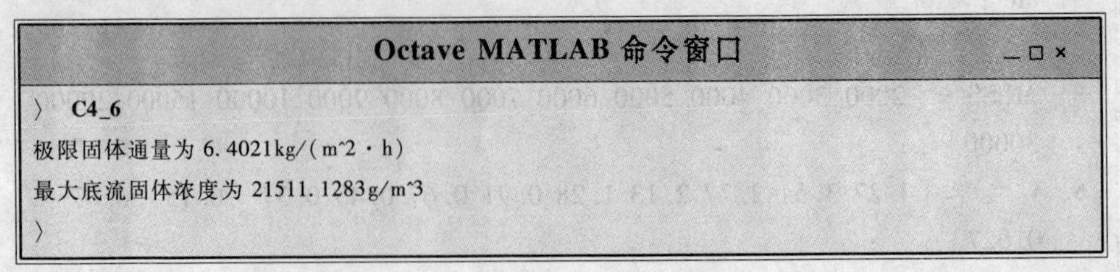
Octave MATLAB 命令窗口

```
〉 C4_6
极限固体通量为 6.4021kg/(m^2 · h)
最大底流固体浓度为 21511.1283g/m^3
〉
```

得到图形如图 4-13 所示。

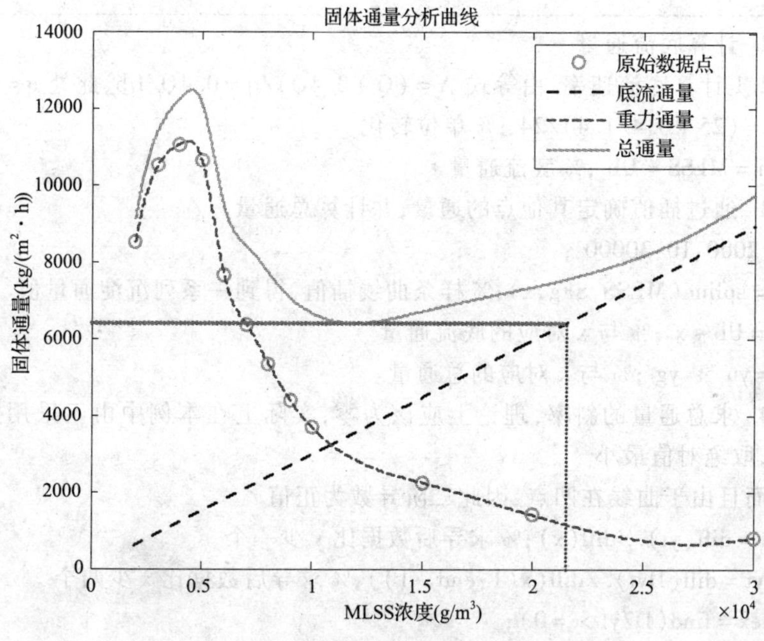

图 4-13 固体通量分析曲线（方法一）

ꕥ说明ꕤ

在本例中用到了样条插值函数 spline，该函数根据已知数据点求得三次样条函数，插值点在样条函数上的取值就是插值点的函数估计值。其调用一般格式为 yy = spline（x，y，xx），其中 x、y 为等长度向量，xx 为插值点，yy 为对应 xx 的插值函数值。若 y 为矩阵，则 x 为列数相同的行向量，即 y 中的每一个行向量都分别与 x 对应着不同的曲线。上例中就是用 spline 补全未测到的值以绘制出通量曲线。

本例也可以采用第二种方式求解。编写代码如下：

Octave MATLAB

```
1| % C4_6_1. m ,固体通量计算
2| clear ;
3| clc ;
4|
5| MLSS = [ 2000 3000 4000 5000 6000 7000 8000 9000 10000 15000 20000
   30000 ] ;
6| v     = [ 4. 27 3. 51 2. 77 2. 13 1. 28 0. 91 0. 67 0. 49 0. 37   0. 15   0. 07
   0. 027 ] ;
7| % 1. 根据表中数据计算沉淀通量
8| SFg = MLSS. * v ;% 沉淀通量
```

```
 9| %2. 计算底流通量
10| %2.1 计算底流速率,由等式 A=(Q+0.4Q)/q=0.4Q/Ub,此处 q=25
11| Ub=(25*0.4/1.4)/24 ;% 单位转化
12| SFu=MLSS*Ub ;% 底流通量
13| %3. 通过插值确定其他点的通量,并计算总通量
14| x=2000:10:30000 ;
15| yg=spline(MLSS,SFg,x);% 样条曲线插值,得到一系列沉淀通量值
16| yu=Ub*x ;% 与 x 对应的底流通量
17| yt=yu + yg ;% 与 x 对应的总通量
18| %4. 求总通量的斜率,理论上应该为零,实际上在本例中由于采用数值算
    法,取绝对值最小
19| % 而且由于曲线在凹点,因此二阶导数为正值
20| Dyt=diff(yt)./diff(x);% 求导后数据比 x 少一个
21| D2yt=diff(Dyt)./diff(x(1:end-1));% 求导后数据比 x 少两个
22| index=find(D2yt>=0);
23| index=find(Dyt==min(abs(Dyt(index))));
24| CL=x(index);% 求出 CL
25| yg_CL=yg(index);% 求出 CL 处沉淀通量曲线上通量
26| %5 过该点,切线的方程为 y=ax+b;其斜率为负底流速度,b=SFI
27| SFI=(yg_CL+Ub*CL)/1000;
28| Cu=SFI/Ub*1000;
29|
30| %6. 显示计算结果和图形
31| fprintf('极限固体通量为%.2f kg/(m^2·h)\n',SFI);
32| fprintf('最大底流固体浓度为%.2f g/m^3\n',Cu);
33| % 绘制各种通量
34| plot(MLSS,SFg,'ro',x,yu,x,yg,x,yt);
35| hold on
36| % 绘制求解过程
37| plot([CL CL],[yt(index),0],'b:',CL,yg_CL,'O',[0 Cu],[SFI 0]*1000,'b:')
38| xlabel('MLSS 浓度(g/m^3)');
39| ylabel('固体通量[kg/(m^2.h)]');
40| title('固体通量分析曲线');
41| legend('原始数据点','底流通量','沉淀通量','总通量');
```

Octave MATLAB

运行结果如下：

Octave MATLAB 命令窗口

```
〉 C4_6_1
极限固体通量为6.40 kg/(m^2·h)
最大底流固体浓度为21511.12 g/m^3
〉
```

得到图形结果及分析过程曲线如4-14所示。

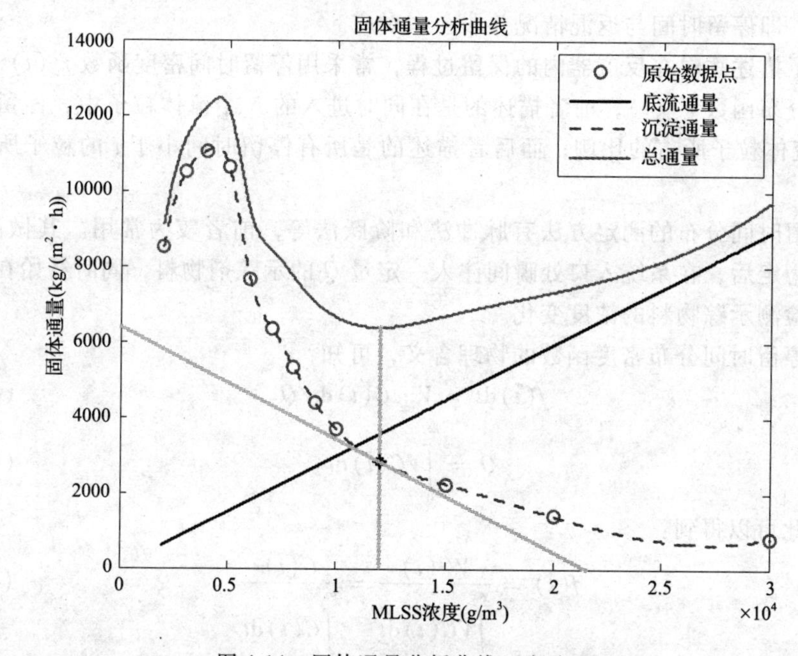

图4-14 固体通量分析曲线（方法二）

说明

1）代码20－21用到了diff函数，当调用格式为diff（X）时，表示求X向量相连元素的差值，即相当于求ΔX。

2）在MATLAB中diff函数还可以对符号方程进行微分，例如：

MATLAB 命令窗口

```
〉 sym x
〉 diff(sin(x))
ans =
   cos(x)
〉
```

4.8 水处理单元水力混合条件分析

4.8.1 水力混合条件分析基本理论

在连续流动的反应器内，不同停留时间的物料之间的混合称为返混。返混程度的大小一般很难直接测定，通常是利用物料的停留时间的测定来研究。然而测定不同状态的反应器内停留时间分布时，发现相同停留时间分布可以有不同的返混情况，即停留时间与返混情况并非一一对应。

为了描述物料在反应器内的保留过程，常采用停留时间密度函数 $f(t)$ 和停留时间分布函数 $F(t)$，前者描述的是在同时进入的 N 个流体粒子中，停留时间为 t 的流体粒子所占的比例；而后者描述的是所有停留时间小于 t 的粒子所占的比例。

停留时间分布的测定方法有脉冲法和阶跃法等，前者较为常用。其做法是：当系统稳定后，在系统入口处瞬间注入一定量 Q 的示踪剂物料，同时开始在出口流体中检测示踪物料的浓度变化。

由停留时间分布密度函数的物理含义，可知：

$$f(t)\,\mathrm{d}t = V\cdot C(t)\,\mathrm{d}t/Q \tag{4-22}$$

$$Q = \int_0^\infty VC(t)\,\mathrm{d}t \tag{4-23}$$

由此可以得到：

$$f(t) = \frac{VC(t)}{\int_0^\infty VC(t)\,\mathrm{d}t} = \frac{C(t)}{\int_0^\infty C(t)\,\mathrm{d}t} \tag{4-24}$$

由此可见 $f(t)$ 与示踪剂浓度 $C(t)$ 成正比。

考虑到测定的方便性，在水处理中常用饱和 NaCl 作为示踪剂，在反应器出口处检测溶液的电导率值。在一定范围内，NaCl 浓度与电导率成正比，即 $f(t) \propto L(t)$，此处 $L(t) = L_t - L_0$，L_0为无示踪剂时电导率值。对 $f(t)$ 密度函数求解平均停留时间 $\bar{t}$ 及其方差 σ_t^2。

$$\bar{t} = \int_0^\infty tf(t)\,\mathrm{d}t = \frac{\int_0^\infty tC(t)\,\mathrm{d}t}{\int_0^\infty C(t)\,\mathrm{d}t} \tag{4-25}$$

$$\sigma_t^2 = \int_0^\infty (t-\bar{t})^2 f(t)\,\mathrm{d}t = \int_0^\infty t^2 f(t)\,\mathrm{d}t - (\bar{t})^2 \tag{4-26}$$

以上两式亦可用离散形式表达，并取相同时间 Δt，表达如下：

$$\bar{t} = \frac{\sum tC(t)\Delta t}{\sum C(t)\Delta t} = \frac{\sum t \cdot L(t)}{\sum L(t)} \tag{4-27}$$

$$\sigma_t^2 = \frac{\sum t^2 C(t)}{\sum C(t)} - (\bar{t})^2 = \frac{\sum t^2 L(t)}{\sum L(t)} - (\bar{t})^2 \tag{4-28}$$

若用时间采用无因次时间 $\theta = t/\bar{t}$，则 $\sigma_\theta^2 = \sigma_t^2/(\bar{t})^2$。

一个实际的反应器往往可以用多个理想的完全混合反应器串联来描述，如图 4-15 所示。

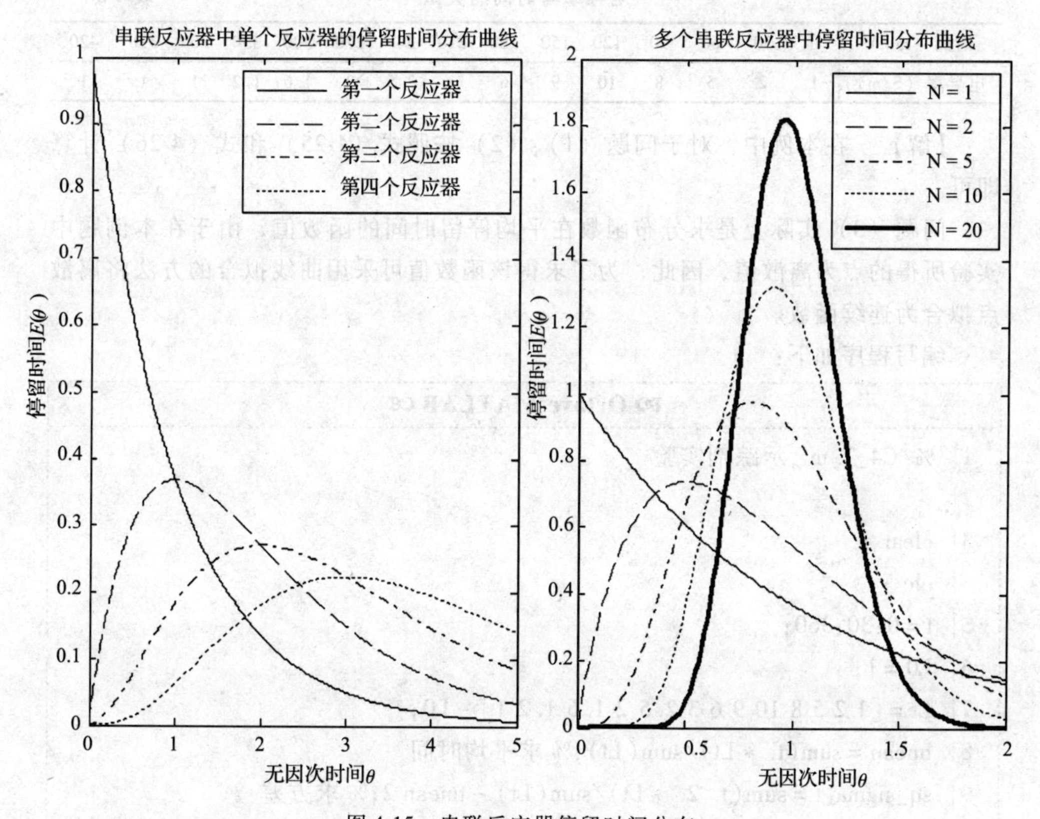

图 4-15 串联反应器停留时间分布

当串联的反应器 $n \to \infty$ 时即为推流反应器，当 $n = 1$ 时为完全混合反应器。实际反应器的对应串联反应器的个数为：

$$n = \frac{1}{\sigma_\theta} \tag{4-29}$$

以上计算结果中 n 可以为小数。

4.8.2 示踪实验数据分析

【例4-8】 用脉冲法以 NaCl 为示踪剂测定某一污水反应器的停留时间分布，得到出口处的电导率与时间的关系见表4-8，试求：

（1）该反应器的平均停留时间及方差；

（2）该反应器可用多少个完全混合反应器串联模拟；

（3）停留时间低于平均停留时间的污水所占比例。

电导率与时间的关系 **表4-8**

时间（min）	0	30	60	90	120	150	180	210	240	270	300	330	360	390	420
电导率（S/m）	1	2	5	8	10	9	6	3	2.5	2	1.6	1.2	1	1	1

【解】 在本例中，对于问题（1）、（2）按照式（4-25）和式（4-26）计算即可。

问题（3）实际上是求分布函数在平均停留时间的函数值，由于在本例题中实验所得的点为离散值，因此，为了求得该函数值可采用曲线拟合的方法将离散点拟合为连续函数。

编写程序如下：

Octave MATLAB

```
1| % C4_7.m ,示踪剂实验
2|
3| clear ;
4| clc ;
5| t=0:30:360;
6| L0=1;
7| Lt=[1 2 5 8 10 9 6 3 2.5 2 1.6 1.2 1]-L0;
8| tmean=sum(t.*Lt)/sum(Lt);% 求平均时间
9| sq_sigma_t=sum(t.^2.*Lt)/sum(Lt)-tmean^2;% 求方差
10| sigma_t=sq_sigma_t^0.5;% 求偏差
11| sq_sigma_theta=sq_sigma_t/tmean^2;% 求无因子时间方差
12| sigma_theta=sq_sigma_theta^0.5;% 求无因子时间偏差
13| n=1/sigma_theta;
14| result=sprintf(['平均停留时间=%0.2f(min),方差=%0.2f,',...
15|     '无量纲方差=%0.2f\n 本反应器相当于%0.2f 个完全混合反应器串
    联'],...
16|     tmean,sq_sigma_t,sq_sigma_theta,n);
```

```
17| disp(result);
18|
19| % 求分布函数
20| % 首先观察插值的拟合效果
21| plot(t,Lt,'o');
22| sp = spline(t,Lt);% 三次样条插值
23| hold on
24| fnplt(sp,'b-');
25| xlabel('时间(min)');
26| ylabel('电导率(S/m)');
27|
28| hold off
29| % 根据分布函数积分
30| t0 = 0;
31| tf = tmean;
32| Func = @ (x,sp)fnval(sp,x);% 匿名函数,也可单独写成函数文件
33| fra = quadl(Func,t0,tf,[],[],sp);% 若上函数单独成文件,则 Func 前加上@
34| total = quadl(Func,t0,t(end),[],[],sp);
35| ratio = fra/total * 100;
36| result = sprintf('停留时间小于或等于%0.2fmin 的流体占总入流水量的%
    0.2f%%',tmean,ratio);
37| disp(result);
38|
39| % Func 单独写成文件
40| % function y = Func(x,sp)
41| % y = fnval(sp,x);
```

Octave MATLAB

运行结果如下:

Octave MATLAB 命令窗口

```
〉 C4_7
平均停留时间 = 136.79(min),方差 = 3345.45,无量纲方差 = 0.18
本反应器相当于 2.37 个完全混合反应器串联
停留时间小于或等于 136.79min 的流体占总入流水量的 54.65%
〉
```

得到图形如图4-16所示。

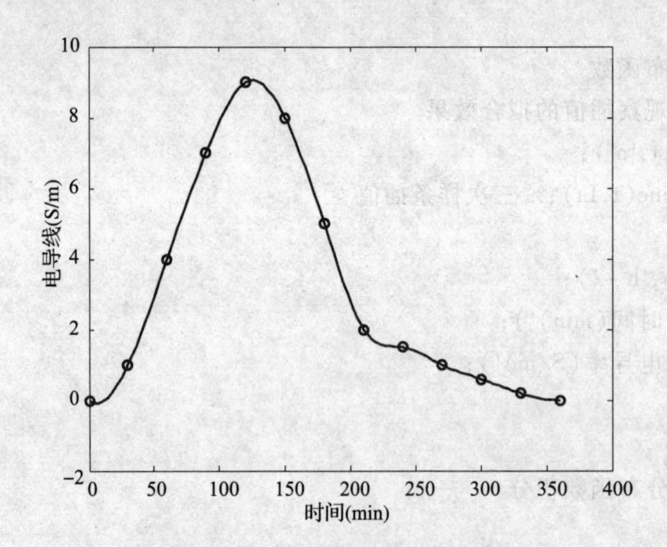

图4-16　三次样条插值曲线

习　题

1. 藻类常用来评估其对地表水中DO的影响程度。根据分布、密度、种类的组成不同，藻类对DO的影响程度也不同。多样性指数（香农指数）常用来定义生物群落中生物种类的丰富程度。它是基于信息理论公式的，常用来估算水体中藻类或其他有机体的多样性。生物多样性的计算公式（Shannon，Weaver，1949）如下：

$$H = -\sum_{i=1}^{S}\frac{n_i}{N}\log_2\frac{n_i}{N} = -\sum_{i=1}^{S}p_i\log_2 p_i$$

式中　H——生物多样性指数；

S——生物种类的数量；

N——所有生物的总数量；

n_i——第i种生物的数量；

p_i——第i种生物的数量占总量的百分比。

当只有一个种群的时候，即$S=1$时$H=0$最小；随着种群的增加，H也增大，当$S=N$时，即N个种群，$H=\log_2 N$最大。

在某湖泊中含有5个藻类物种，每毫升水样中的数量分别为122、658、165、1216、423个。求藻类的多样性指数。

2. 在某硝化颗粒培养间歇式反应器中，各物质初始浓度分别为：NH_4^+-N为74mg/L，NO_2^--N为1.3mg/L，NO_3^--N为30mg/L，氨氧化菌（AOB）和亚硝酸盐氧化菌（NOB）分别为100 mg/L、120 mg/L，DO浓度为0；NOB的初始比增长速率为0.18 /d。在反应器中各物质的反应速率分别为：

$$\frac{\mathrm{d}X_{NH_4^+}}{\mathrm{d}t}=\mu_{NH_4^+}\frac{S_{NH_4^+}}{K_{NH_4^+}+S_{NH_4^+}}\frac{S_O}{K_{O,NH_4^+}+S_O}X_{NH_4^+}$$

$$\frac{\mathrm{d}S_{NH_4^+}}{\mathrm{d}t}=-\frac{1}{Y_{NH_4^+}}\mu_{NH_4^+}\frac{S_{NH_4^+}}{K_{NH_4^+}+S_{NH_4^+}}\frac{S_O}{K_{O,NH_4^+}+S_O}X_{NH_4^+}$$

$$\frac{\mathrm{d}X_{NO_2}}{\mathrm{d}t}=\mu_2\frac{S_{NO_2}}{K_{NO_2}+S_{NO_2}}\frac{S_O}{K_{O,NO_2}+S_O}X_{NO_2}$$

$$\frac{\mathrm{d}S_{NO_2}}{\mathrm{d}t}=-\left(\frac{1}{Y_{NH_4^+}}-i_{NB}\right)\mu_{NH_4^+}\frac{S_{NH_4^+}}{K_{NH_4^+}+S_{NH_4^+}}\frac{S_O}{K_{O,NH_4^+}+S_O}X_{NH_4^+}-\frac{1}{Y_{NO_2}}\mu_2\frac{S_{NO_2}}{K_{NO_2}+S_{NO_2}}\frac{S_O}{K_{O,NO_2}+S_O}X_{NO_2}$$

$$\frac{\mathrm{d}S_{NO_3}}{\mathrm{d}t}=\left(\frac{1}{Y_{NO_2}}-i_{NB}\right)\mu_2\frac{S_{NO2}}{K_{NO_2}+S_{NO2}}\frac{S_O}{K_{O,NO_2}+S_O}X_{NO_2}$$

$$\frac{\mathrm{d}S_O}{\mathrm{d}t}=K_La(S_{O,SAT}-S_O)-\frac{1}{Y_{O,1}}\mu_{NH_4^+}\frac{S_{NH_4^+}}{K_{NH_4^+}+S_{NH_4^+}}\frac{S_O}{K_{O,NH_4^+}+S_O}X_{NH_4^+}-\frac{1}{Y_{O,2}}\mu_2\frac{S_{NO_2}}{K_{NO_2}+S_{NO_2}}\frac{S_O}{K_{O,NO_2}+S_O}X_{NO_2}$$

$$\frac{\mathrm{d}\mu_2}{\mathrm{d}t}=-K_d\mu_2\frac{K_{NO_3^-}}{K_{NO_3^-}+S_O}+\alpha(\mu_{NO_2}-\mu_2)\frac{K_{NO_3^-}}{K_{NO_3^-}+S_O}$$

试模拟在前半周期（12h）缺氧、后半周期（12h）好氧的操作条件下各物质的变化情况，其中的相关参数的见表4-9。

氨氧化与硝化反应相关参数　　**表4-9**

符号	描述	值	单位
$\mu_{NH_4^+}$	AOB的最大比增长速率	0.20	d^{-1}
$K_{NH_4^+}$	AOB对NH_4^+的半饱和常数	1.82	mg NH_4^+ − N/L
$Y_{NH_4^+}$	AOB对NH_4^+的产率系数	0.23	mg COD/mg NH_4^+ − N
K_{O,NH_4^+}	AOB对O_2的半饱和常数	0.45	mg O_2/L
$Y_{O,1}$	AOB对O_2的产率系数	0.07	mg COD/mg O_2
μ_{NO_2}	NOB的最大比增长速率	0.19	d^{-1}
K_{NO_2}	NOB对NO_2^-的半饱和系数	0.24	mg NO_2^- − N /L
Y_{NO_2}	NOB对NO_2^-的产率系数	0.23	mg COD/mg NO_2^- − N
K_{O,NO_2}	NOB对NO_3^-的半饱和常数	0.83	mg O_2/L
$Y_{O,2}$	NOB对O_2的产率系数	0.15	mg COD/mg O_2
K_{O,NO_3^-}	NOB适应好氧条件的半饱和常数	0.01	mg O_2/L

续表

符号	描述	值	单位
i_{NB}	生物中的含氮量	0.086	mgN/mgCOD
K_d	NOB在缺氧条件下的失活常数	0.00066	—
S_{o_sat}	饱和溶解氧	7.4	mg O_2/L
K_{La}	传质系数	0.905	min^{-1}
α	NOB在好氧条件下的适应系数	0.0026	—

第5章 给水排水系统仿真

仿真是利用物理或数学模拟代替实际系统进行实验和研究，可分为物理仿真和数学仿真。其中数学仿真作为一种快速和经济的数值实验方法日益受到重视。MATLAB 中除了提供基本的数学方法（如求解常微分方程 ode45 函数和求解偏微分方程 pdepe 函数）方便用户实现模型仿真外，还提供了专门的工具箱 Simulink 以图形化的方式实现仿真过程。Simulink 是一个针对动态系统建模和仿真的工具箱，提供了基于图块编辑器的模块化建模方法。Simulink 提供了大量的常用模块，用户可以直接从模块库中选取相应的模块插入到自己的模型中。

在 SCILAB 平台上也有具有类似的图形化建模的免费工具 Xcos，其用法与 Simulink 相似。更为可喜的是，Xcos 目前对 Modelica 建模语言的支持有了较大的改进，与直接采用 C 语言编写计算函数相比，该语言具有编程效率高、编程代码简洁等优点。

5.1 Simulink 仿真平台应用基础

下面通过一个例子来说明 Simulink 的建模及仿真方法。

【例 5-1】 在活性污泥系统中微生物在批量反应器中的底物消耗可用以下方程来描述：

$$X = X_0 e^{-K_d t} \tag{5-1}$$

$$\frac{dS}{dt} = -\frac{1}{Y}\frac{\mu_{max} S}{K_s + S}X \tag{5-2}$$

式中 μ_{max}——微生物最大比生长速率，g 新细胞/（g 细胞 · d），本例中取 0.5；

K_s——半速度常数，g/m³，本例中取 150；

Y——真实产率，g/g，本例中取 0.5；

S——溶液中限制微生物生长的底物浓度，g/m³；

X——微生物浓度，g/m³；

K_d——内源代谢系数，d^{-1}，本例中取 0.015。

假定初始微生物浓度 X_0 = 5 g/m³，初始基质浓度 S_0 = 10g/m³，试求基质浓度与微生物浓度随时间的变化。

【解】 在本例中 X 与时间的关系已经明确给出，因此无需求解；S 与时间的关系是通过式（5-2）给出，需要对此方程进行求解，当然也可以对该方程进行直接积分得到（见2.3求常微分方程的解析解和［例4-2］相关内容），但在本例中我们不直接采用数学积分的方法，而是采用图形化的途径实现以上两个方程的表达及求解。步骤如下：

（1）在命令窗口中输入Simulink，回车启动Simulink或者点击工具栏中的图标，启动Simulink，出现界面如图5-1所示。

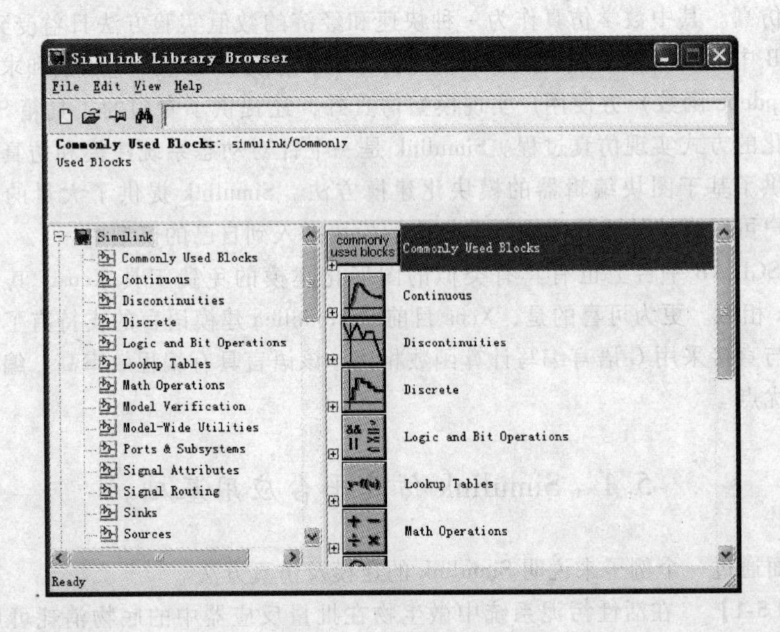

图5-1　Simulink模块库

在该界面上可以看到模块库的分组（左边）及模块的名称及图形（右边）。

（2）点击菜单File→New→Model，出现如图5-2所示界面，该界面的空白处即为绘制模型的区域。

（3）绘制方程 $X = X_0 e^{-K_d t} = 5e^{-0.015t}$

对该方程中由输入量到输出量的变化过程涉及的运算分析如图5-3所示。

首先从Simulink Library Browser中的Souces组内，将时钟Clock模块拖放到模型绘制区（即输入量 t），然后从Commonly Used Blocks组内，将常数模块Constant拖放到模型绘制区，最后从Math Operations组内，将乘法运算Product拖放到模型绘制区，得到的图形如图5-4所示。

在模型绘制区双击constant图标，弹出如图5-5所示对话框，修改常数值为-0.015，并关闭对话框。

此时模型绘制区Constant显示的内容已改变为-0.015。

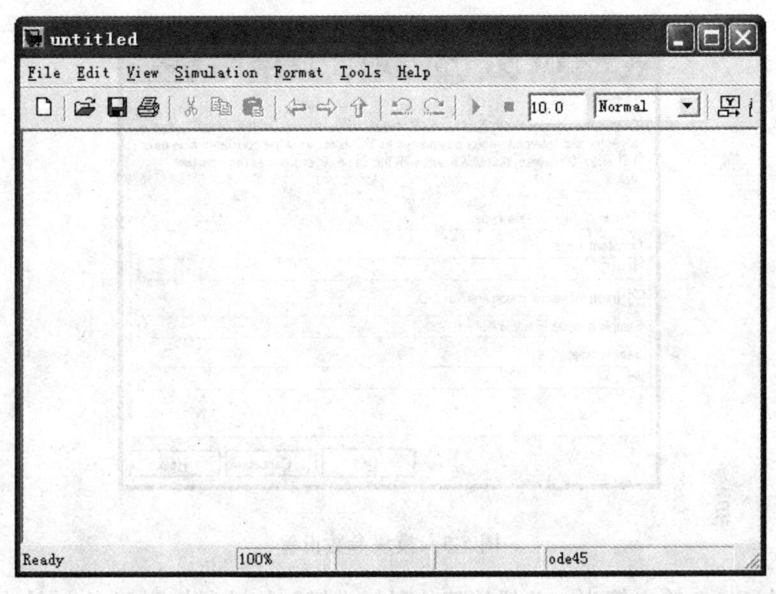

图 5-2 新建模型

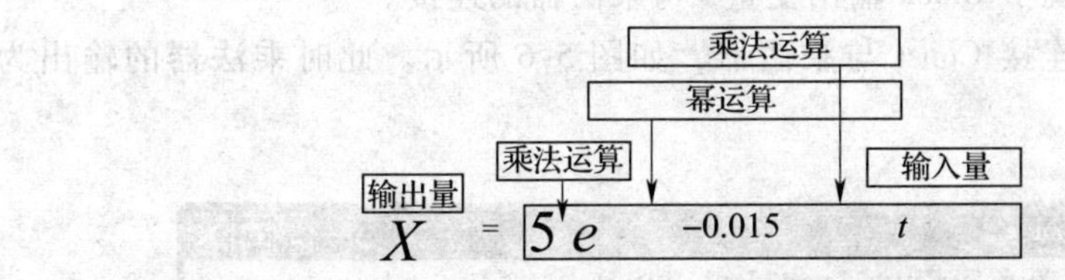

图 5-3 运算分析

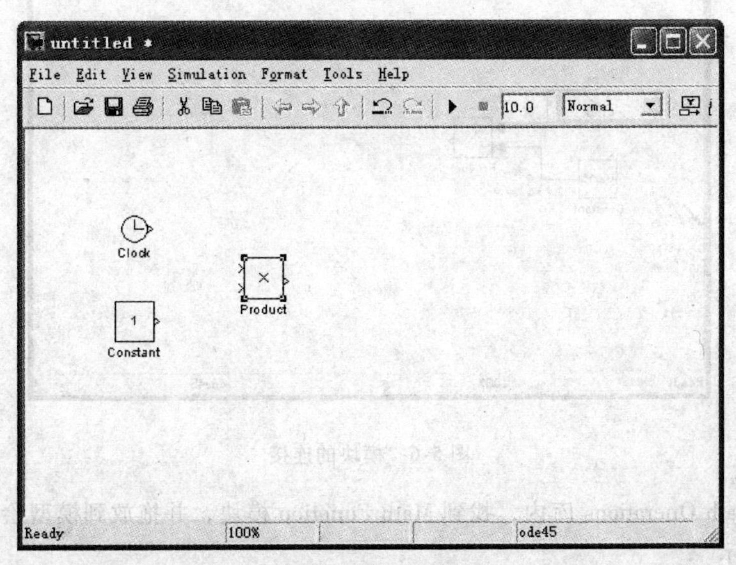

图 5-4 模块的使用

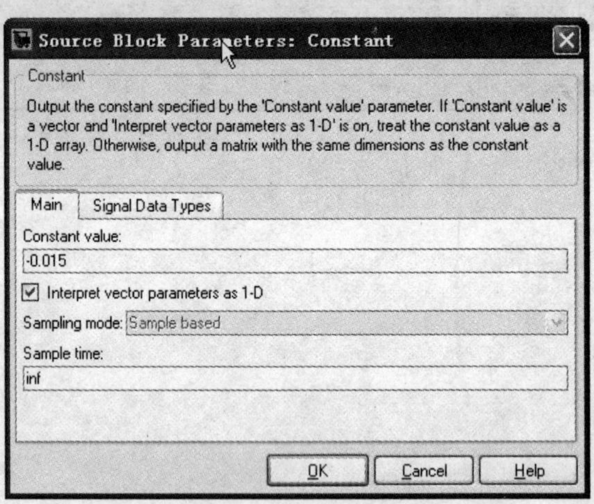

Source Block Parameters: Constant
Constant
Output the constant specified by the 'Constant value' parameter. If 'Constant value' is a vector and 'Interpret vector parameters as 1-D' is on, treat the constant value as a 1-D array. Otherwise, output a matrix with the same dimensions as the constant value.
Main
Signal Data Types
Constant value:
-0.015
Interpret vector parameters as 1-D
Sampling mode:
Sample based
Sample time:
inf
OK
Cancel
Help

图 5-5　模块参数设置

点击 Clock 输出箭头，并保持按住鼠标左键，拖动鼠标到 Product 输入箭头处松开，这样系统实现了 Clock 输出变量 t 与乘法器的连接。

同样的方法，连接 Const 与乘法器，如图 5-6 所示。此时乘法器的输出为：$-0.015*t$。

untitled *
File Edit View Simulation Format Tools Help
10.0
Normal
Clock
Product
0.015
Constant
Ready
100%
ode45

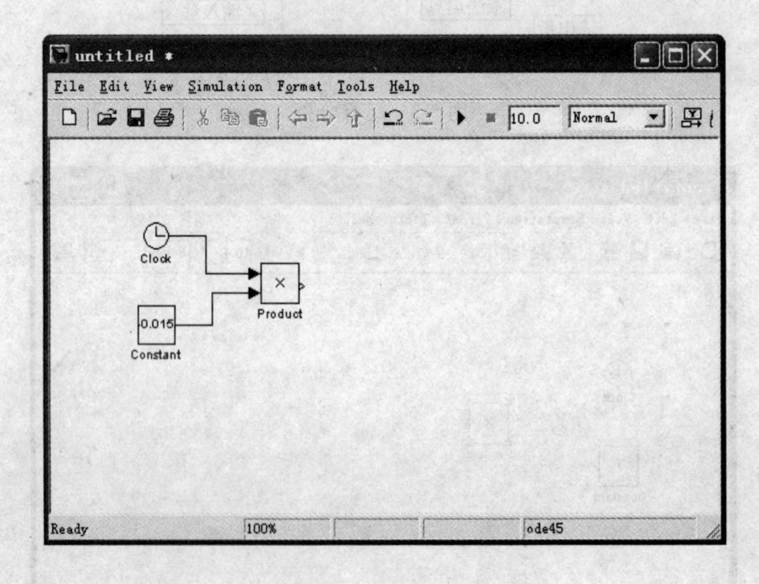

图 5-6　模块的连接

在 Math Operations 库内，找到 Math Function 模块，并拖放到模型绘制区，如图 5-7 所示。

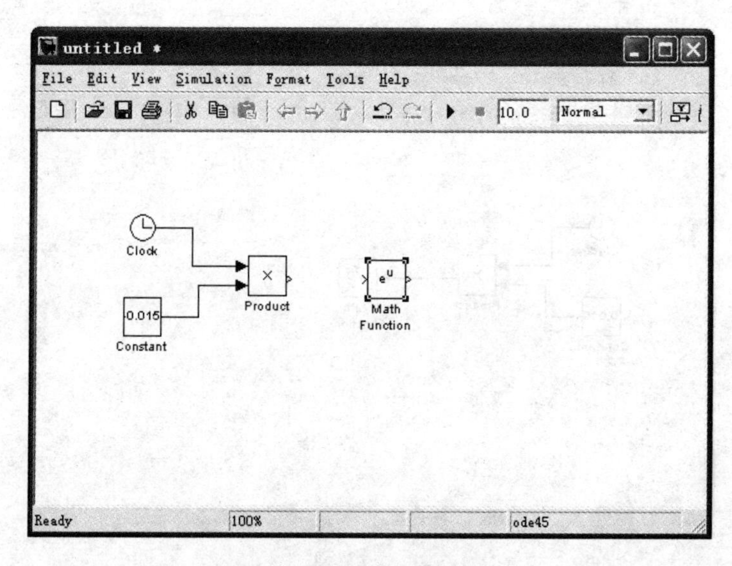

图 5-7 数学函数模块的使用

双击 Math Function 图标，弹出如图 5-8 所示对话框。

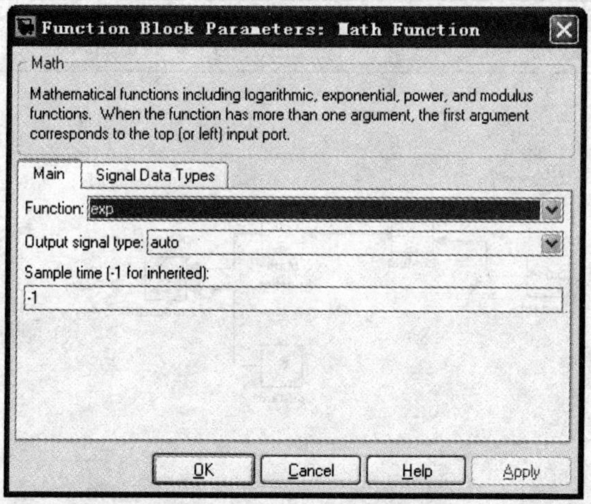

图 5-8 数学模块函数选择

在函数列表框里选择所需要的函数，在本例中选择 exp 函数，点击确定。

在模型绘制区，将乘法器的输出为“ $-0.015*t$ ”作为 exp 函数的输入，连接两个模块，如图 5-9 所示。

此时 e^u 函数的输出为“ $e^{-0.015t}$ ”。

用同样的方法拖入常数模块并设置为 5，拖入乘法器，并连接，得到结果如图 5-10 所示。

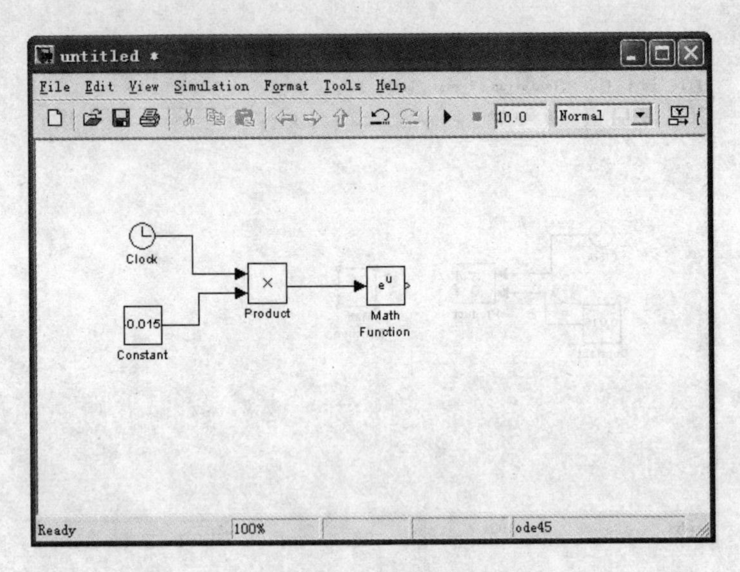

图 5-9 模块连接

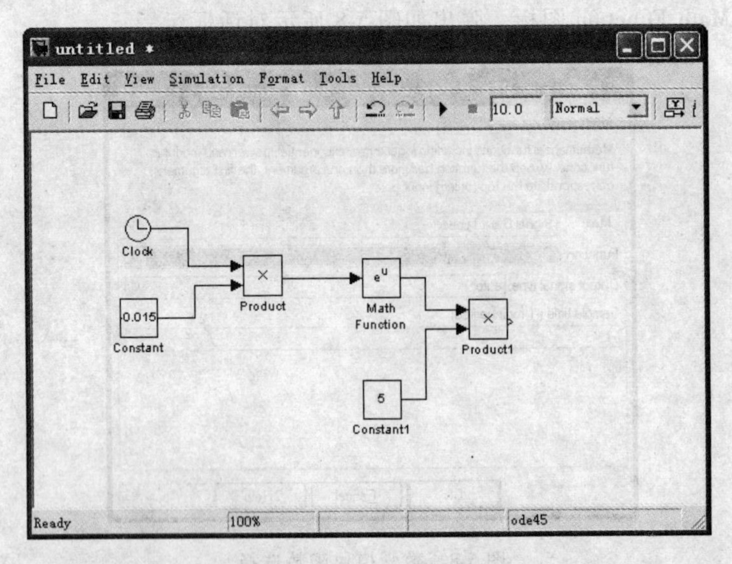

图 5-10 添加常数模块

此时，Product1 模块的输出为“ $X = 5e^{-0.015t}$ ”，以相应的文件名保存当前工作内容。为了便于记忆，点击 Product1 文字，可修改文字，在本例中将 Product1 改为 Biomass X，Constant 改为 $-K_d$，Constant1 改为 X_0，如图 5-11 所示。

以上就完成了方程 $X = X_0e^{-K_dt} = 5e^{-0.015t}$ 的输入。但我们发现在该方程中有大量的常数与一个变量相乘的运行，在 Simulink 可以用一个模块 Gain 代替，其表达形式更为简洁，如图 5-12 所示。

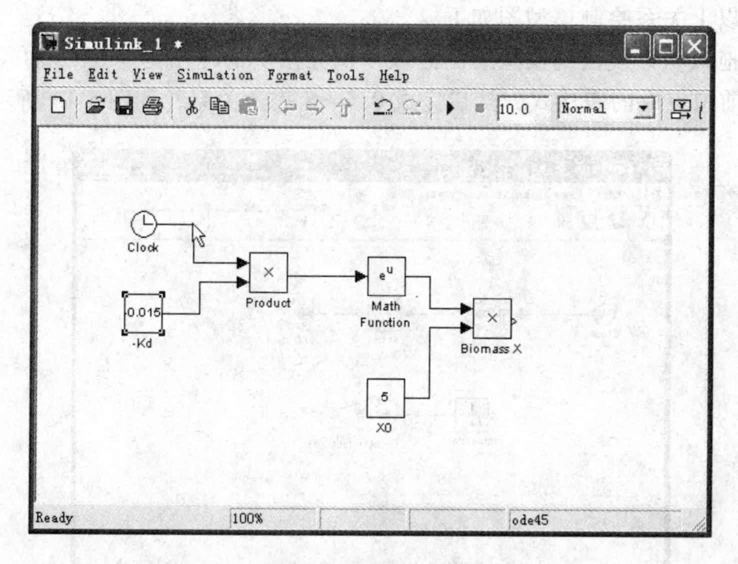

图 5-11 重命名模块

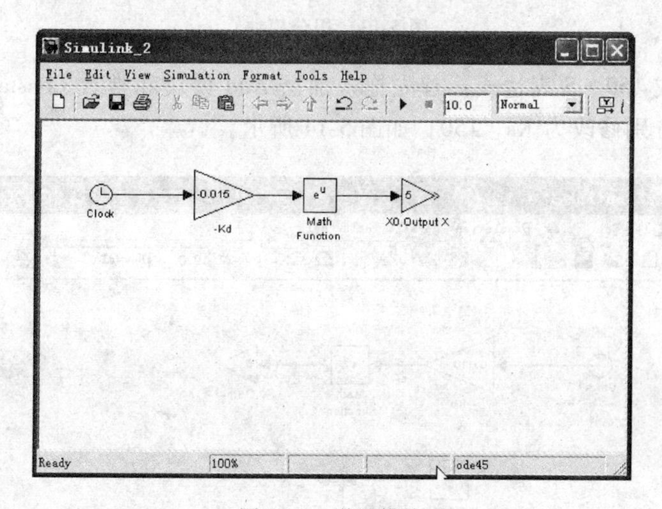

图 5-12 增益模块

（4）绘制方程 $\frac{dS}{dt}=-\frac{1}{Y}\frac{\mu_{max}S}{K_s+S}X=-\frac{1}{0.5}\frac{0.5S}{150+S}X$

对该方程分析如下：

积分运算

$$\frac{dS}{dt}=-\frac{1}{0.5}\frac{0.5S}{150+S}X$$

根据以上关系绘制模型图如下：

首先拖入积分模块到模型绘制区域，积分模块的输出为"S"，输入为"dS/dt"即目前拟完成的表达式，然后完成 0.5 * S 表达关系，如图 5-13 所示。

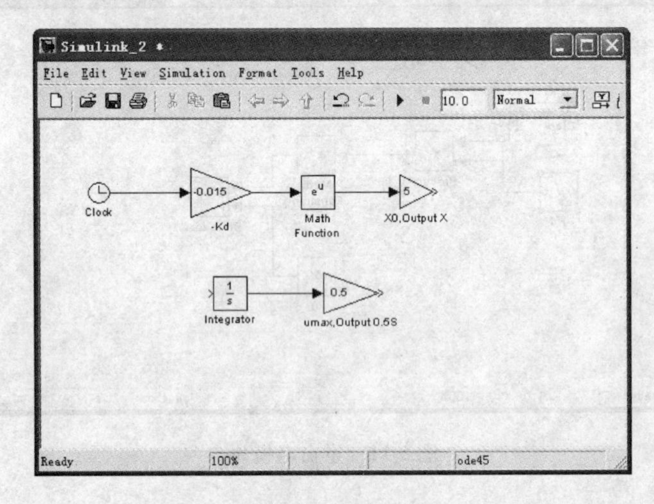

图 5-13 积分模块

下面完成 150 + S 表达式：首先拖入加法 Add 模块和常数 Constant 模块，并将名称和值分别修改为 Ks、150，如图 5-14 所示。

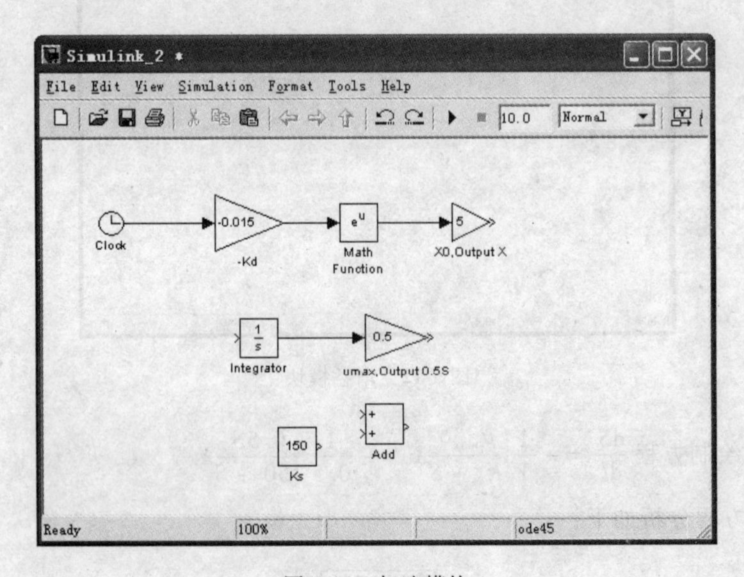

图 5-14 加法模块

先点击 Add 模块上方的输入口，按住鼠标左键不放，拖动位置到输出为 S 的线上，松开鼠标即可连接 S 与 Add 模块，如图 5-15 所示。

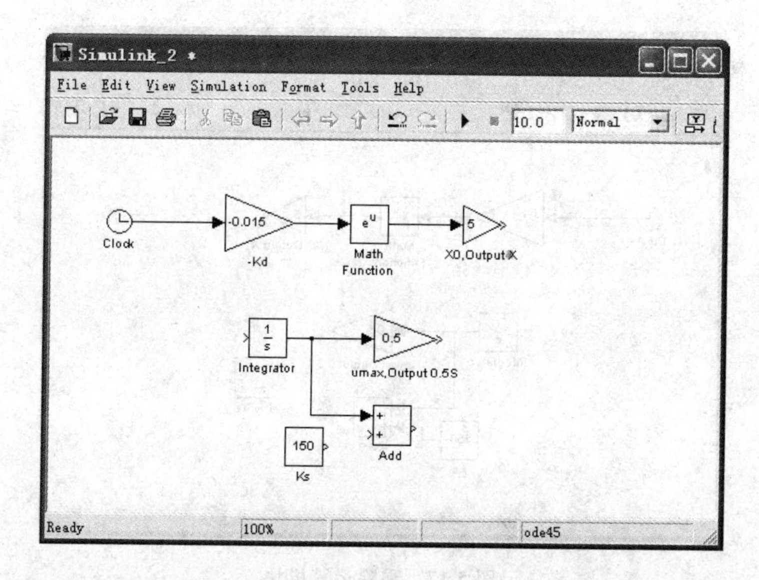

图 5-15 模块多连线

连接 Ks 与 Add 模块，并修改 Add 模块名称为 Ks + S 如图 5-16 所示。

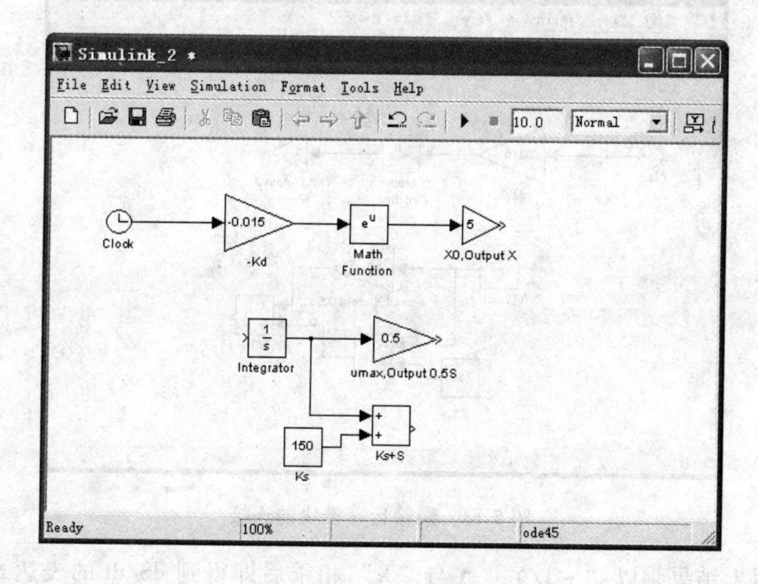

图 5-16 积分运算

选择除法模块 Divided，如 5-17 所示。

在 Divide 模块中注意分子和分母的位置，连接如下，并修改名称为 0.5S/(Ks + S)，如图 5-18 所示。

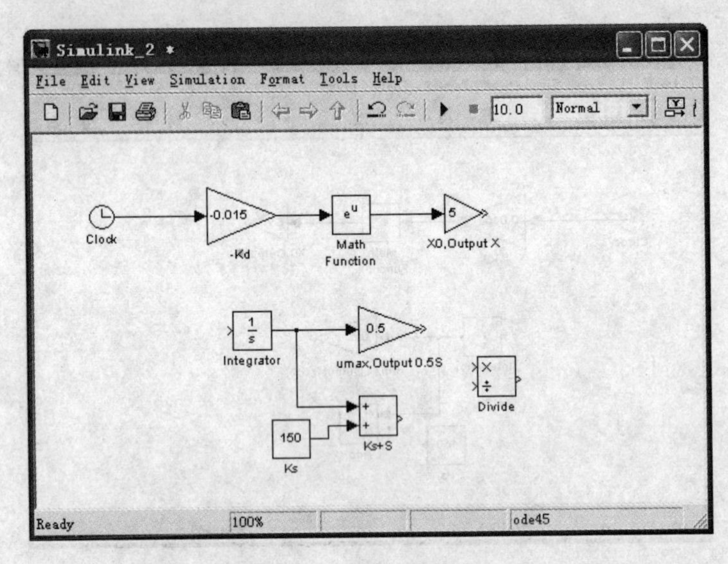

图 5-17 乘除运算模块

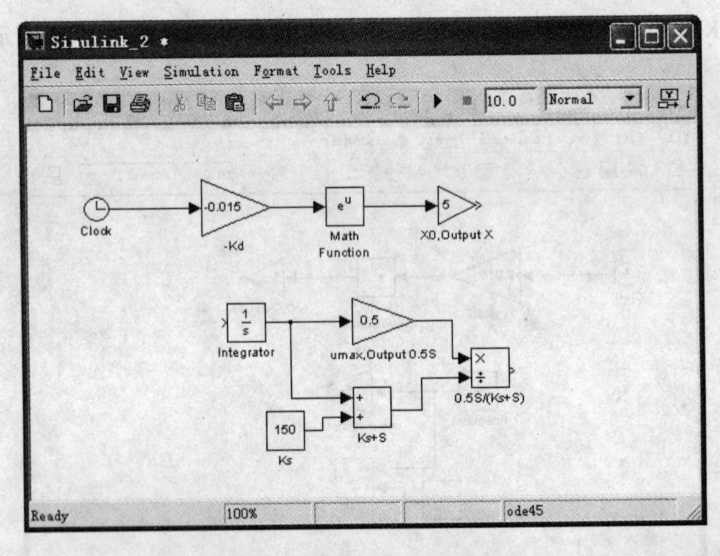

图 5-18 乘除运算模块的连接

将以上结果乘以“-1/Y”并与“X”相乘后即得到 dS/dt 的表达式，如图 5-19 所示。

最后将 dS/dt 作为积分的输入即完成模型表达式的绘制工作，如图 5-20 所示。

(5) 设置初值条件。

点击积分模块弹出如图 5-21 所示对话框，设置积分初值 $S_0=10$。

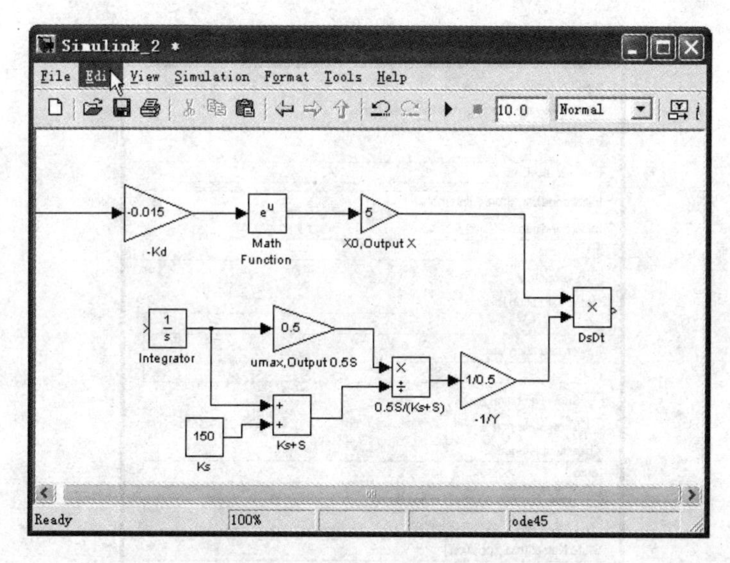

图 5-19 完成微分方程模块的连接

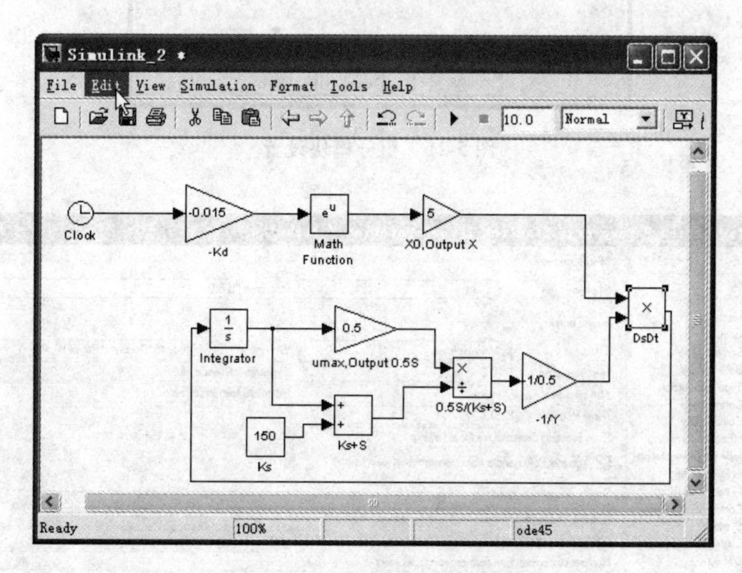

图 5-20 完成所有模块的连接

(6) 仿真模拟

首先点击 Simulation→Configuration Parameters 设置计算条件，如图 5-22 所示。

设置模拟时间：0 ~ 100d，计算相关选项，本例中最大迭代步长为 0.2，初始步长为 0.1，其他均为默认值。

然后点击 Simulation→Start，即完成模拟计算。

(7) 数据后处理与结果显示

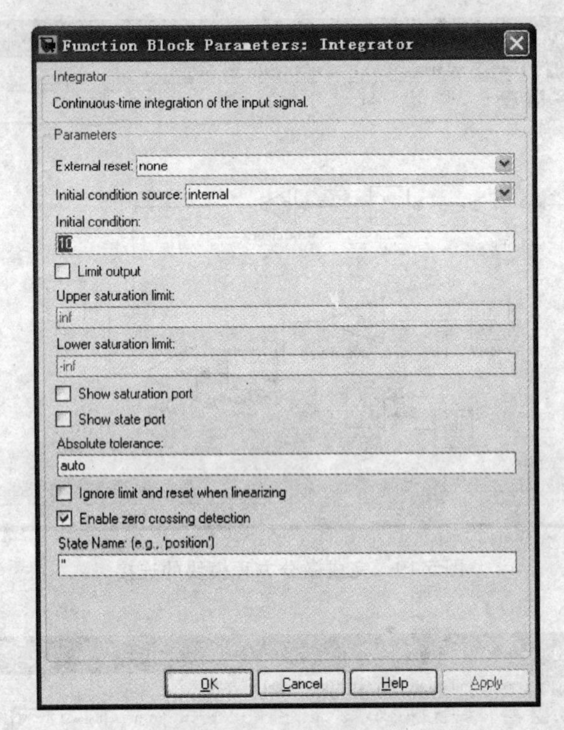

图 5-21　积分模块设置

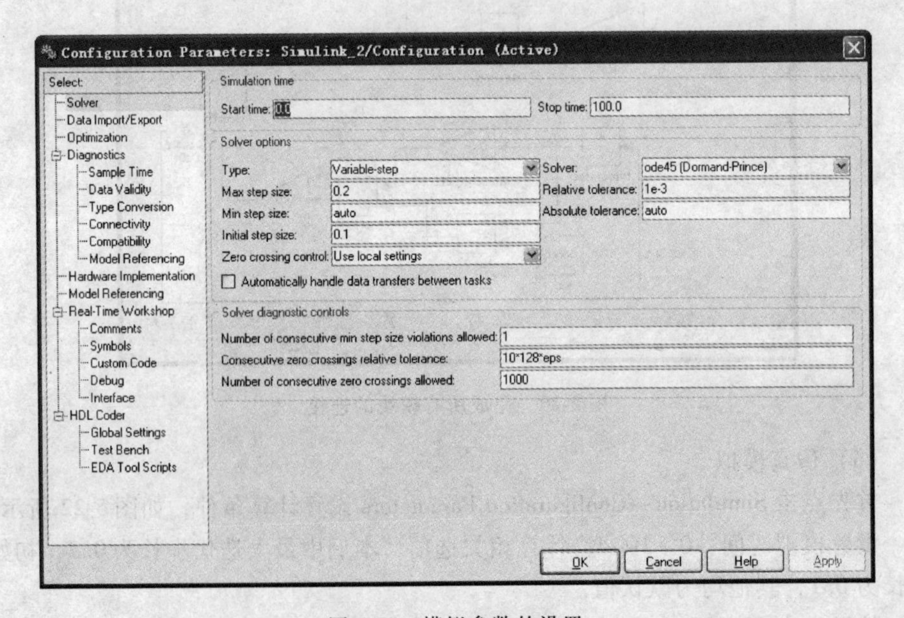

图 5-22　模拟参数的设置

以上虽然完成了计算模拟，但用户看不到模拟结果，那是因为在模型绘制时没有任何的显示模块。为此将 Sink 模型库中的 XYGraphy 拖入模型中，连接时间 t 与 X，并将标题修改为“t – X”，如图 5-23 所示。

Simulink_2 *
File Edit View Simulation Format Tools Help
1000
Normal
Clock
-0.015
-Kd
Math
Function
5
X0,Output X
t-X
1/s
Integrator
0.5
umax,Output 0.5S
0.5S/(Ks+S)
1/0.5
-1/Y
DsDt
150
Ks
Ks+S
Ready
100%
ode45

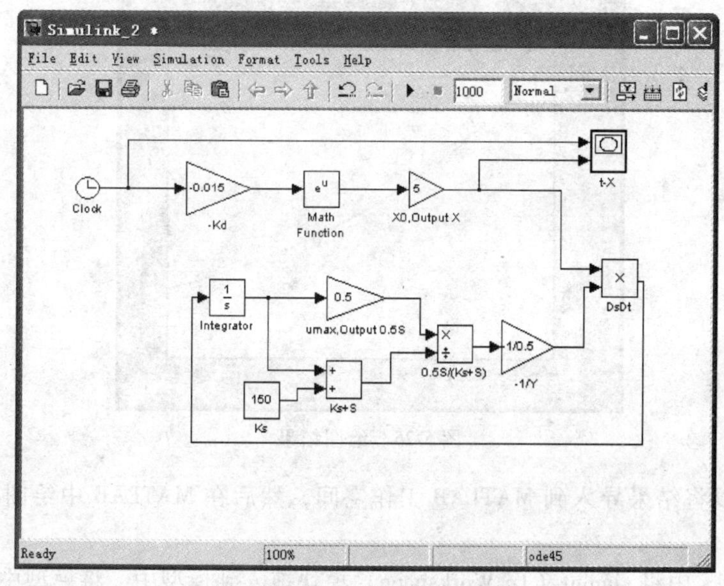

图 5-23 添加图形化输出模块

点击“t – X”弹出如图 5-24 所示对话框，并设置“x – y”范围（横坐标 x 为时间 t，纵坐标 y 为生物量 X）。

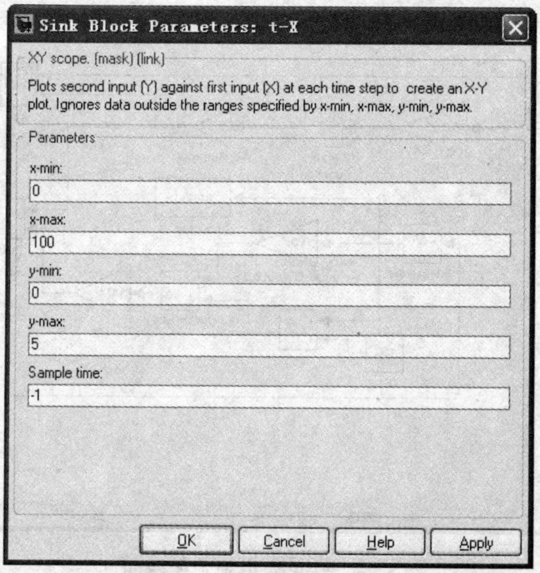

Sink Block Parameters: t-X
XY scope. (mask) (link)
Plots second input (Y) against first input (X) at each time step to create an X-Y plot. Ignores data outside the ranges specified by x-min, x-max, y-min, y-max.
Parameters
x-min:
0
x-max:
100
y-min:
0
y-max:
5
Sample time:
-1
OK
Cancel
Help
Apply

图 5-24 图形输出模块设置

点击确定，然后点击 Simulation→Start，从而得到微生物量随着时间的变化曲线，如图 5-25 所示。

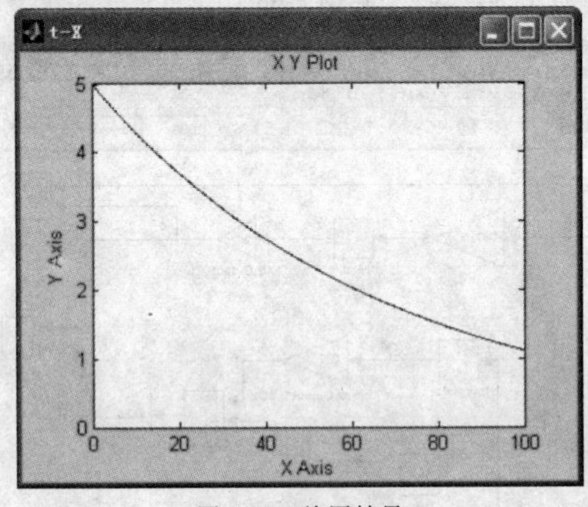

图 5-25　绘图结果

也可以将结果导入到 MATLAB 工作空间，然后在 MATLAB 中绘图，操作如下：

从 Sinks 中将 simout（To Workspace）模块拖入到模型中，将模型中的数据 S 连接到上面，并将标题修改为 Sim_S，如图 5-26 所示。

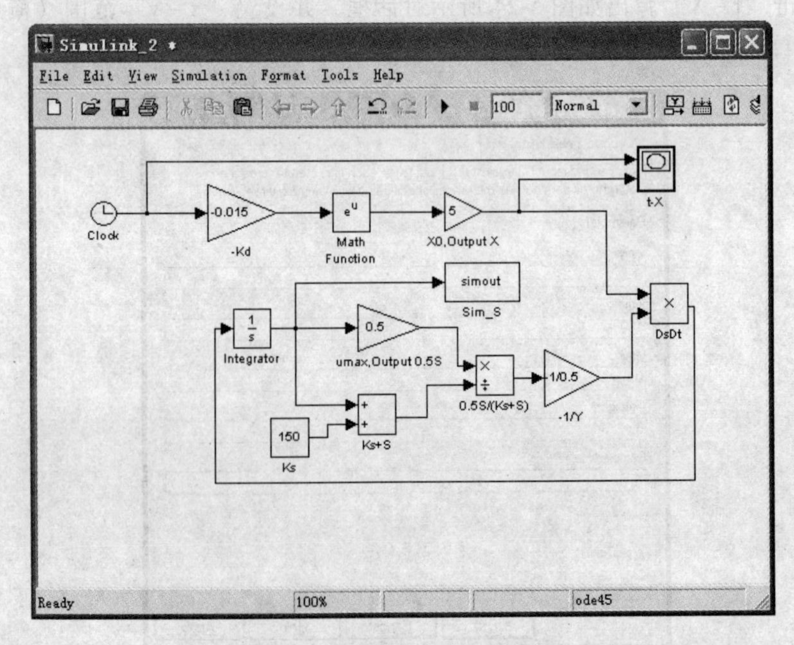

图 5-26　结果输出到工作空间

双击 simout 在如图 5-27 所示对话框中设置变量名称为 Sim_S，并选择保存格式为 Structure With Time，设置好后确定。

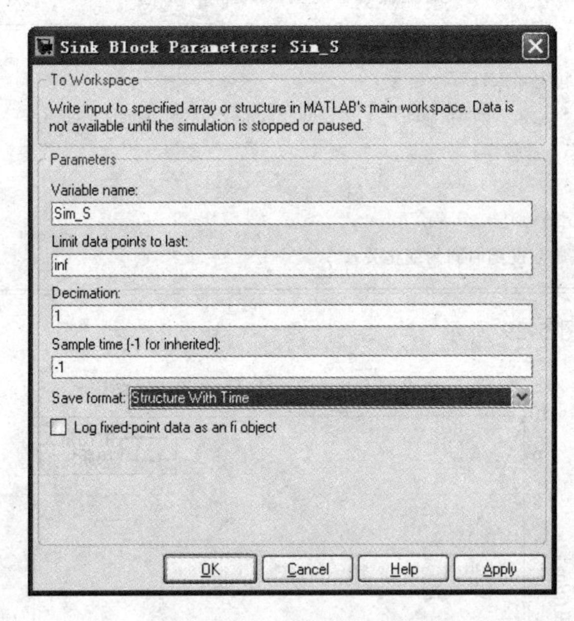

图 5-27 Sink 模块参数设置

采用相同的办法将 X 导入到工作空间，如图 5-28 所示。

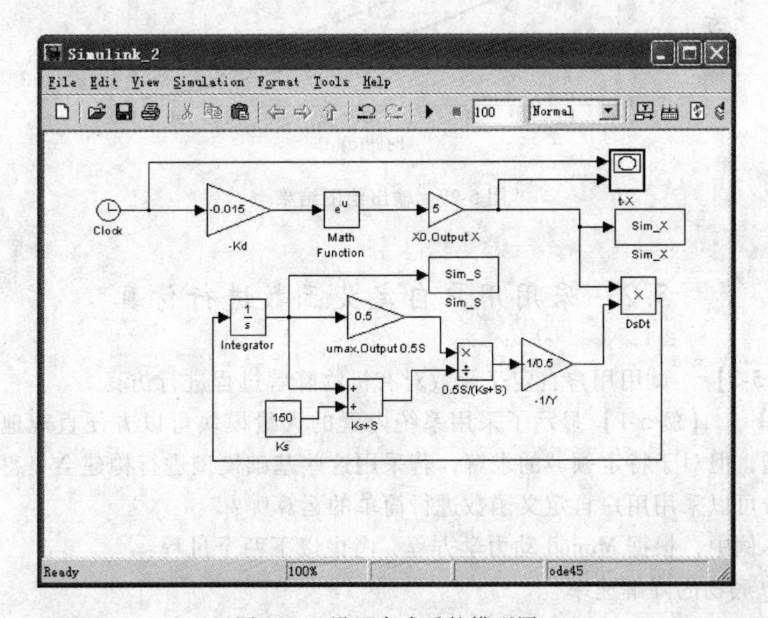

图 5-28 设置完成后的模型图

点击 Simulation→Start 或者在命令窗口输入：

Octave MATLAB 命令窗口

```
〉 sim('Simulink_2') % 参数为建立模型时所保存的模型名称
〉 % 在 MATLAB 空间中输入以下命令
〉 plot(Sim_X.time,Sim_X.signals.values,'r-',Sim_S.time,Sim_S.signals.values,'--')
〉 legend('生物量 X','基质 S')
〉 xlabel('时间(d)')
〉 ylabel('浓度(g/m^3)')
〉 title('生物量与基质浓度随时间的变化关系')
```

运行结果如图 5-29 所示。

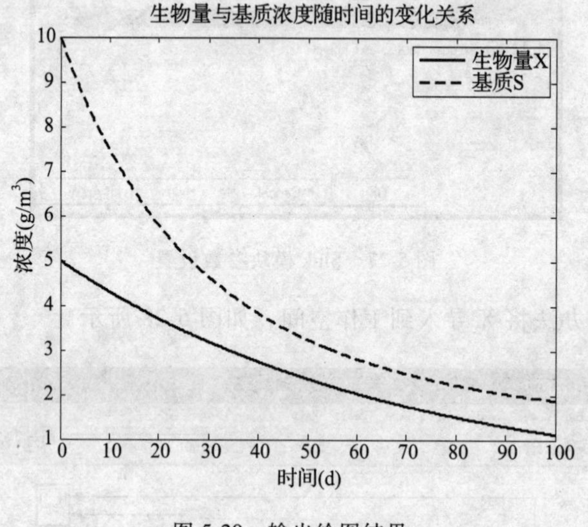

图 5-29　输出绘图结果

5.2　采用用户自定义函数进行仿真

【例 5-2】　试用用户自定义函数对有机物降解过程进行仿真。

【解】　【例 5-1】显示了采用系统内置的大量模块可以方便直观地构建自己的模型，但对于特定领域的求解，若采用这些基础模型进行构建会显得复杂繁琐。是否可以采用用户自定义函数进行简单的运算呢？

在本例中，根据 Monod 动力学方程，考虑以下两个过程：

（1）底物的降解速率

$$\frac{dS}{dt} = -\frac{1}{Y}\frac{\mu_{max}S}{K_s + S}X \tag{5-3}$$

(2) 微生物的增殖速率

$$\frac{dX}{dt} = \frac{\mu_{max} S}{K_s + S} X - K_d X \qquad (5\text{-}4)$$

式中 μ_{max}——微生物最大比生长速率，g 新细胞/(g 细胞 · d)；

K_s——半速度常数，g/m^3；

Y——真实产率，g/g；

S——限制微生物生长的底物浓度，g/m^3；

X——微生物浓度，g/m^3；

K_d——内源代谢系数，d^{-1}。

采用【例 5-1】相似的步骤实施如下：

(1) 在命令窗口中输入 Simulink，回车启动 Simulink 或者点击工具栏中的图标，然后新建一个模型文件。

(2) 从 User - defined Functions 中将 Fcn 模块拖入新建文件中，双击修改 Expression 为 uMax/(1 + Ks/u [1])，其中 u [1] 为输入到 Monod kinetics 模块中数组的第一个值，它是由积分模块 Integrate 对 dS/dt 积分得到的值，即 S；从 Math Operations 中拖入 Product 模块、gain 模块和 Add 模块，双击 Add 模块将 List of signs 中的符号改为 + -，将 gain 模块复制一个，分别修改 Gain 为 -1/Y 和 Kd；从 Continues 中拖入 Integrator，复制一次；从 Sinks 中拖入 To Workspace，并复制，分别将 variable name 修改为 S、X，save format 改为 Array。

(3) 将各模块按图 5-30 所示连接起来。uMax、Y、Kd、Ks 等参数的值可以从 MATLAB 的命令窗口输入，S、X 的初始值在 Integrator 的 Initial Condition 中输入，最后输出的结果保存在工作空间的 S 和 X 中，在 MATLAB 命令窗口中输入 S 和 X 可以查看最终的结果。

模型空间结果如图 5-30 所示。

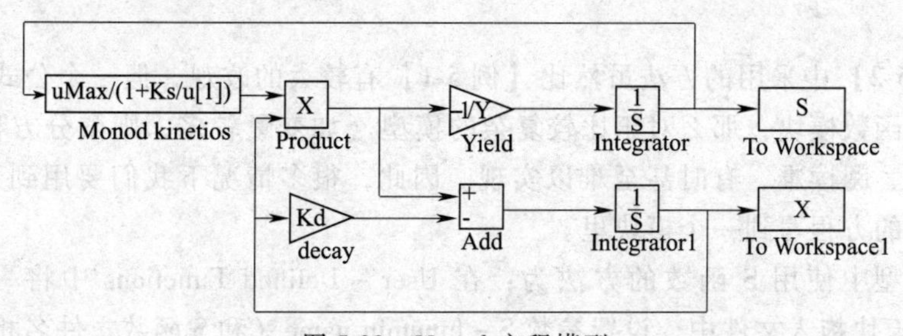

图 5-30 Monod 方程模型

与【例 5-1】中的采用方法相比，通过在用户自定义函数中直接输入公式可以大大简化模型的复杂程度。

完成以上工作就可以进行模拟了，编写代码如下：

MATLAB 命令窗口

```
> Ks=150;Y=0.5;Kd=0.015;uMax=0.5;Xo=5;So=10;
> sim('Monod.mdl');
> plot(S.time,S.signals.values,X.time,X.signals.values,'b:');
> legend('S','X');
> xlabel('时间');ylabel('浓度');
```

运行后得到结果如图5-31所示。

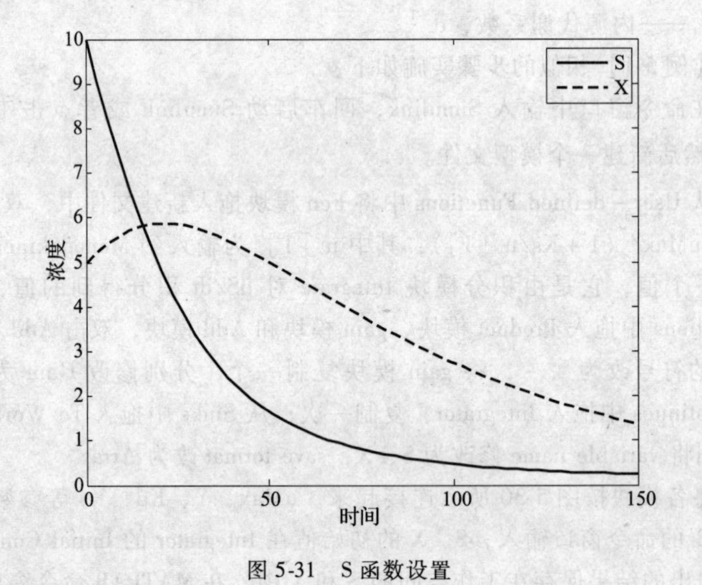

图5-31　S函数设置

5.3　采用S函数进行仿真

【例5-2】中采用的方法虽然比【例5-1】有较大的改观，但一个公式对应一个自定义函数模块，那么对于比较复杂的模型（如变量较多，则微分方程较多）其连线多、阅读难、有时甚至难以实现。因此，很多情况下我们要用到S函数，即将所有的方程写到一个模块里。

在模型中使用S函数的方法为：在User - Defined Functions中将一个S - Function模块拖入文件中，设置参数S - functoin name（和S函数文件名相同）和S - functoin parameters（如果没有则不设置），其关系为：

如图5-32所示，S函数可以是M文件，也可以是C - MEX文件（或C S - Funcion编译的dll文件），若M文件名和C - MEX文件名相同，则优先使用C - MEX文件。

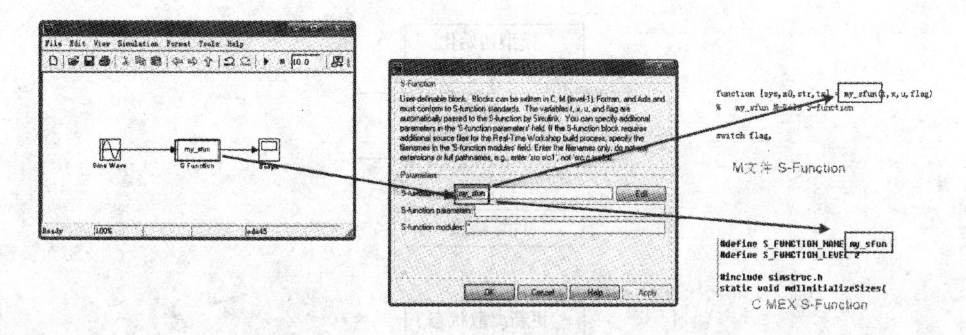

图 5-32 S函数设置

5.3.1 S函数工作过程

S函数是如何工作的呢？我们从输入、状态和输出之间的数学关系进行介绍。

(1) 数学关系

Simulink模块包含一组输入、一组状态和一组输出。其中，输出是采样时间、输入和状态的函数，如图5-33所示。

图 5-33 输入输出和状态变量的关系示意图

以下方程式表式了输入、输出和状态之间的数学关系：

$y = f_o(t,x,u)$ (输出)

$x_c = f_d(t,x,u)$ (求导)

$x_{d_{k+1}} = f_u(t,x,u)$ (更新)

其中, $x = x_c + x_d$

(2) 仿真过程

仿真过程如图5-34所示。

Simulink模型的执行分几个阶段进行。首先进行的是初始化阶段，在此阶段，Simulink将模块合并到模型中来，确定传送宽度、数据类型和采样时间，计算块参数，确定块的执行顺序，以及分配内存。然后，Simulink进入到“仿真循环”，每次循环可认为是一个“仿真步”。在每个仿真步期间，Simulink按照初始化阶段确定的块执行顺序依次执行模型中的每个块。对于每个块而言，Simulink调用函数来计算块在当前采样时间下的状态、导数和输出。如此反复，一直持续到仿真结束。

(3) S函数回调

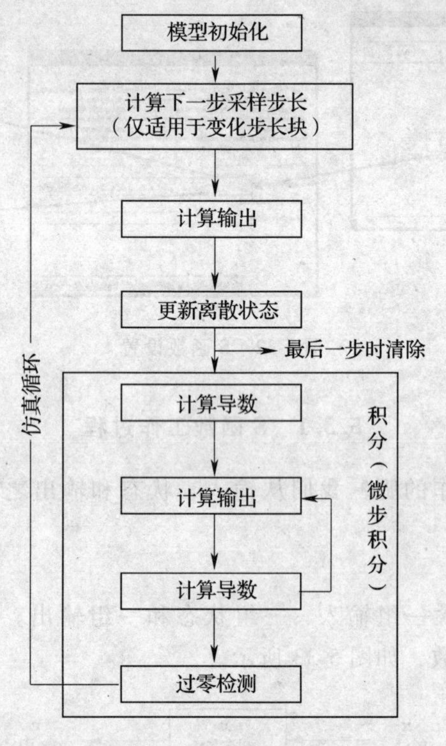

图5-34　仿真过程

一个S函数包含了一组在每个仿真阶段所必需执行任务的回调方法。在模型仿真期间，Simulink对于模型中的每个S-Function块调用适当的程序，通过S函数程序来执行的任务包括：

1）初始化——在仿真循环之前，Simulink初始化S-Function。在该阶段期间，Simulink：

① 初始化SimStruct，这是一个仿真数据结构，包含了关于S-Function的信息；

② 设置输入和输出端口的数量和宽度；

③ 设置块的采样时间；

④ 分配存储区间和参数sizes的阵列。

2）计算下一步采样点——如果你创建了一个变步长块，那么在这里计算下一步的采样点，即计算下一个仿真步长。

3）计算主步长的输出——在该调用完成后，所有块的输出端口对于当前仿真步长有效。

4）按主步长更新离散状态——在这个调用中，所有的块应该执行“每步一次”的动作，如为下一个仿真循环更新离散状态。

5）计算积分——这适用于连续状态或非采样过零的状态。如果 S - Function 中具有连续状态，Simulink 在积分微步中调用 S - Function 的输出和导数部分。这是 Simulink 能够计算 S - Function 状态的原因。如果 S - Function（仅对于 C - MEX）具有非采样过零的状态，Simulink 在积分微步中调用 S - Function 的输出和过零部分，这样可以检测到过零点。

5.3.2 S函数的实现

S 函数的实现有两种途径：

（1）M 文件的 S - Function

一个 M 文件的 S - Function 由以下形式的 MATLAB 函数构成：

[sys，x0，str，ts] =myfun（t，x，u，flag，p1，p2，...）

其中，myfun 是 S - Function 的函数名，t 是当前时间，x 是相应 S - Function 块的状态向量，u 是块的输入，flag 指示了需被执行的任务，p1、p2、... 是块参数。在模型仿真过程中，Simulink 反复调用 myfun，对于特定的调用使用 flag 来指示需执行的任务。S - Function 每次执行任务都返回一个结构。

在目录 toolbox/simulink/blocks 中给出了 M 文件 S - Function 的模板，sfuntmpl.m。该模板由一个主函数和一组骨架子函数组成，每个子函数对应于一个特定的 flag 值。主函数通过 flag 的值分别调用不同的子函数。在仿真期间，这些子函数被 S - Function 以回调程序的方式调用，执行 S - Function 所需的任务。表 5-1 列出了按此标准格式编写的 M 文件 S - Function 的主要内容。

S - Function 各阶段及其子函数 **表 5-1**

仿真阶段	S - Function 子函数	Flag
初始化	mdlInitializeSizes	flag = 0
计算下一步的采样步长（仅用于变步长块）	mdlGetTimeOfNextVarHit	flag = 4
计算输出	mdlOutputs	flag = 3
更新离散状态	mdlUpdate	flag = 2
计算导数	mdlDerivatives	flag = 1
结束仿真时的任务	mdlTerminate	flag = 9

当创建 M 文件的 S - Function 时，推荐使用模板的结构和命名习惯。这样可以方便其他人读懂和维护你所创建的 M 文件的 S - Function。

（2）C - MEX 文件的 S - Function

类似于 M 文件的 S - Function，MEX 文件的 S - Function 也由一组回调程序组成，在仿真期间，Simulink 调用这些回调程序来执行各种块相关任务。然而，两者之间也存在很大的不同。其一，MEX 文件的 S－Function 的实现使用了不同的编程语言：C，C++，Ada，或 Fortran；其二，Simulink 直接调用 MEX 文件的 S－Function 程序，而不像调用 M 文件的 S－Function 程序通过 flag 值来选择。因为 Simulink 要直接调用这些函数，MEX 文件的 S－Function 函数必须按照 Simulink 指定的标准命名规定来定义函数名。图 5-35 结合其仿真过程及对应的函数名说明了 C－MEX S－Function 的最基本的工作流程，图中并没有列出全部的 S－Function 回调函数，尤其是初始化阶段远比图中所示要复杂。

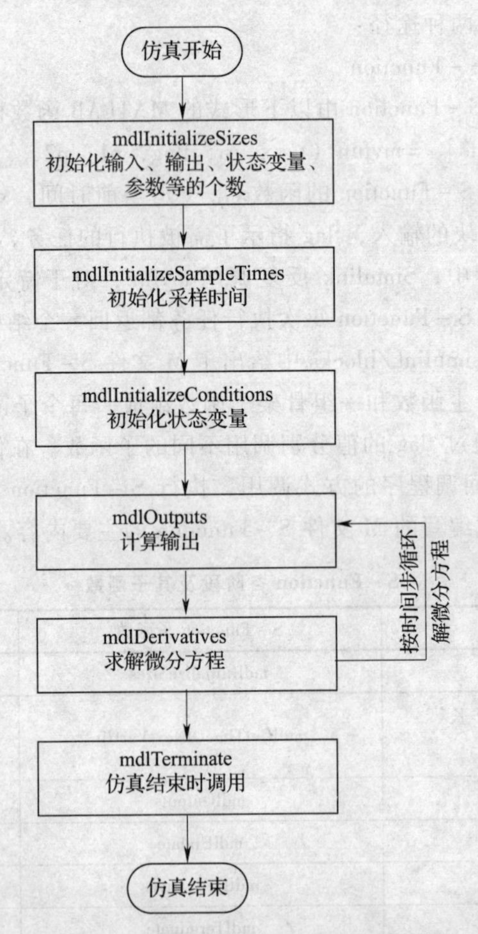

图 5-35　C－MEX S 函数的工作流程简图

正是由于 C－MEX 回调函数及其流程的复杂，在 MATLAB 的目录 simulink/src 中有一个 C－MEX 文件 S－Function 的模板名为 funtmpl_basic. c。该模板包含了所有 C 语言的 MEX 文件 S－Function 可执行的必需和可选的回调函数的基本结构。同时这些回调函数有个特点就是它们的参数中均有 SimStruct 类型参数 ＊S。SimStruct 是 Simulink 用来保存关于 S－Function 信息的一个数据结构。该目录下的另一个模板程序 sfuntmpl_doc. c 具有更详细的注释。同时为了简化编程，模板中采用了大量的宏定义函数，对常用的宏介绍如下：

使用用户自定义参数时，在初始化中必须说明参数的个数。为了得到指向存储参数的数据结构的指针，使用宏 ptr = ssGetSFcnParam（S，index）；为了得到存储在这个数据结构中指向参数值本身的指针，使用宏 mxGetPr（ptr）；使用参数值时使用宏 param = * mxGetPr（ptr）或 param = mxGetPr（ptr）[0]，若第 index 个参数是向量，则可将向量中的每一个值赋给一个变量，如上例中 P 中的四个值赋给四个变量（用 P 表示是因为开始将它定义为 ssGetSFcnParam（S，0），即获得第一个参数的指针）。

表 5-2 列出了 S 函数初始化需要用到的宏（Macro）。

S 函数初始化宏及其功能描述 **表 5-2**

宏定义	功能描述
ssSetNumContStates（S，numContStates）	设置连续状态个数
ssSetNumDiscStates（S，numDiscStates）	设置离散状态个数
ssSetNumOutputs（S，numOutputs）	设置输出个数
ssSetNumInputs（S，numInputs）	设置输入个数
ssSetInputPortDirectFeedThrough（S，port，dirFeed）	设置是否存在直接前馈
ssSetInputPortWidth（S，port，width）	设置某端口的输入个数
ssSetOutputPortWidth（S，port，width）	设置某端口的输出个数
ssSetNumSampleTimes（S，numSamplesTimes）	设置采样时间的数目
ssSetNumRWork（S，numIWork）	设置各种工作向量的维数，实际上是为各个工作向量分配内存提供依据
ssSetNumPWork（S，numIWork）	
ssSetOptions（S，Options）	为 S 函数设置选项

在 C－MEX S－Function 中，可以通过描述该 S－Function 的 SimStruct 数据结构对输入输出进行处理。表 5-3 列出了输入输出相关宏。

输入输出相关宏 **表 5-3**

输入输出相关宏	功能描述
ssGetInputPortRealSignalPtrs（S，port）	获得指向输入的指针（double 类型）
ssGetInputPortSignalPtrs（S，port）	获得指向输入的指针（其他数据类型）
ssGetInputPortWidth（S，port）	获得输入信号的个数
ssGetOutputPortRealSignal（S，port）	获得指向输出的指针（double 类型）
ssGetOutputPortWidth（S，port）	获得输出信号的个数
ssGetContStates（S）	获得连续变量的指针

如果 S－Function 包含连续的或离散的状态，则需要编写 mdlDerivatives 或 mdlUpdate 子函数。若要得到指向离散状态向量的指针，使用宏 ssGetRealDiscStates（S）；若要得到指向连续状态向量的指针，使用宏 ssGetContStates（S）；在 mdlDerivatives 中，连续状态的导数应当通过状态和输入计算得到，并将 SimStruct 结构体中的状态导数指针指向得到的结果，再通过下面的宏完成：＊dx = ssGetdX（S），然后修改 dx 所指向的值。在多状态的情形下，通过索引得到 dx 中的单个元素。它们被返回给求解器通过积分求得状态。

5.3.3　微生物增殖的动力学过程仿真

【例 5-3】　用 M 文件 S－Function 建立微生物增殖的 Monod 动力学方程。

【解】　首先用 Simulink 建立一个名为 Monod_Kinetics_M 的 mdl 文件，其内容如图 5-36 所示。

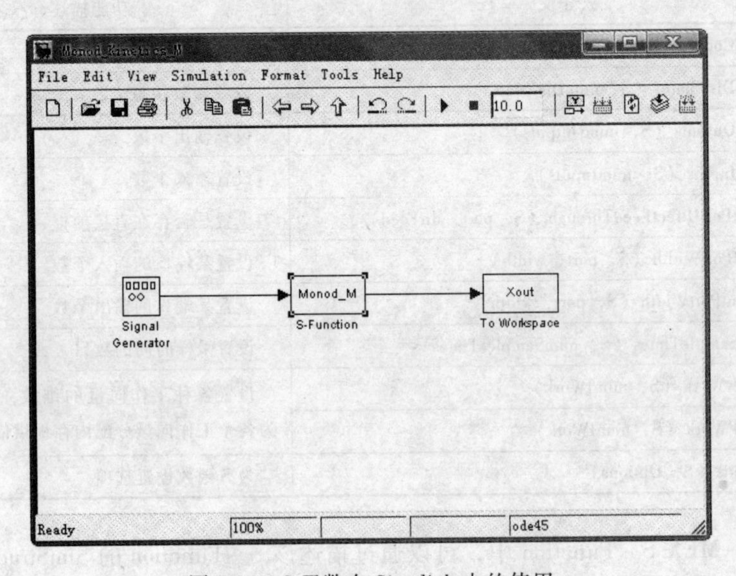

图 5-36　S 函数在 Simulink 中的使用

为了方便修改、模拟和观察，我们一般在一个文件中进行初始化工作，如定义常量、载入数据文件等等，因此我们先建立一个文件 C5_3. m，其内容如下：

MATLAB

```
1| % C5_3. m,M 文件 Monod 微生物增殖动力学方程
2| clear;
3| clc;
4|
5| global P IC % 定义参数和初始浓度,作为全局变量
```

```
 6| uMax = 0.5;
 7| Ks = 150;
 8| Y = 0.5;
 9| Kd = 0.015;
10|
11| So = 10;
12| Xo = 5;
13| P = [uMax Ks Y Kd];
14| IC = [So Xo];
15| tfin = 150;
16| [t,x,y] = sim('Monod_Kinetics_M',tfin);% 第一个参数为 Simulink 建立的
    MDL 文件名;
17|
```

MATLAB

然后建立一个名为 Monod_M 的文件，参考 M 文件 S - Function 模板文件 sfuntmpl.m 文件，内容如下：

MATLAB

```
 1| function [sys,x0,str,ts] = Monod_M(t,x,u,flag)
 2|
 3| global P IC % 此处也可不定义全局变量,而用 Monod_M(t,x,u,flag,P,IC),
    参数设置加上 P,IC
 4| Mu = P(1);
 5| Ks = P(2);
 6| Y = P(3);
 7| Kd = P(4);
 8|
 9| So = IC(1);
10| Xo = IC(2);
11|
12| switch flag,
13| case 0,
14|     [sys,x0,str,ts] = mdlInitializeSizes(So,Xo);
15| case 1,
16|     sys = mdlDerivatives(t,x,u,Mu,Ks,Y,Kd);
```

```
17| case 3,
18|    sys = mdlOutputs(t,x,u);
19| case {2,4,9},
20|    sys = [];
21| otherwise
22|    error(['Unhandled flag = ',num2str(flag)]);
23| end
24|
25| function [sys,x0,str,ts] = mdlInitializeSizes(So,Xo)
26|
27| sizes = simsizes;
28| sizes.NumContStates  = 2;      % 连续状态变量个数
29| sizes.NumDiscStates  = 0;      % 离散状态变量个数
30| sizes.NumOutputs     = 2;      % 输出个数
31| sizes.NumInputs      = 1;      % 输入个数
32| sizes.DirFeedthrough = 0;      % 模块是否存在直接贯通,即输入量不经过与
    状态变量运算,直接输出。即 y = Cx + Du,D 不为空
33| sizes.NumSampleTimes = 1;
34|
35| sys = simsizes(sizes);
36| x0  = [So Xo];                 % 初始化状态变量
37| str = [];                      % 总设置为空
38| ts  = [0 0];
39|
40| function sys = mdlDerivatives(t,x,u,Mu,Ks,Y,Kd)
41| dx(1) = -(1/Y)*Mu*x(1)*x(2)/(Ks+x(1));      % 底物的降解速率
42| dx(2) = Mu*x(1)*x(2)/(Ks+x(1)) - Kd*x(2);   % 微生物的增长速
    率
43| sys = dx;
44|
45| function sys = mdlOutputs(t,x,u)
46| sys = x;
```

ꟸ MATLAB ꟹ

将三个文件C5_ 3. m、Monod_ M. m和Monod_ Kinetics_ M. mdl文件放在同一目录中，设置Monod_ Kinetics_ M. mdl中S－Function模块的S－function name为Monod_ M，并使其位于当前工作空间中，运行C5_ 3. m就可以得到结果。结果保存在变量Xout中。如果不用全局变量，则设置S－function parameters参数为P，IC并将函数Monod_ M的参数改为（t，x，u，flag，P，IC）可以达到相同的效果。

【例5-4】 用C－MEX文件的S函数建立微生物增殖的Monod动力学方程。

【解】 同上面一样，文件C5_3. m可以不用修改，Monod_Kinetics_M. mdl只需要修改S函数的参数，即将S－function parameters参数设置为P，IC，S－function name改为Monod_C，创建C－MEX文件，编译Monod_C. c得到MEX（或dll）文件，即可进行模拟。以下C语言代码根据图5－34以及模板sfuntmpl_doc. c编写而成，代码中已经给出了详细的说明。

MATLAB

```
1| /* 文件名: Monod_C. c
2| 根据模板/simulink/src/sfuntmpl_doc. c 编制而成
3| */
4| /* 函数名,与文件名相同 */
5| #define S_FUNCTION_NAME   Monod_C
6| #define S_FUNCTION_LEVEL 2
7|
8| #include "simstruc. h"
9|
10| /* 定义参数个数 */
11| #define   NUM   2                    /* 参数个数 */
12|
13| #define   NUM_CONTSTATES    2        /* 连续状态变量个数 */
14| #define   NUM_DISCSTATES    0        /* 离散状态变量个数 */
15|
16| #define   IN_WIDTH          1        /* 输入信号个数,即u的个数,可
    设为DYNAMICALLY_SIZED,此时用ssGetOutputPortWidth(S,0)得到输出
    个数 */
17| #define   OUT_WIDTH         2        /* 输出信号的个数 */
18|
19| /* 获取相应的参数,依次可以获取到第(NUM -1)个参数,PARAM可改
    成相对有意义的名字 */
```

```
20| #define    P    ssGetSFcnParam(S,0)  /* 获取第一个参数 */
21| #define    IC   ssGetSFcnParam(S,1)  /* 获取第二个参数 */
22|
23|
24| /*实现图5-34中的回调函数,函数的名称是固定的*/
25| /* 1.初始化输入、输出、状态变量、参数等的个数 */
26| static void mdlInitializeSizes(SimStruct *S)
27| {
28|     ssSetNumSFcnParams(S,NUM);  /*设置参数的个数*/
29|     if (ssGetNumSFcnParams(S) ! = ssGetSFcnParamsCount(S))
30|     {
31|         return;
32|     }
33|
34|     ssSetNumContStates(S,NUM_CONTSTATES); /* 连续状态变量个数
        */
35|     ssSetNumDiscStates(S,NUM_DISCSTATES);
36|
37|     if (! ssSetNumInputPorts(S,1)) return;  /* 端口个数默认  */
38|     ssSetInputPortWidth(S,0,IN_WIDTH);
39|     ssSetInputPortDirectFeedThrough(S,0,0);/* mdlOutputs 或 mdlGet-
        TimeOfNextVarHit 中使用了输入变量 u 则@ flag 设为1,否则设为0 */
40|
41|     if (! ssSetNumOutputPorts(S,1)) return;
42|     ssSetOutputPortWidth(S,0,OUT_WIDTH);
43|
44|     ssSetNumSampleTimes(S,1);
45|     ssSetNumRWork(S,0);
46|     ssSetNumIWork(S,0);
47|     ssSetNumPWork(S,0);
48|     ssSetNumModes(S,0);
49|     ssSetNumNonsampledZCs(S,0);
50|
51|     ssSetOptions(S,SS_OPTION_EXCEPTION_FREE_CODE);
```

```
52| }
53|
54| /* 2.初始化采样时间 */
55| static void mdlInitializeSampleTimes(SimStruct *S)
56| {
57|      ssSetSampleTime(S,0,CONTINUOUS_SAMPLE_TIME);
58|      ssSetOffsetTime(S,0,0.0);
59| ssSetModelReferenceSampleTimeDefaultInheritance(S);
60| }
61|
62| /* 3.初始化状态变量 */
63| static void mdlInitializeConditions(SimStruct *S)
64| {
65| real_T *x0 = ssGetContStates(S);          /* 获得连续状态变量 */
66| real_T So = mxGetPr(IC)[0];
67| real_T Xo = mxGetPr(IC)[1];
68|
69| x0[0] = So;
70| x0[1] = Xo;
71| }
72|
73| /* 4.计算输出 */
74| static void mdlOutputs(SimStruct *S,int_T tid)
75| {
76|      real_T *y = ssGetOutputPortSignal(S,0);
77| real_T *x = ssGetContStates(S);
78|
79| y[0] = x[0];
80| y[1] = x[1];
81| }
82|
83| /* 5.求解微分方程 */
84| static voidmdlDerivatives(SimStruct *S)
85| {
86| real_T *dx = ssGetdX(S);          /* 获取连续状态变量的微分 */
```

```
87| real_T    * x = ssGetContStates(S);    /* 获取连续状态变量 */
88| real_T Mu = mxGetPr(P)[0];
89| real_T Ks = mxGetPr(P)[1];
90| real_T   Y = mxGetPr(P)[2];
91| real_T Kd = mxGetPr(P)[3];
92|
93| dx[0] = ( -1/Y) * Mu * x[0] * x[1]/(Ks + x[0])    ;
94| dx[1] = Mu * x[0] * x[1]/(Ks + x[0]) - Kd * x[1];
95| }
96|
97| /* 6.结束仿真 */
98| static voidmdlTerminate(SimStruct * S)
99| {
100| }
101| /*以下为系统编译所需要的信息*/
102| #ifdef   MATLAB_MEX_FILE      /* Is this file being compiled as a MEX -
     file? */
103| #include "simulink.c"         /* MEX - file interface mechanism */
104| #else
105| #include "cg_sfun.h"          /* Code generation registration function */
106| #endif
```

MATLAB

将以上代码保存为 Monod_C. c，然后用 mex -setup 安装 C 编译器，一般用微软的 VC + + （当然用其他 C/C + + 编译器也行），安装完成后用 mex Monod_C. c 编译得到后缀为 mexw32 的文件，在命令窗口输入 P 和 IC，运行 Monod_Kinetics_M. mdl，即可得到结果。

5.4 活性污泥模型

【例 5-5】 用 S - Function 建立活性污泥 1 号模型。

【解】 活性污泥 1 号模型（ASM1）是国际水协会 IAWQ 提出的用于模拟活性污泥处理过程的机理模型，该模型是在过程假定和系统分割的基础上，用一组微分方程描述曝气池中活性污泥各组分随浓度和时间的变化情况。

活性污泥 1 号将曝气池内的反应分成八个过程，并假设模型中含有 13 个组分。每个过程中都有若干个组分参与反应，每个组分都参与若干个过程。

13个组分见表5-4。

ASM1#中的组分及其符号表示 **表5-4**

定　义	标记
可溶解惰性有机物（Soluble inert organic matter）	S_I
易生物降解底物（Readily biodegradable substrate）	S_S
颗粒性惰性有机物（Particulate inert organic matter）	X_I
慢性生物降解有机物（Slowly biodegradable substrate）	X_S
活性异养微生物（Active heterotrophic biomass）	$X_{B,H}$
活性自养微生物（Active autotrophic biomass）	$X_{B,A}$
生物分解产生的颗粒性产物（Particulate products arising from biomass decay）	X_P
溶解氧（Oxygen）	S_O
硝态和亚硝态氮（Nitrate and nitrite nitrogen）	S_{NO}
氨氮和铵盐态氮（NH4 + NH3 nitrogen）	S_{NH}
溶解性可生物降解有机氮（Soluble biodegradable organic nitrogen）	S_{ND}
颗粒性可生物降解有机氮（Particulate biodegradable organic nitrogen）	X_{ND}
碱度（Alkalinity）	S_{ALK}

八个过程见表5-5。

ASM 1#子过程及基本反应 **表5-5**

过　程	基本反应
异养菌的好氧生长（Aerobic growth of heterotrophs）	$S_S + S_O + S_{NH} \rightarrow X_{B,H}$
异养菌的缺氧生长（Anoxic growth of heterotrophs）	$S_S + S_{NO} + S_{NH} \rightarrow X_{B,H}$
自养菌的好氧生长（Aerobic growth of autotrophs）	$S_S + S_{NH} \rightarrow X_{B,A} + S_{NO}$
异养菌的衰减（Decay of heterotrophs）	$X_{B,H} \rightarrow X_P + X_S + X_{ND}$
自养菌的衰减（Decay of autotrophs）	$X_{B,A} \rightarrow X_P + X_S + X_{ND}$
可溶性有机氮的氨化（Ammonification of soluble organic N）	$S_{ND} \rightarrow S_{NH}$
网捕性有机物的水解（Hydrolysis of entrapped organics）	$X_S \rightarrow S_S$
网捕性有机氮的水解（Hydrolysis of entrapped organic N）	$X_{ND} \rightarrow S_{ND}$

对于以上八个过程，过程的速率分别为：

$$\rho_1 = \mu_H\left(\frac{S_S}{K_S + S_S}\right)\left(\frac{S_O}{K_{O,H} + S_O}\right)X_{B,H}$$

$$\rho_2 = \mu_H\left(\frac{S_S}{K_S + S_S}\right)\left(\frac{K_{O,H}}{K_{O,H} + S_O}\right)\left(\frac{S_{NO}}{K_{NO} + S_{NO}}\right)\eta_g X_{B,H}$$

$$\rho_3 = \mu_A\left(\frac{S_{NH}}{K_{NH}+S_{NH}}\right)\left(\frac{S_O}{K_{O,A}+S_O}\right)X_{B,H}$$

$$\rho_4 = b_H X_{B,H}$$

$$\rho_5 = b_A X_{B,A}$$

$$\rho_6 = k_a S_{ND}$$

$$\rho_7 = k_H \frac{X_S/X_{B,H}}{K_X+(X_S/X_{B,H})}\left[\left(\frac{S_O}{K_{O,H}+S_O}\right)+\eta_H\left(\frac{K_{O,H}}{K_{O,H}+S_O}\right)\left(\frac{S_{NO}}{K_{NO}+S_{NO}}\right)\right]X_{B,H}$$

$$\rho_8 = k_H \frac{X_S/X_{B,H}}{K_X+(X_S/X_{B,H})}\left[\left(\frac{S_O}{K_{O,H}+S_O}\right)\right.$$

$$\left.+\eta_H\left(\frac{K_{O,H}}{K_{O,H}+S_O}\right)\left(\frac{S_{NO}}{K_{NO}+S_{NO}}\right)\right]X_{B,H}(X_{ND}/X_S)$$

将组分、过程和过程速率以及反应系数综合成一个动力学与化学计量矩阵，见表4-5。

根据表4-5中基本过程可以分别得到每个组分的变化速率为 $r_i = \sum_j v_{ij}\rho_j$：

(1) S_I (i=1)　$r_1 = 0$

(2) S_S (i=2)　$r_2 = -\frac{1}{Y_H}\rho_1 - \frac{1}{Y_H}\rho_2 + \rho_7$

(3) X_I (i=3)　$r_3 = 0$

(4) X_S (i=4)　$r_4 = (1-f_p)\rho_4 + (1-f_p)\rho_5 - \rho_7$

(5) $X_{B,H}$ (i=5)　$r_5 = \rho_1 + \rho_2 - \rho_4$

(6) $X_{B,A}$ (i=6)　$r_6 = \rho_3 - \rho_5$

(7) X_P (i=7)　$r_7 = f_p\rho_4 + f_p\rho_5$

(8) S_O (i=8)　$r_8 = -\frac{1-Y_H}{Y_H}\rho_1 - \frac{4.57-Y_A}{Y_A}\rho_3$

(9) S_{NO} (i=9)　$r_9 = -\frac{1-Y_H}{2.86Y_H}\rho_2 + \frac{1}{Y_A}\rho_3$

(10) S_{NH} (i=10)　$r_{10} = -i_{XB}\rho_1 - i_{XB}\rho_2 - \left(i_{XB}+\frac{1}{Y_A}\right)\rho_3 + \rho_6$

(11) S_{ND} (i=11)　$r_{11} = -\rho_6 + \rho_8$

(12) X_{ND} (i=12)　$r_{12} = (i_{XB}-f_p i_{XP})\rho_4 + (i_{XB}-f_p i_{XP})\rho_5 - \rho_8$

(13) S_{ALK} (i=13)　$r_{13} = -\frac{i_{XB}}{14}\rho_1 + \left(\frac{1-Y_H}{14\times 2.86Y_H}-\frac{i_{XB}}{14}\right)\rho_2 - \left(\frac{i_{XB}}{14}+\frac{1}{7Y_A}\right)\rho_3$
$+\frac{1}{14}\rho_6$

上面各组分反应速率中所用到的化学计量参数和动力学参数的常用值见表5-6。

化学计量参数和动力学参数的常用值 **表 5-6**

符号	单位	参数值
	化学计量数	
Y_A	g（细胞 COD）/g（氧化 N）	0.24
Y_H	g（细胞 COD）/g（氧化 COD）	0.67
f_p	无量纲	0.08
i_{XB}	g（N）/g（生物量 COD）	0.08
i_{XP}	g（N）/g（内源代谢 COD）	0.06
	动力学参数	
μ_H	d^{-1}	4.0
K_S	g（COD）/m^3	10.0
$K_{O,H}$	g（-COD）/m^3	0.2
K_{NO}	g（NO_3-N）/m^3	0.5
b_H	d^{-1}	0.3
η_g	无量纲	0.8
μ_h	无量纲	0.8
k_h	g（慢速可生物降解 COD）/[g（细胞 COD）·d]	3.0
K_X	g（慢速可生物降解 COD）/g（细胞 COD）	0.1
μ_A	d^{-1}	0.5
K_{NH}	g（NH_3-N）/m^3	1.0
b_A	d^{-1}	0.05
$K_{O,A}$	g（-COD）/m^3	0.4
k_a	m^3（COD）/（g·d）	0.05

对于完全混合的活性污泥反应器，我们根据物料守恒原理可以建立 ASM1 模型中的 13 个组分的平衡方程。物料守恒的原则是：

积累量 = 流入量 - 流出量 + 反应量

设曝气池的容积为 V，曝气池进水流量为 Q_{in} 和出水流量为 Q_{out}，组分为 Z_k（$k=1, 2, 3, \cdots, 13$），进水浓度为 $Z_{k,in}$，出水浓度为 $Z_{k,out}$，则物料守恒方程为：

$$V\frac{dZ_k}{dt} = Q_{in}Z_{k,in} - Q_{out}Z_{k,out} + Vr_k(k = 1,2,3,\cdots,13)$$

或

$$\frac{dZ_k}{dt} = \frac{1}{V}(Q_{in}Z_{k,in} - Q_{out}Z_{k,out}) + r_k(k = 1,2,3,\cdots,13)$$

特别对于溶解氧（$k=8$，S_O），由于往曝气池中充入空气会增加溶解氧含量，因此其平衡方程为：

$$\frac{dS_O}{dt} = \frac{1}{V}(Q_{in}S_{O,in} - Q_{out}S_{O,out}) + r_8 + (k_{La})(S_O^* - S_O)$$

其中 k_{La} 为氧传递系数（一般取 10 h^{-1} 或 240d^{-1}），S_O^* 为氧饱和浓度（一般取 8 g/m^3）。

由此可以建立此曝气池的模型，其代码如下：

MATLABa

```
 1| /*
 2|  * ASM1.c is a C-file S-function for IAWQ AS Model No 1.
 3|  *
 4|  * Copyright 2009-2010
 5|  *  $Revision: 1.00
 6|  */
 7|
 8| #define S_FUNCTION_NAME   ASM1    /* 函数名,与文件名相同 */
 9| #define S_FUNCTION_LEVEL 2
10|
11| #include "simstruc.h"
12| #include <math.h>
13|
14| /* 定义参数个数 */
15| #define  NUM   4                 /* 参数个数为 4 个 */
16|
17| #define  NUM_CONTSTATES   13       /* 连续状态变量个数为 13 个
    */
18| #define  NUM_DISCSTATES   0       /* 无离散状态变量 */
19|
20| /* 13 个进组分,TSS,流量 Q 以及 kLa
21|     顺序为 S_I,S_S,X_I,X_S,X_BH,X_BA,X_P,S_O,S_NO,S_NH,S_
    ND,X_ND,S_ALK,TSS,Q,kLa
22| */
```

```
23| #define  IN_WIDTH          16
24| #define  OUT_WIDTH            15      /* 输出信号的个数,13 个组分和
    TSS 以及 Q */
25|
26| /* 获取相应的参数,依次可以获取到第(NUM - 1)个参数,PARAM 可改
    成相对有意义的名字 */
27| #define     XINIT  ssGetSFcnParam(S,0)   /* 初始化状态变量 */
28| #define     PAR    ssGetSFcnParam(S,1)   /* 模型参数的值    */
29| #define     V      ssGetSFcnParam(S,2)   /* 反应器容积      */
30| #define     SOSAT  ssGetSFcnParam(S,3)   /* 饱和溶解氧浓度 */
31|
32| /* 依序号取得输入,element 为从零开始到(IN_WIDTH - 1)的序号 */
33| #define  U(element) ( *u[element])
34|
35| /* = = = = = = = = = = = = = = = = = = = = = = = *
36|  * S - function methods *
37|  * = = = = = = = = = = = = = = = = = = = = = = = */
38|
39| /* 1. 初始化输入、输出、状态变量、参数等的个数 */
40| static void mdlInitializeSizes(SimStruct *S)
41| {
42|     ssSetNumSFcnParams(S,NUM);  /* 参数个数 */
43|     if (ssGetNumSFcnParams(S) != ssGetSFcnParamsCount(S))
44|     {
45|         return;
46|     }
47|
48|     ssSetNumContStates(S,NUM_CONTSTATES);  /* 连续状态变量个数
    */
49|     ssSetNumDiscStates(S,NUM_DISCSTATES);
50|
51|     if (! ssSetNumInputPorts(S,1)) return;  /* 端口个数默认 */
52|     ssSetInputPortWidth(S,0,IN_WIDTH);
53|
```

```
54|     ssSetInputPortDirectFeedThrough(S,0,1);  /* mdlOutputs 或 mdlGet-
    TimeOfNextVarHit 中使用了输入变量 u 则@ flag 设为 1,否则设为 0 */
55|
56|     if (! ssSetNumOutputPorts(S,1)) return;
57|     ssSetOutputPortWidth(S,0,OUT_WIDTH);
58|
59|     ssSetNumSampleTimes(S,1);
60|     ssSetNumRWork(S,0);
61|     ssSetNumIWork(S,0);
62|     ssSetNumPWork(S,0);
63|     ssSetNumModes(S,0);
64|     ssSetNumNonsampledZCs(S,0);
65|
66|     ssSetOptions(S,0);
67| }
68|
69| /* 2. 初始化采样时间 */
70| static void mdlInitializeSampleTimes(SimStruct *S)
71| {
72| ssSetSampleTime(S,0,CONTINUOUS_SAMPLE_TIME);
73| ssSetOffsetTime(S,0,0.0);
74| ssSetModelReferenceSampleTimeDefaultInheritance(S);
75| }
76|
77| /* 3. 初始化状态变量 */
78| #define MDL_INITIALIZE_CONDITIONS      /* Change to #undef to remove
    function */
79| #if defined(MDL_INITIALIZE_CONDITIONS)
80| static void mdlInitializeConditions(SimStruct *S)
81| {
82| real_T *x0 = ssGetContStates(S);          /* 获得连续状态变量  */
83| int_T i;
84|
85| /*初始化状态变量 */
86| for(i=0;i < 13;i++)
```

```
87|  {
88|      x0[i] = mxGetPr(XINIT)[i];
89|    }
90|  }
91|  #endif /* MDL_INITIALIZE_CONDITIONS */
92|
93|  /* 4.计算输出 */
94|  static void mdlOutputs(SimStruct *S,int_T tid)
95|  {
96|    InputRealPtrsType u = ssGetInputPortRealSignalPtrs(S,0);/* 获得输入信
   号指针,以 U(element)访问 */
97|      real_T *y = ssGetOutputPortSignal(S,0);
98|  real_T *x = ssGetContStates(S);
99|
100| real_T X_I2TSS   = mxGetPr(PAR)[19];
101| real_T X_S2TSS   = mxGetPr(PAR)[20];
102| real_T X_BH2TSS = mxGetPr(PAR)[21];
103| real_T X_BA2TSS = mxGetPr(PAR)[22];
104| real_T X_P2TSS   = mxGetPr(PAR)[23];
105| int_T i;
106|
107| /*输出 */
108|     for(i=0;i < 13;i++)
109| {
110|     y[i] = x[i];
111| }
112| y[13] = X_I2TSS * x[2] + X_S2TSS * x[3] + X_BH2TSS * x[4] + X_
   BA2TSS * x[5] + X_P2TSS * x[6];
113| y[14] = U(14);
114| }
115|
116| /* 5.求解微分方程 */
117| #define MDL_DERIVATIVES  /* Change to #undef to remove function */
118| #if defined(MDL_DERIVATIVES)
119| static void mdlDerivatives(SimStruct *S)
```

```
120| {
121| real_T * dx = ssGetdX(S);                /* 获取连续状态变量的
     微分 */
122| real_T   * x = ssGetContStates(S);              /* 获取连续状态变量     */
123| InputRealPtrsType   u = ssGetInputPortRealSignalPtrs(S,0);/* 获得输入信
     号指针,以 U(element)访问 */
124|
125| real_T mu_H,K_S,K_OH,K_NO,b_H,mu_A,K_NH,K_OA,b_A,ny_g,k_
     a,k_h,K_X,ny_h;
126| real_T Y_H,Y_A,f_P,i_XB,i_XP;
127| real_T proc1,proc2,proc3,proc4,proc5,proc6,proc7,proc8,proc3x;
128| real_Treac1,reac2,reac3,reac4,reac5,reac6,reac7,reac8,reac9,reac10,re-
     ac11,reac12,reac13;
129| real_T vol,SO_sat;
130| real_T xtemp[13];
131| int_T i;
132|
133| /*给参数赋值 */
134| mu_H    = mxGetPr(PAR)[0];
135| K_S     = mxGetPr(PAR)[1];
136| K_OH    = mxGetPr(PAR)[2];
137| K_NO    = mxGetPr(PAR)[3];
138| b_H     = mxGetPr(PAR)[4];
139| mu_A    = mxGetPr(PAR)[5];
140| K_NH    = mxGetPr(PAR)[6];
141| K_OA    = mxGetPr(PAR)[7];
142| b_A     = mxGetPr(PAR)[8];
143| ny_g    = mxGetPr(PAR)[9];
144| k_a     = mxGetPr(PAR)[10];
145| k_h     = mxGetPr(PAR)[11];
146| K_X     = mxGetPr(PAR)[12];
147| ny_h    = mxGetPr(PAR)[13];
148| Y_H     = mxGetPr(PAR)[14];
149| Y_A     = mxGetPr(PAR)[15];
150| f_P     = mxGetPr(PAR)[16];
```

```
151| i_XB   = mxGetPr(PAR)[17];
152| i_XP   = mxGetPr(PAR)[18];
153| vol    = mxGetPr(V)[0];
154| SO_sat = mxGetPr(SOSAT)[0];
155|
156| for (i=0;i < 13;i++)
157| {
158|     if (x[i] < 0.0)
159|     {
160|         xtemp[i] = 0.0;
161|     }
162|     else
163|     {
164|         xtemp[i] = x[i];
165|     }
166| }
167|
168| if (U(15) < 0.0)
169| {
170|     x[7] = fabs(U(15));
171| }
172|
173| /* 8个过程 */
174| proc1 = mu_H * (xtemp[1]/(K_S + xtemp[1])) * (xtemp[7]/(K_OH +
     xtemp[7])) * xtemp[4];
175| proc2 = mu_H * (xtemp[1]/(K_S + xtemp[1])) * (K_OH/(K_OH + xtemp
     [7])) * (xtemp[8]/(K_NO + xtemp[8])) * ny_g * xtemp[4];
176| proc3 = mu_A * (xtemp[9]/(K_NH + xtemp[9])) * (xtemp[7]/(K_OA +
     xtemp[7])) * xtemp[5];
177| proc4 = b_H * xtemp[4];
178| proc5 = b_A * xtemp[5];
179| proc6 = k_a * xtemp[10] * xtemp[4];
180| proc7 = k_h * ((xtemp[3]/xtemp[4])/(K_X + (xtemp[3]/xtemp[4])))
     * ((xtemp[7]/(K_OH + xtemp[7])) + ny_h * (K_OH/(K_OH + xtemp
     [7])) * (xtemp[8]/(K_NO + xtemp[8]))) * xtemp[4];
```

```
181| proc8 = proc7 * xtemp[11]/xtemp[3];
182|
183| /* 13 个组分反应速率 */
184| reac1    =0.0;
185| reac2    =( -proc1 - proc2)/Y_H + proc7;
186| reac3    =0.0;
187| reac4    =(1.0 - f_P) * (proc4 + proc5) - proc7;
188| reac5    = proc1 + proc2 - proc4;
189| reac6    = proc3 - proc5;
190| reac7    = f_P * (proc4 + proc5);
191| reac8    = -((1.0 - Y_H)/Y_H) * proc1 - ((4.57 - Y_A)/Y_A) *
       proc3;
192| reac9    = -((1.0 - Y_H)/(2.86 * Y_H)) * proc2 + proc3/Y_A;
193| reac10 = -i_XB * (proc1 + proc2) - (i_XB + (1.0/Y_A)) * proc3 + proc6;
194| reac11 = -proc6 + proc8;
195| reac12 = (i_XB - f_P * i_XP) * (proc4 + proc5) - proc8;
196| reac13 = -i_XB/14 * proc1 + ((1.0 - Y_H)/(14.0 * 2.86 * Y_H) - (i_
       XB/14.0)) * proc2 - ((i_XB/14.0) + 1.0/(7.0 * Y_A)) * proc3 + proc6/
       14;
197|
198| /*曝气池内组分的物料平衡 */
199| dx[0]    =1.0/vol * (U(14) * (U(0) - U(0))) + reac1;
200| dx[1]    =1.0/vol * (U(14) * (U(1) - U(1))) + reac2;
201| dx[2]    =1.0/vol * (U(14) * (U(2) - U(2))) + reac3;
202| dx[3]    =1.0/vol * (U(14) * (U(3) - U(3))) + reac4;
203| dx[4] =1.0/vol * (U(14) * (U(4) - U(4))) + reac5;
204| dx[5]    =1.0/vol * (U(14) * (U(5) - U(5))) + reac6;
205| dx[6]    =1.0/vol * (U(14) * (U(6) - U(6))) + reac7;
206|
207| if (U(15) < 0.0)
208| {
209|      dx[7] =0.0;
210| }
211| else
212| {
```

```
213|       dx[7] = 1.0/vol * (U(14) * (U(7) - x[7])) + reac8 + U(15) * (SO_
    sat - x[7]);
214| }
215|
216| dx[8]  = 1.0/vol * (U(14) * (U(8)  - x[8]))  + reac9;
217| dx[9]  = 1.0/vol * (U(14) * (U(9)  - x[9]))  + reac10;
218| dx[10] = 1.0/vol * (U(14) * (U(10) - x[10])) + reac11;
219| dx[11] = 1.0/vol * (U(14) * (U(11) - x[11])) + reac12;
220| dx[12] = 1.0/vol * (U(14) * (U(12) - x[12])) + reac13;
221| }
222| #endif /* MDL_DERIVATIVES */
223|
224| /* 6.结束仿真 */
225| static void mdlTerminate(SimStruct *S)
226| {
227| }
228|
229| #ifdef  MATLAB_MEX_FILE     /* Is this file being compiled as a MEX -
    file? */
230| #include "simulink.c"      /* MEX - file interface mechanism */
231| #else
232| #include "cg_sfun.h"       /* Code generation registration function */
233| #endif
```

MATLABa

5.5 Scilab/Xcos 仿真平台基础

5.5.1 Xcos 仿真平台应用基础

Xcos 是 SCILAB 的一个部分，因此在使用 Xcos 仿真平台之前，我们首先要安装 SCILAB（www.scilab.org）。在安装 SCILAB 的过程中，会出现一个选择安装语言的对话框，虽然可选安装简体中文，但是在这里不建议安装中文：一是为了能和 MATLAB 进行对比学习，二是即使在中文状态下也只有极少数的项目被翻译成中文。SCILAB 启动后，如图 5-37 所示。

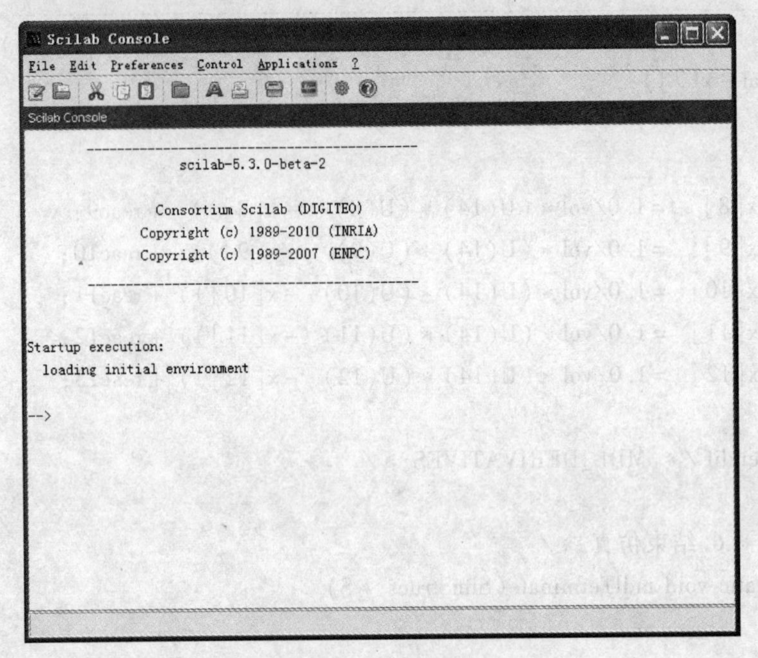

图 5-37 SCILAB 控制台窗口

在控制台窗口命令行光标处输入 Xcos 按回车键或点击工具栏图标可以调出以下两个窗口：一个是组件盘浏览器，一个是 Xcos 工作区，这样就启动了 Xcos 仿真平台，如图 5-38 所示。

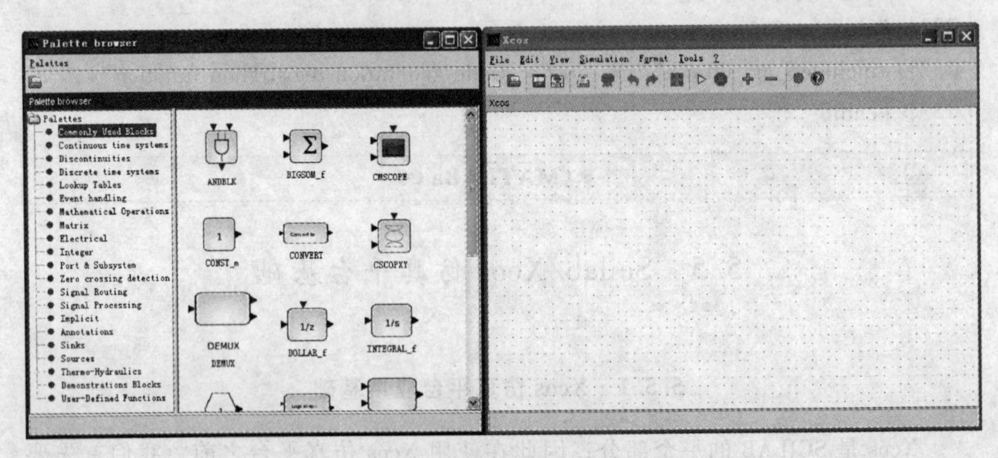

图 5-38 Xcos 组件盘浏览器（左）及工作区（右）

Xcos 是一款复合型动态系统建模与仿真工具，提供了大量的模块供用户使用，这些模块提供了很多动态系统建模常用的基本操作，因此用户一般不需要再创建自己的模块。其模块的构成如图 5-39 所示。

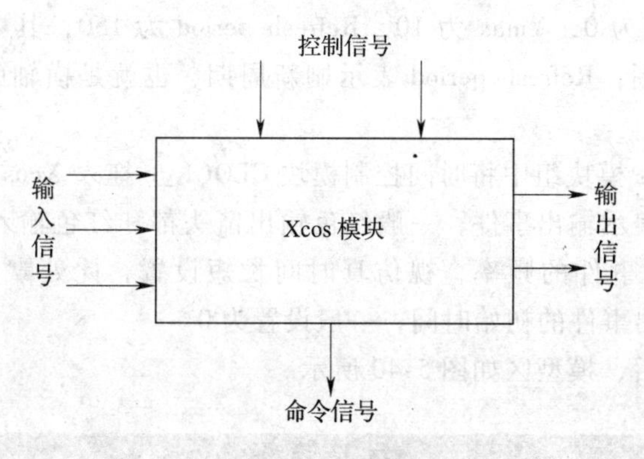

图 5-39 Xcos 组件的基本构成

【例 5-6】 用 Xcos 对【例 5-2】进行仿真（其中参数值与【例 5-1】相同)。

【解】 根据【例 5-2】对 Monod 动力学方程的分析，我们可以用如下步骤进行仿真：

(1) 启动 Xcos。在 SCILAB 控制台命令窗口中输入 Xcos，回车或者点击工具栏中的图标启动 Xcos 仿真平台，同时会打开一个带有星号未命名的 Xcos 工作区。星号 * 说明此文件修改后未保存，我们将其保存并重命名为 Monod. Xcos，默认扩展名为 Xcos；

(2) 添加模块并修改参数。

1）从 User - Defined Functions 模块组中将表达式模块 EXPRESSION 拖入新建文件中，双击将 number of inputs 由默认的 2 修改为 1，即只有一个输入，将 scilab expression 修改为 0.5/（1+150/u1)，u1 表示第一个输入，其余参数不变；

2）从 Mathematical Operations 中将求积模块 PRODUCT、增益模块GAINBLK_f 和求和模块 SUMMATION 拖入，双击 PRODUCT 模块将 Number of inputs or sign vector 中改为［1；1]，此向量元素个数表示输入个数，而各元素前面正（+）、负（-）号分别表示此元素输入时是作为乘数还是作为除数，此处两个输入相乘；将 GAINBLK_f 模块复制一个，分别修改为 Gain 为 -1/0.5 和 0.015；SUMMATION 模块不用修改，其中 Number of inputs or sign vector 中的正（+）、负（-）号分别表示此元素输入时是被加还是被减；

3）从 Continues time systems 模块组中积分模块 INTERGRAL_f 拖入 Xcos 工作区，复制一个，将两个积分模块的初始值 Initial state 分别修改为 10 和 5；

4）从 Signal Routing 模块组中将模块 MUX 拖入 Xcos 工作区，将信号进行合并。因为本例输入端口为 2，因此不需要修改此模块参数；

5）从 Sinks 模块组中将示波器模块 CSCOPE 拖入 Xcos 工作区，以观察仿真结果。修改 Ymin 为 0，Ymax 为 10，Refresh period 为 150，其中［Ymin Ymax］表示纵轴显示范围，Refresh period 表示刷新周期，也就是横轴的长度（Xmax - Xmin）；

6）从 Sources 模块组中将时间控制模块 CLOCK_c 拖入 Xcos 工作区，此模块的红色输出箭头表示输出事件，一般红色输出箭头都和红色输入箭头连接。Period 表示触发输出事件的频率，视仿真时间长短设置，此处默认设置 0.1；init time 表示触发输出事件的初始时间，一般设置为 0。

此步骤完成后，模型区如图 5-40 所示。

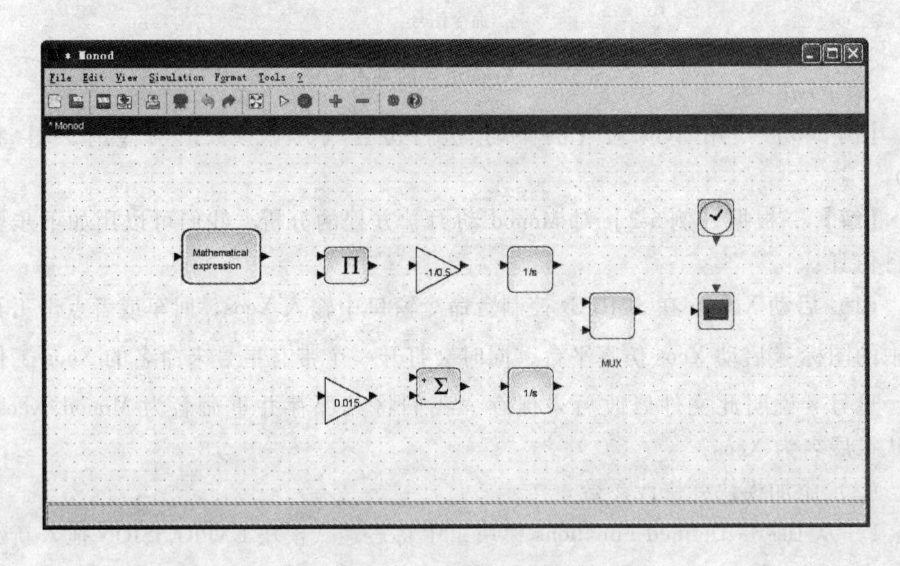

图 5-40　添加完模块后的工作区

（3）连接各模块。对于只有一个输出和一个输入的模块，将鼠标移动到模块箭头上，当箭头外出现绿色框框时按住鼠标左键将红色虚线拉到欲连接的模块箭头上，直到欲连接的箭头外也出现绿色框框或红色虚线变成绿色虚线时松开鼠标，这时两模块已经连接好了。若一个模块的输出要连接到两个模块时，用上面的方法先连接一个输入和一个输出模块，然后将另一个欲输入模块的输入箭头拉出一条红色虚线连接到先连接好的两模块连线上，直到两条线都变成绿色时松开，完成连接，此时两线交叉点处出现一个名为 SPLIT_f 的可移动的黄色方形小块，此小块和点击连线时出现的绿色小块都可以用来控制连线的位置。另外，上述两种连接方法的连接方向是可逆的，即可由输出箭头连向输入箭头，也可由输入箭头连向输出箭头，但是红色箭头只能与红色箭头连接，黑色箭头只能与黑色箭头连接。按上面的方法可以完成所有的模块连接，用黄色方形小块和绿色小块对线的位置进行调整，结果如图 5-41 所示。

* Monod
File Edit View Simulation Format Tools ?
* Monod
Mathematical expression
Π
-1/0.5
1/s
MUX
0.015
Σ
1/s

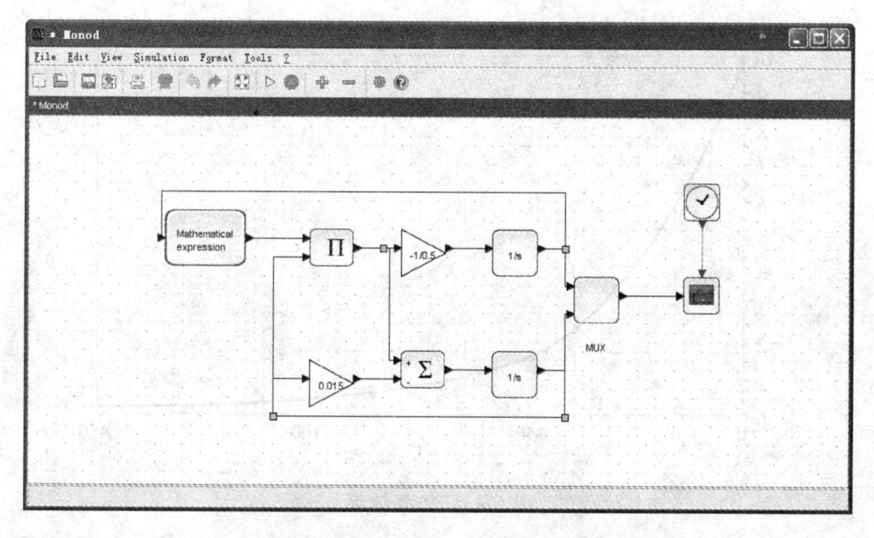

图 5-41　完成模块连接后的工作区

（4）设置模拟参数。在模块连接好后，点击菜单 simulation→setup，设置 Final integration time 为 150（此处最好与 CSCOPE 模块中的 Refresh period 设置一样，以保证显示全部结果），其他选项保持不变，如图 5-42 所示。

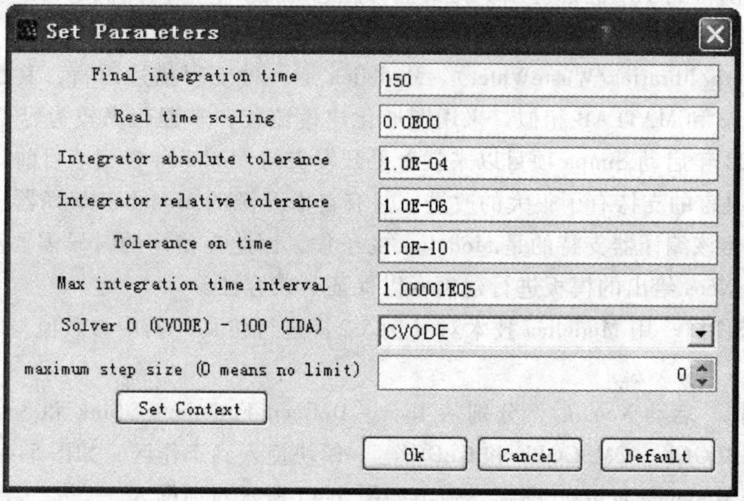

Set Parameters
Final integration time
150
Real time scaling
0.0E00
Integrator absolute tolerance
1.0E-04
Integrator relative tolerance
1.0E-06
Tolerance on time
1.0E-10
Max integration time interval
1.00001E05
Solver 0 (CVODE) - 100 (IDA)
CVODE
maximum step size (0 means no limit)
0
Set Context
Ok
Cancel
Default

图 5-42　仿真参数设置

（5）完成以上四步之后就可以进行仿真。点击 simulation→start 或点击工具栏图标▷运行，得到如图 5-43 所示结果（虚线表示 S 的变化过程，实线表示 X 的变化过程）：

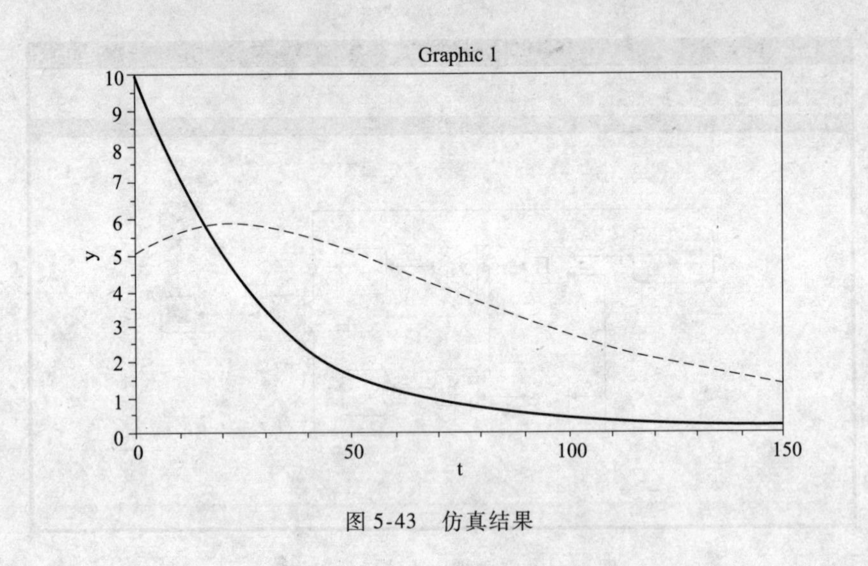

图5-43　仿真结果

5.5.2　Modelica 建模语言基础

Modelica 是一种多领域的面向对象物理系统建模语言，它由瑞典非盈利组织 Modelica 协会开发（http：//www. modelica. org），可以在多种平台上实现，目前在欧美各国得到了广泛的应用。尤其值得注意的是 Modelica 提供了污水生物处理工艺 ASM1 - ASM3 等目前主要模型的工具包，并可免费使用（http：//www. modelica. org/libraries/WasteWater）。Modelica 是一种工程描述语言，其数据的描述与 Octave 和 MATLAB 相似，采用图形化建模流程，掌握起来较为容易。SCILAB 自 2002 年启动 Simpa 项目以来就着手开发支持 Modelica 模型。目前，Xcos 对 Modelica 语言的支持有了很大的改进，并有自由开源的 Modelica 编译器（Modelicac），当然该编译器支持的是 Modelica 的子集，因此在使用的时候需要注意，尽可能按照 Xcos 给出的模板进行建模，以保证其兼容性。

【例 5-7】　用 Modelica 技术对【例 5-2】进行仿真（其中参数值与【例5-1】相同）。

【解】　启动 Xcos 后，分别从 User - Defined Functions、Sink 和 Source 组件盘中将 MBLOCK、CMSCOPE 和 CLOCK_ c 模块拖入到工作区，如图 5-44 所示。

双击 Modelica generic 图标，弹出如图 5-45 所示对话框。

将对话框的内容修改成如图 5-46 所示（其中 Parameters in Modelica 的内容为 [“Y”；“mu”；“Ks”；“Kd”]）。

点击确定后弹出如图 5-47 所示对话框，提示设置模型中的参数。

分别修改为：Y =0. 5，Mu =0. 5，Ks =150，Kd =0. 015。点击确定后弹出如图 5-48 所示对话框。

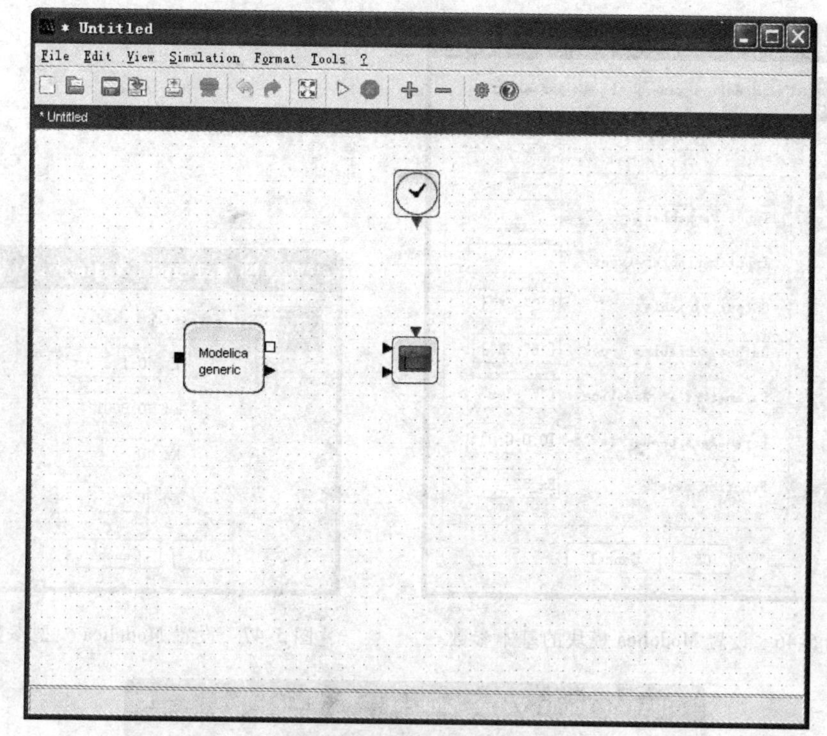

图 5-44 绘制模型组件

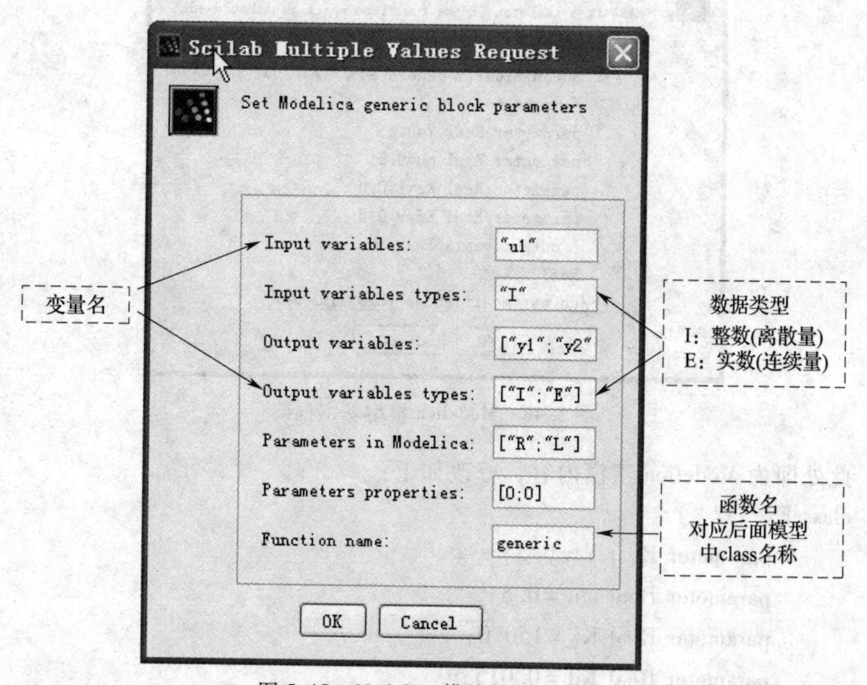

图 5-45 Modelica 模块的基本参数

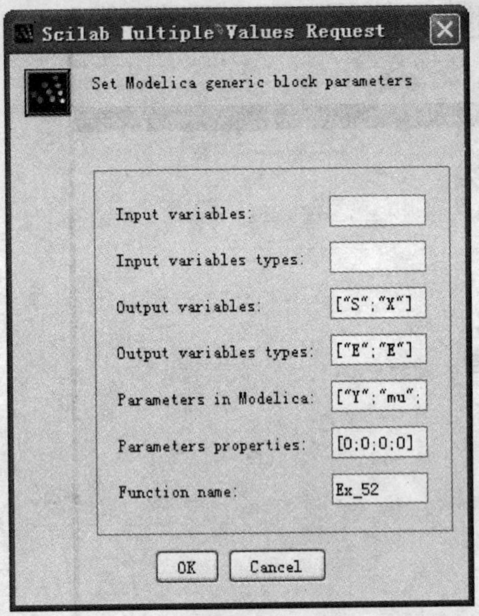

Scilab Multiple Values Request
Set Modelica generic block parameters
Input variables:
Input variables types:
Output variables:
["S";"X"]
Output variables types:
["E";"E"]
Parameters in Modelica:
["Y";"mu";
Parameters properties:
[0;0;0;0]
Function name:
Ex_52
OK
Cancel

图 5-46　设置 Modelica 模块的基本参数

Multiple Values ...
Set parameters values
Y
0.1
mu
0.0001
Ks
0
Kd
0
OK
Cancel

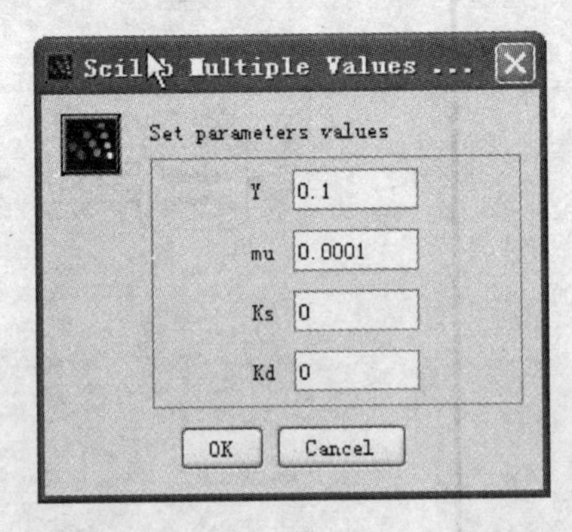

图 5-47　设置 Modelica 模型参数

Input Value Request
Function definition in Modelica
Here is a skeleton of the functions which you should edit
class Ex_52
////automatically generated ////
//parameters
parameter Real Y=0.5;
parameter Real mu=0.5;
parameter Real Ks=150.0;
parameter Real Kd=0.015;
//output variables
Real S,X;
////do not modif above this line ////
OK
Cancel

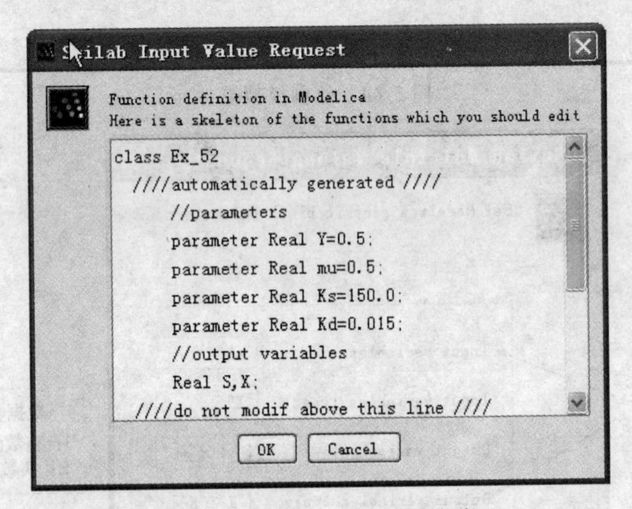

图 5-48　Modelica 模型基本框架

此处即为 Modelica 建模内容，修改如下：

```
class Ex_ 52
        parameter Real Y = 0. 5;
        parameter Real mu = 0. 5;
        parameter Real Ks = 150. 0;
        parameter Real Kd = 0. 015;
        Real S (start = 10), X (start = 5);
```

```
equation
    der（S） = -1/Y * mu * S/（Ks + S） * X;
    der（X） = mu * S/（Ks + S） * X - Kd * X;
end Ex_ 52;
```

以上代码代表了 Xcos 的常用的形式，各区域的意义说明如图 5-49 所示。

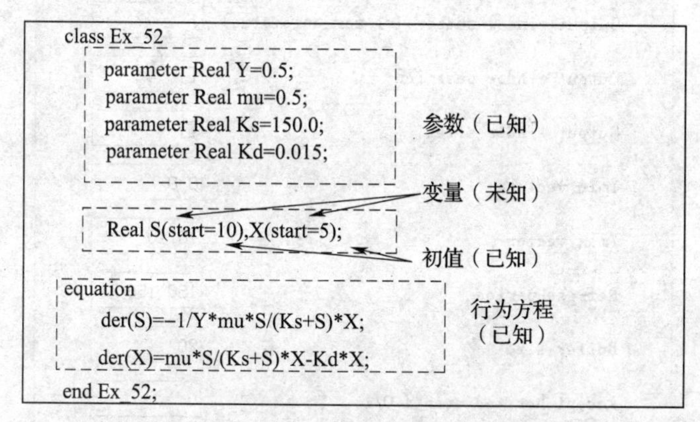

图 5-49　Modelica 模型框架各区域的意义

输入以上方程后，在工作区连接各个模块，并保存文件，如图 5-50 所示。

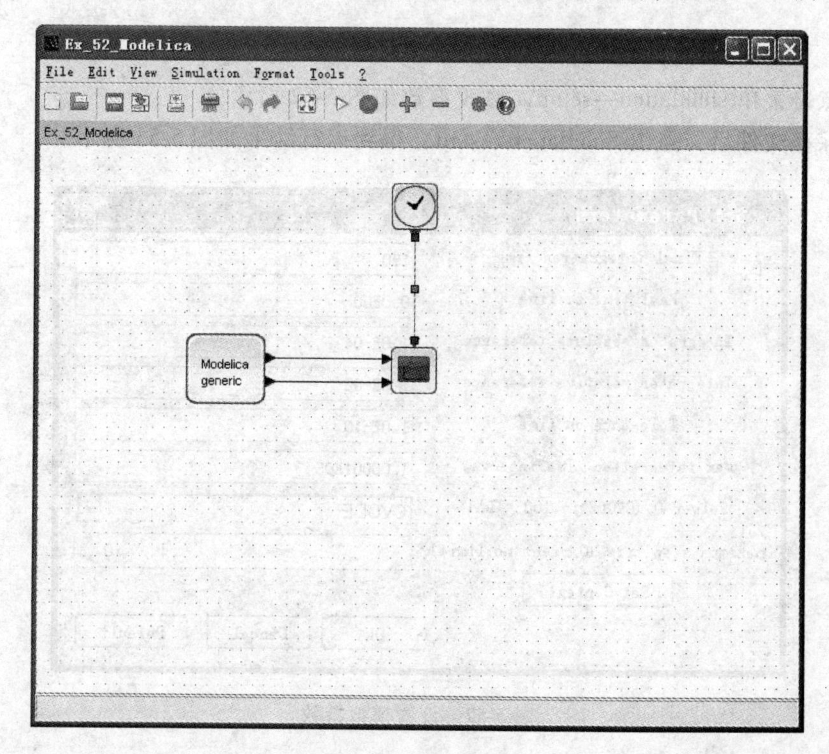

图 5-50　连接各模块

双击 CMSCOPE 模块，在弹出的对话框中，修改内容如图 5-51 所示。

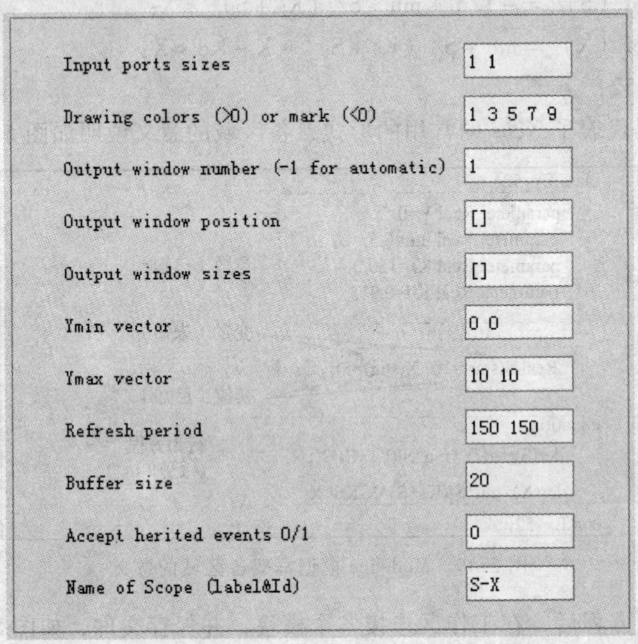

图 5-51　设置图形参数

点击菜单 simulation→setup，修改参数如图 5-52 所示。

保存文件后，点击 Simulation→start，得到运行结果如图 5-53 所示。

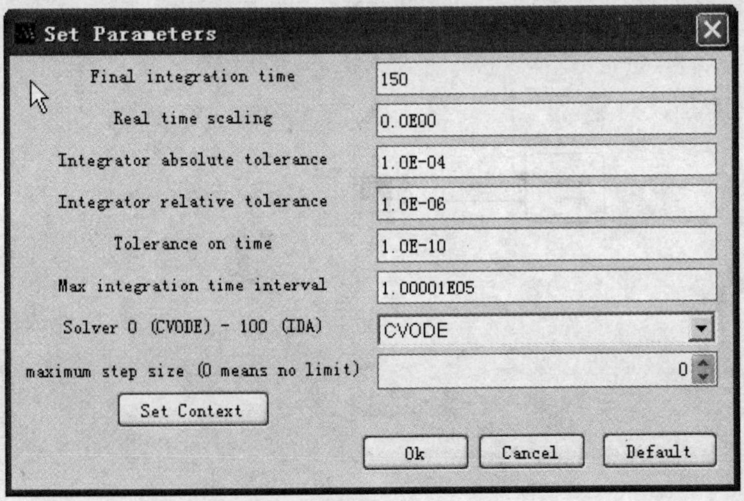

图 5-52　设置模拟参数

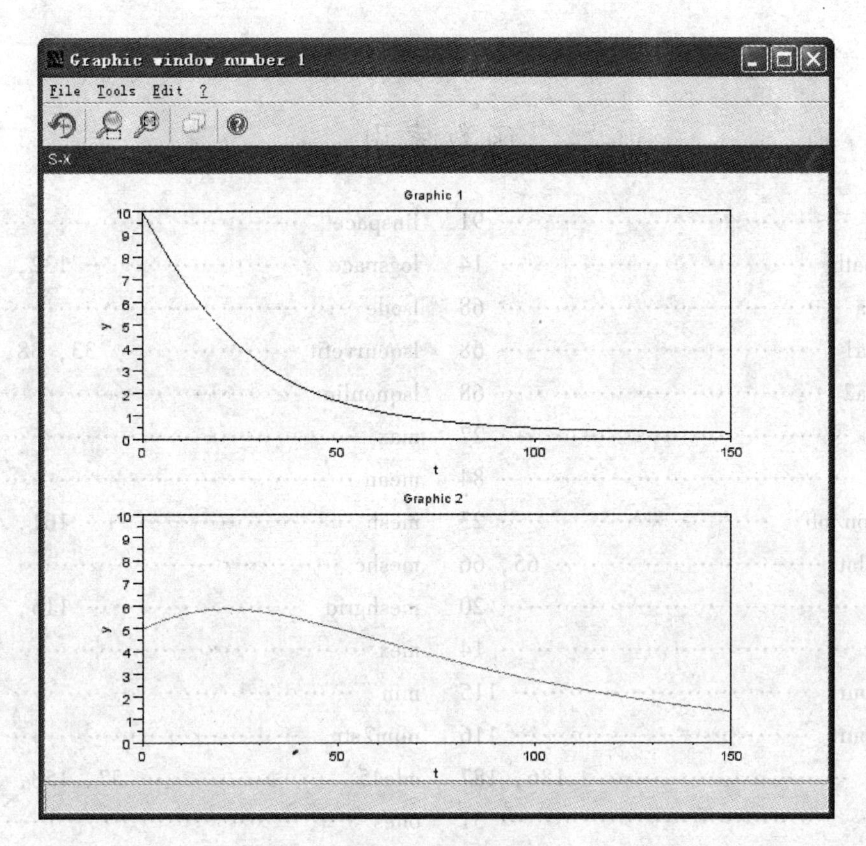

图 5-53　运行结果

由此可以看出，采用 Modelica 建模，其过程非常简单。

习　题

1. 采用 Simulink 或 Xcos 完成【例 4-6】的模拟计算。
2. 采用 Simulink 或 Xcos 完成第 4 章习题中的第 2 题。
3. 采用 Modeilca 建模语言实现活性污泥 1 号模型（ASM1）。

函数索引

计算与绘图技术索引

专业知识案例索引

主要参考文献

[1] 姜乃昌主编. 泵与泵站（第五版）. 北京：中国建筑工业出版社，2007.

[2] 严煦世、刘遂庆主编. 给水排水管网系统（第二版）. 北京：中国建筑工业出版社，2008.

[3] 严煦世、赵洪宾编著. 给水管网理论和计算. 北京：中国建筑工业出版社，1986.

[4] 周玉文、赵洪宾编著. 排水管网理论和计算. 北京：中国建筑工业出版社，2000.

[5] 彭永臻、崔福义主编. 给水排水工程计算机程序设计. 北京：中国建筑工业出版社，1998.

[6] 高景峰、彭永臻译. 污水处理系统的建模、诊断和控制. 北京：化学工业出版社，2005.

[7] 李圭白、张杰主编. 水质工程学. 北京：中国建筑工业出版社，2005.

[8] [美] 梅特卡夫和埃迪公司. 废水工程处理及回用（第四版）. 北京：化学工业出版社，2004.

[9] 张亚雷、李咏梅译. 活性污泥数学模型. 上海：同济大学出版社. 2002.

[10] 黄君礼编. 水分析化学（第二版）. 北京：中国建筑工业出版社，1997.

[11] 孙慧修主编. 排水工程，上册（第四版）. 北京：中国建筑工业出版社，1999.

[12] 周律、邢丽贞译. 给水与排水计算手册. 北京：清华大学出版社，2009.

[13] 黄华江编著. 实用化工计算机模拟——MATLAB 在化学工程中的应用. 北京：化学工业出版社，2004.

[14] 宋新山，邓伟，张琳 编著. MATLAB 在环境科学中的应用. 北京：化学工业出版社，2008.